Worldwatch Institute Report

Zur Lage der Welt – 88/89
Daten für das Überleben
unseres Planeten

Lester R. Brown

William U. Chandler / Alan Durning / Christopher Flavin
Lori Heise / Jodi Jacobson / Cynthia Pollock Shea
Sandra Postel / Linda Starke / Edward C. Wolf

Deutschsprachige Fassung herausgegeben
von Gerd Michelsen

S. Fischer

Die amerikanische Originalausgabe
erschien 1988 bei W. W. Norton & Company, New York
© 1988 by the Worldwatch Institute
Für die deutschsprachige Ausgabe:
© S.Fischer Verlag GmbH, Frankfurt am Main 1988
Alle Rechte vorbehalten
Satz: Wagner GmbH, Nördlingen
Druck und Einband: Clausen & Bosse, Leck
Printed in Germany 1988
ISBN 3-10-092531-9

Inhalt

Vorwort zur deutschsprachigen Ausgabe 9

Lester R. Brown/Christopher Flavin
1. Lebenszeichen:
Die Gefährdungen nehmen zu 13
– Der allgemeine Zustand 16
– Wachstum der Bevölkerung und Verödung
  des Landes 21
– Ein zerstörerischer Energiepfad 26
– Auswirkungen auf das Klima 34
– Von der »einen Erde« zur »einen Welt« 39

Christopher Flavin/Alan Durning
2. Energie-Einsparung:
Erhöhung der Wirksamkeit von Energie 47
– Die Revolution geht weiter 48
– Energiewirksam bauen 51
– Die Herausforderung der Brennstoff-Wirtschaft 60
– Neue Grenzen für die Industrie 64
– Die Grenzen des Energie-Wachstums 71

Cynthia Pollock Shea
3. Erneuerbare Energien:
Die Trends verstärken 87
– Wasserkraft 88
– Biomasse 94
– Sonnenenergie 102

– Windenergie 107
– Einen Beitrag leisten 113

Sandra Postel / Lori Heise
4. Wiederaufforstung:
Die Welt braucht Wälder 129
– Die Entwicklung des Waldbestandes 131
– Wie läßt sich der Brennholzbedarf decken? 138
– Die Stabilisierung der Boden- und Wasserreserven 143
– Wälder und Kohlendioxid 150
– Strategien für die Wiederaufforstung 158

Edward C. Wolf
5. Artenverlust:
Die Vernichtung von Arten muß aufgehalten werden 171
– Das schwächer werdende Netz des Lebens 173
– Weltweite Zählung der Gattungen 176
– Erforschung tropischer Ökosysteme 180
– Ökologische Wiederinstandsetzung 182
– Die Zukunft der Entwicklung 189

Sandra Postel
6. Umweltchemikalien:
Die Kontrolle muß verstärkt werden 201
– Schatten des Zeitalters der Chemie 202
– Folgerungen und Risiken 204
– Entwöhnung von Pestiziden 213
– Überdenken des Umgangs mit Industrieabfällen 221
– Entgiftung der Umwelt 227

William U. Chandler
7. SDI:
Die Weltraumstrategie ist nicht zu bezahlen 241
– Die Illusion der vollkommenen Verteidigung 243
– Neue Aufgaben für SDI 248
– Militärische oder wirtschaftliche Sicherheit? 255
– SDI und Wissenschaftspolitik 258
– Die wirkliche Welt von SDI 261

Lester R. Brown / Edward C. Wolf
8. Zukunft:
Das Überleben wird eingefordert 269
– Eine unerträgliche Entwicklung 271
– Erhaltung des Bodens und Wiederaufforstung. 274
– Das Wachstum der Bevölkerung verlangsamen 280
– Das Klima der Erde stabilisieren 282
– Investitionen für den Umweltschutz 289

Herausgeber und Autoren 298

Register 300

Vorwort
zur deutschsprachigen Ausgabe

Das Europäische Umweltjahr ist im Frühjahr 1988 zu Ende gegangen. Auf zahlreichen internationalen Konferenzen wurde auf die grenzüberschreitenden Umweltzerstörungen und deren internationale Lösungsmöglichkeiten hingewiesen, es wurden verschiedene Lösungswege diskutiert und politische Absichtserklärungen formuliert. Ob allerdings auch tatsächlich ernsthafte Konsequenzen gezogen werden, ist mit einer Reihe von Fragezeichen zu versehen. Bleibt zu hoffen, daß am Ende nicht nur Geld ausgegeben wurde...
Die Deklarationen zum Schutz von Nord- und Ostsee werden als große politische Erfolge gefeiert, ebenso die Vereinbarung mit der Industrie, die Produktion von Fluorchlorkohlenwasserstoffen in den kommenden Jahren freiwillig einzuschränken. Dies sind alles öffentlichkeitswirksame »Good will«-Äußerungen, die einen gewissen Beruhigungseffekt haben und den Eindruck vermitteln, daß Maßnahmen zum Schutz unserer Umwelt ergriffen werden. Aber immer wieder werden Erfahrungen gemacht, die das Gegenteil zeigen: seien es die skandalösen Vorfälle um den Transport und die Lagerung von Atommüll, sei es das Robbensterben.
Allerdings steht uns kaum noch so viel Zeit zur Verfügung, daß sich die weltweiten Umweltzerstörungen mit allgemeinen politischen Erklärungen oder Appellen an die Einsicht und Vernunft in Politik und Wirt-

schaft lösen lassen. Es sind angesichts der Probleme konsequentere und wirksamere Schritte und Maßnahmen erforderlich, und unsere Politiker können sich nicht länger vor den notwendigen Schlußfolgerungen drücken. Sie müssen endlich Mut beweisen und auch unbequeme, für manche auch schmerzliche Entscheidungen treffen. Die Verantwortung gegenüber den Ländern der Dritten Welt, aber vor allem auch gegenüber den kommenden Generationen fordert dies.

Die chemischen Veränderungen in der Atmosphäre – Luftverschmutzung, saurer Regen, Ozonlöcher und die Anhäufung von Treibhausgasen – haben zwischenzeitlich Beachtung in der Wissenschaft gefunden und in einer breiten Öffentlichkeit Besorgnis erregt. Noch vor wenigen Jahren weckte die Ausdünnung der Ozonschicht durch Chlorfluorkohlenwasserstoffe höchstens akademisches Interesse. Mittlerweile gibt es in der Bundesrepublik sogar eine Enquete-Kommission des Deutschen Bundestages, die sich mit diesen Problemen beschäftigt. In den letzten Jahren haben sich die Hinweise gehäuft, daß die Temperaturen auf der Erde ansteigen. In den Regierungen weicht die vage Erkenntnis der Bedeutung klimatischer Veränderungen für die Umwelt einer tieferen Besorgnis. Sie äußert sich am dringendsten in einigen tiefer gelegenen Ländern, für die ein steigender Meeresspiegel im besten Fall außerordentlich kostspielig und im schlimmsten katastrophal wäre.

Aber auch die öffentliche Wahrnehmung der engen Verbindung zwischen menschlicher Not und verschlechterten Umweltbedingungen nimmt eine andere Qualität an. Sah man vor einigen Jahren die Hungersnot in Afrika noch allein durch die Trockenheit ausgelöst, werden die Ursachen für die erneut drohende Hungerkatastrophe in einem komplexen Zusammenwirken von Politik, wirtschaftlichem Druck und dem immer ungünstiger werdenden Verhältnis zwischen den natürlichen Systemen und einer

Vorwort zur deutschsprachigen Ausgabe

Bevölkerung, die um 17 Millionen im Jahr wächst, gesehen. Die einfachen Rezepte machen anspruchsvolleren und dabei realistischeren Ansätzen Platz.

In den letzten Jahren hat sich das internationale Interesse an der Zukunft der tropischen Regenwälder außerordentlich erweitert. Den Menschen wird klar, daß vieles aus der Vielfalt der Pflanzen- und Tierarten verschwinden würde, wenn dieses einmalige Ökosystem verlorenginge. Sie scheinen zu ahnen, daß die Zukunft der Menschheit enger an die Zukunft dieser Wälder gebunden ist, als man allgemein annimmt. Es wird sogar die Auffassung vertreten, daß sich die Zukunft der Menschheit zwischen dem 45. Breitengrad nördlich und südlich des Äquators entscheidet.

Generell wird die eigentliche Bedrohung der menschlichen Sicherheit heute weit mehr in den wirtschaftlichen und Umweltbedingungen als auf der politischen Ebene gesehen.

In einigen Schlüsselländern haben sich wesentliche Veränderungen in der politischen Führung ergeben; nirgends ist dies anscheinend dramatischer als in der Sowjetunion. Die Aufmerksamkeit konzentriert sich zwar auf Michail Gorbatschows politische und wirtschaftliche Reformen; er scheint aber auch über genauso weitgehende umweltpolitische Visionen zu verfügen. Schon einige Jahre bevor er Generalsekretär der KPdSU wurde, drängte er auf vermehrte Anstrengungen, die rapide fortschreitende Bodenerosion aufzuhalten. Knapp ein Jahr nach seiner Amtsübernahme scheint die Sowjetunion ihren langgehegten Traum aufgegeben zu haben, die Flüsse, die ins Nordmeer münden, nach Süden umzuleiten. Statt dessen widmet man dem bescheideneren, aber verträglicheren Weg mehr Aufmerksamkeit, der darin besteht, für Bewässerung mit den bestehenden Wasserreserven auszukommen.

Gorbatschows Vision von der Umgestaltung der sowjetischen Gesellschaft scheint darauf zu beruhen, daß sie die Realitäten der Umwelt und der Wirtschaft gleichermaßen berücksichtigt. Die weitere Entwicklung der Umgestaltung wird in den nächsten Jahren von außerordentlichem Interesse sein.

Auf der internationalen Ebene ist der Bericht der UN-Kommission für Umwelt und Entwicklung ein Meilenstein auf dem Weg zur Erkenntnis, daß die Herausforderungen alle Nationen gemeinsam betreffen. Unter dem Vorsitz der norwegischen Ministerpräsidentin Gro Harlem Brundtland sind Kommissionsmitglieder aus 21 Ländern unterschiedlicher Kulturen, Ideologien und Wirtschaftssysteme zu einer bislang einmaligen Einigung über die Notwendigkeit von Veränderungen gekommen: Veränderungen im Verhältnis zwischen den Nationen und zwischen menschlichen Institutionen und der Umwelt, in und von der sie leben.

Nachdem die Entwicklungspolitik in einer Reihe von Ländern gescheitert war, begann die Weltbank eine Umorganisation ihrer bisherigen Strategie. Dazu gehört auch, daß den Belangen der Umwelt eine zentrale Stelle bei der Formulierung und Durchführung der Entwicklungspolitik eingeräumt wird. Die Weltbank nimmt mittlerweile zur Kenntnis, daß die Entwicklungspolitik scheitern muß, wenn sie nicht umweltverträglich ist. Das Konzept einer tragfähigen Entwicklung ist weithin anerkannt. Wenn auch die Kriterien für die Tragfähigkeit sich noch im Anfangsstadium befinden, ist doch die Notwendigkeit, die Umwelt in die Planungen einzubeziehen, inzwischen bei vielen selbstverständlich geworden.

Bleibt zu wünschen, daß die Lage der Welt ernsthaft zur Kenntnis genommen wird und die erkennbaren Ansätze der Veränderung systematisch weiterverfolgt werden.

Gehrden bei Hannover,
im April 1988   Gerd Michelsen

Lester R. Brown/Christopher Flavin
1. Lebenszeichen: Die Gefährdungen nehmen zu

Die Vorbereitungen für die Berichte *Zur Lage der Welt* sind eigentlich nichts anderes als eine Untersuchung der wichtigsten Lebensfunktionen der Erde – und die Diagnose ist nicht besonders tröstlich. Die Wälder der Erde schrumpfen, die Wüsten dehnen sich aus, und die Böden werden abgetragen – und das auch noch in rasender Geschwindigkeit. Jedes Jahr verschwinden Tausende von Tier- und Pflanzenarten, viele davon bevor sie benannt oder katalogisiert werden. Die Ozonschicht der oberen Atmosphäre, die uns vor der ultravioletten Strahlung schützt, wird dünner. Die Temperatur der Erde steigt und bedroht in einem bisher nicht gekannten Ausmaß alle lebenserhaltenden Systeme, auf deren Funktionieren die Menschheit angewiesen ist.

Die Zeit ist knapp, denn vieles spricht dafür, daß sich der Verfall einiger der lebenserhaltenden Systeme beschleunigt. Bei der Arbeit an der (englischen) Ausgabe für 1983 haben wir darüber diskutiert, ob wir berichten sollten, daß etwa 8 Prozent der Wälder in der Bundesrepublik Deutschland Schäden aufweisen, die möglicherweise auf die Luftverschmutzung und den sauren Regen zurückgingen. Diese Entdeckung war zwar störend, schien aber keinen Anlaß für internationale Besorgnis zu sein. Inzwischen ist dort mehr als die Hälfte der Wälder geschädigt, und ein Zusammenhang mit bestimmten Schadstoffen ist mehr als schlüssig nachgewiesen.

Die jüngste Bestandsaufnahme zeigt, daß in Europa (außer der Sowjetunion) etwa 31 Millionen Hektar Wald geschädigt sind – eine Fläche so groß wie die Bundesrepublik.[1]
Vor vier Jahren war die Hypothese vom Treibhauseffekt, der durch die zunehmende Konzentration von Kohlendioxid (CO_2) in der Atmosphäre zu erwarten war, zwar weit verbreitet, die tatsächliche Erwärmung aber schien in weiter Ferne zu liegen. Seitdem gibt es neue Hinweise darauf, daß die lange vorhergesagte Erwärmung schon im Gang ist. Und erst in den letzten Jahren sind einige Wissenschaftler zu dem Schluß gekommen, daß auch andere Gase – wie Chlorfluorkohlenwasserstoffe, Stickoxide und Methan – ihren Beitrag dazu leisten.[2]

»Bis 1987 hatte das, was als ›Ozonloch‹ bekanntgeworden ist, die doppelte Größe des kontinentalen Teils der USA erreicht.«

Genauso sah man, vor nur vier Jahren, die Ausdünnung der Ozonschicht durch Chlorfluorkohlenwasserstoffe (CFKW) als Bedrohung, die – wenn überhaupt – erst irgendwann im nächsten Jahrhundert Gestalt annehmen würde. Seitdem haben einige neue Entdeckungen dieser Frage mehr Dringlichkeit verliehen. Jedes Jahr im September verdünnt sich die Ozonschicht über der Antarktis; seit 1979 werden die Verluste von Jahr zu Jahr größer. Bis 1987 hatte das, was als »Ozonloch« bekanntgeworden ist, die doppelte Größe des kontinentalen Teils der USA erreicht. Obwohl an der Entstehung dieses Lochs eine Reihe von noch unzureichend erforschten chemischen Reaktionen beteiligt ist, könnte diese Entwicklung auf den weltweiten Ozonverlust hindeuten. Wenn das so ist, sind geringere Ernten, eine Zunahme von Hautkrebserkrankungen und Schädigungen der Augen als Folgen der vermehrten radioaktiven Strahlung auf der Erde zu erwarten.[3]

1. Lebenszeichen

Zwei Einflußfaktoren sind für die Zukunft der Erde von entscheidender Bedeutung: der Energieverbrauch und das Bevölkerungswachstum. Der massive Einsatz fossiler Brennstoffe hat zu einer Anhäufung von Kohlendioxid in der Atmosphäre geführt. Schadstoffe aus der Verwendung dieser Brennstoffe verursachen Seen- und Waldsterben. Fortschritte im Gesundheitswesen verringern die Säuglingssterblichkeit und führen zu einem Bevölkerungswachstum, das die Lebensgrundlagen in vielen Ländern zerstört. Die Versuche, diesen weltweiten Gefahren zu begegnen, kommen nur sehr schleppend voran. Auf nationaler Ebene dagegen werden bereits wichtige Schritte unternommen. Mit den Fortschritten beim sparsamen Umgang mit Energie in den westlichen Industrieländern und in Japan verlangsamt sich die Ausbeutung der Ölreserven und damit auch die Zunahme der Kohlenstoffemissionen. Ein Fünfjahresprogramm zum Schutz der Böden kann die übermäßige Erosion der Ackerböden in den USA um vier Fünftel verringern, wenn es konsequent umgesetzt wird. Darüber hinaus sind natürlich noch weitere nationale Programme erforderlich[4,5].

»Ohne internationale Zusammenarbeit sind viele Probleme, darunter der Ozonverlust und der Schutz des Klimas, nicht zu lösen, und jeder nationale Alleingang ist ohne sie zum Scheitern verurteilt.«

Ohne internationale Zusammenarbeit sind viele Probleme, darunter der Ozonverlust und der Schutz des Klimas, nicht zu lösen, und jeder nationale Alleingang ist ohne sie zum Scheitern verurteilt. Ein solches Verständnis von internationaler Verantwortung war kennzeichnend für die Unterzeichnung des Abkommens über Produktionsbegrenzungen für Chlorfluorkohlenwasserstoffe im September 1987 in Montreal, wenn auch sein Umfang sich bescheiden ausnimmt.[6]

Der allgemeine Zustand

Die Wälder sind einer der sichtbarsten Indikatoren für den Zustand der Erde und dazu einer der lebenswichtigsten. An Hängen von Hügeln und Bergen fließt Regenwasser um so schneller ab, je weniger Bäume es dort gibt; die dadurch beschleunigte Ero-

Tab. 1.1: Veränderungen im Zustand der Erde

Erscheinung	Befund
Waldfläche	Schwund der tropischen Wälder um 11 Millionen Hektar pro Jahr; 31 Millionen Hektar in den Industrieländern geschädigt, offensichtlich durch Luftverschmutzung und sauren Regen.
Fruchtbare Schicht auf landwirtschaftlichen Flächen	20 Milliarden Tonnen jährlich mehr verloren als neu gebildet.
Wüsten	6 Millionen Hektar neue Wüsten im Jahr durch falsche Bewirtschaftung.
Seen	Tausende von Seen im industrialisierten Norden biologisch tot. Tausende weitere sterben.
Trinkwasser	In China, Indien, Afrika und Nordamerika fällt der unterirdische Wasserspiegel; der Bedarf übersteigt die Vorräte.
Artenvielfalt	Mehrere tausend Pflanzen- und Tierarten sterben jährlich aus. In den nächsten 20 Jahren kann ein Viertel aller Arten ausgelöscht sein.
Grundwasserqualität	Etwa 50 Pestizide verseuchen das Grundwasser in 32 amerikanischen Staaten; ungefähr 2500 Giftmülldeponien in den USA müssen saniert werden; das weltweite Ausmaß der Verseuchung ist unbekannt.
Klima	Zwischen heute und 2050 steigt die mittlere Temperatur wahrscheinlich um 1,5 bis 4,5° Celsius.
Meeresspiegel	Prognostizierter Anstieg bis zum Jahr 2010: 1,4 bis 2,2 Meter.
Ozonschicht in der oberen Atmosphäre	Das in jedem Jahr auftretende und wachsende Loch deutet auf den möglichen Beginn einer weltweiten Ausdünnung hin.

Quelle: Zusammengestellt vom Worldwatch Institute.

sion mindert die Bodenproduktivität und verschlimmert die Folgen von Überschwemmungen. Wenn mehr Bäume gefällt werden als nachwachsen können, wird auch mehr CO_2 freigesetzt, das sich in der Atmosphäre sammelt und zur Erwärmung der Erde beiträgt *(Kapitel 4)*.

Trotz der herausragenden ökologischen Bedeutung des Waldes werden Daten über die Veränderungen des Waldbestandes nur unregelmäßig gesammelt. In Indien hat sich, seitdem man dort Satellitenphotos benutzt, herausgestellt, daß der Waldverlust viel schneller vor sich geht als vermutet. Von 1973–75 und von 1980–82 hat das Land 9 Millionen Hektar Wald verloren, ungefähr 1,3 Millionen Hektar pro Jahr. Wenn dies so weitergeht, verliert das Land bis zum Ende dieses Jahrhunderts seine restlichen 31 Millionen Hektar.[7]

Erhebungen zur Veränderung der Waldfläche in 76 tropischen Ländern deuten an, daß dort Jahr für Jahr 11 Millionen Hektar Wald gerodet werden *(Tab. 1.1)*. Die Landwirtschaft beansprucht dabei den größten Anteil, gefolgt vom kommerziellen Abbau von Nutzhölzern, von Brennholz und, in Lateinamerika, von der Umwandlung in Weideland für die Rinderhaltung.[8]

Zusätzlich zu den Verlusten in den Tropen werden auch in den nördlichen Industrieländern die Wälder zerstört; dort allerdings durch Luftverschmutzung und sauren Regen. 1986 wies schon die Hälfte der Wälder in den Niederlanden, der Schweiz und der Bundesrepublik Deutschland Anzeichen von Schädigungen auf. Inzwischen sind die Wälder in ganz Europa davon betroffen. Mit der Häufung chemischer Belastungen verliert der Wald nicht nur seine Produktivität – chemische Veränderungen in Böden bestimmter Zusammensetzungen machen jede Wiederaufforstung unmöglich.[9]

Über einen langen erdgeschichtlichen Zeitraum hinweg hatte sich mehr Boden gebildet als abgetragen wurde, so daß sich eine kräftige Humusschicht bilden konnte, mit einer durchschnittlichen Stärke von 15 bis 25 Zentimetern. Diese lange Entwicklung ist erst in jüngster Zeit mit der Entwaldung, durch Überweidung und durch die Ausbreitung der Landwirtschaft auf erosionsanfällige Böden umgekippt. Die allmähliche Auszehrung dieser lebensnotwendigen Humusschicht ist der Preis, den wir für diese Fehlentwicklung zu zahlen haben.

Eine Untersuchung aus dem Jahre 1982 über die Bodenerosion in den USA, die auf der Auswertung von über 1 Million Einzeldaten beruht, zeigt, daß die Landwirtschaft jährlich über 2 Milliarden Tonnen fruchtbare Erde mehr verliert als sich neu bilden kann. Weltweit summieren sich diese Verluste auf schätzungsweise 26 Milliarden Tonnen im Jahr.[10]

Aus einer anderen Studie geht hervor, daß 39 Prozent der Fläche Indiens verödet sind *(Tab. 1.2)*. Der indische Premierminister Rajiv Gandhi schilderte 1983 die Notlage vieler Länder der Dritten Welt folgendermaßen: »Die fortgesetzte Verödung hat uns an den Rand einer tiefen ökologischen und wirt-

Tab. 1.2: Ausmaß der Verödung in Indien, um 1980

Bodenart	Fläche
	(Millionen Hektar)
Verödetes Land (ohne vormals bewaldete Flächen)	94
Salzige und alkalische Böden	7
Winderodierte Böden	13
Wassererodierte Böden	74
Verödete Waldflächen	35
Verödetes Land insgesamt	129
Gesamtfläche des Landes	329

Quelle: D. R. Bhumba und Arvind Khare, Estimates of Wastelands in India. Society for Promotion of Wastelands Development. New Delhi, o. J.

schaftlichen Krise geführt. Es geht jetzt darum, diesen Trend aufzuhalten.« Gandhi gründete eine Behörde für die Entwicklung der verödeten Gebiete, die er damit beauftragte, jährlich fünf Millionen Hektar Ödland in Brennholz- und Futterplantagen umzuwandeln.[11] Der Verseuchungsgrad von Boden und Wasser ist außerordentlich schwer zu messen. Bei einer Jahresproduktion von Hunderten von Millionen Tonnen Chemikalien und 70 000 verschiedenen Substanzen im alltäglichen Gebrauch ist es unmöglich zu kontrollieren, wo sie eingesetzt werden und wie sie auf Mensch und Umwelt wirken. Obwohl viele dieser Chemikalien für Menschen giftig sind, sind ihnen dennoch Millionen von Menschen durch Pestizide und chemische Industrieabfälle ausgesetzt, ohne daß sie es wissen *(Kapitel 6)*.[12]

»**Der Gesundheitszustand der Menschen ist von dem der Erde selbst nicht zu trennen.**«

Der Gesundheitszustand der Menschen ist von dem der Erde selbst nicht zu trennen. Die Verseuchungen durch Industriechemikalien wie in Seveso und in Love Canal in den USA haben dazu geführt, daß diese Gebiete unbewohnbar bleiben und so zur Entstehung einer neuen Art von Flüchtlingen – den Umweltflüchtlingen – beitragen. In Brasilien hat die Konzentration der Industrieabfälle entlang der Südküste lebensbedrohende Ausmaße erreicht; die Industriestadt Cubatao wird dort als »Tal des Todes« bezeichnet.[13]
Osteuropa leidet unter einer der höchsten Konzentrationen von Industriemüll. Wegen der chemischen Verseuchung ist ein Viertel der polnischen Böden für die Nahrungsmittelproduktion nicht mehr geeignet, und nur 1 Prozent des Wassers ist gefahrlos zu trinken. Die Lebenserwartung der Männer im Alter zwi-

schen 40 und 60 Jahren ist dort auf das Niveau von 1952 zurückgefallen. 13 der 40 Millionen Einwohner des Landes werden wahrscheinlich durch Umwelteinflüsse gesundheitlich geschädigt, durch Erkrankungen der Haut, der Atemwege oder des zentralen Nervensystems oder durch Krebs. In Polen »ist die Zerstörung der Umwelt ein Bestandteil des täglichen Lebens geworden«, wie der französische Wissenschaftler Jean Pierre Lasota beobachtet hat.[14]

Ähnliche Schreckensmeldungen kommen aus der DDR und der ČSSR, wo man, wie in Polen, wenig Geld für die Begrenzung der Umweltverschmutzung ausgegeben hat und dazu noch vom Öl auf schlechte Braunkohle umsteigt. Im hochindustrialisierten Nordböhmen kommen Hautkrankheiten, Magenkrebs und geistige Erkrankungen mindestens doppelt so häufig vor wie im übrigen Land; die Lebenserwartung ist dort etwa zehn Jahre niedriger als in der übrigen ČSSR.[15]

In den antarktischen Frühlingsmonaten September und Oktober wurde ein weiterer drastischer Abfall des Ozongehalts im Schutzschild der Atmosphäre gemeldet. Die dort stationierten Wissenschaftler gehen davon aus, daß Chile und Argentinien von einer weiteren Ausdehnung des Ozonlochs besonders betroffen sein werden.[16] Andere Experten sprachen bei einer Anhörung vor dem US-amerikanischen Kongreß die Frage des Ozonverlustes in anderen Gegenden an. F. Sherwood Rowland, Wissenschaftler an der Universität von Kalifornien, der in den frühen siebziger Jahren als erster einen Zusammenhang zwischen den Chlorfluorkohlenwasserstoffen und dem Ozonloch festgestellt hatte, berichtete, daß Meßstationen in den US-amerikanischen Staaten North Dakota und Maine sowie in der Schweiz im Winter ein Absinken des Ozongehalts um bis zu 9 Prozent gemessen hätten. Aufgrund dieser Erkenntnisse fordern prominente Wissenschaftler wesentlich schärfere

Maßnahmen, als z. B. das Abkommen von Montreal vorsieht.[17] Der Anteil von Kohlendioxid und anderen Treibhausgasen in der Atmosphäre, ein weiterer wichtiger Indikator, ist ziemlich genau meßbar. Seit 1958 stellen sorgfältige Messungen einen stetigen Anstieg fest. Im Zusammenwirken mit einigen Spurengasen kann dies die Ursache dafür sein, daß die Erde sich schneller erwärmt als erwartet.[18]

»Wenn Wälder verschwinden, Böden erodieren und die Seen übersäuert und verschmutzt werden, verringert sich zwangsläufig die Zahl der Pflanzen- und Tierarten.«

Wenn Wälder verschwinden, Böden erodieren und die Seen übersäuert und verschmutzt werden, verringert sich zwangsläufig die Zahl der Pflanzen- und Tierarten. Dies kann unerwartete langfristige Folgen haben *(Kapitel 5)*. Eins jedenfalls ist gewiß: Ohne eine grundlegende Änderung unserer Prioritäten werden unsere Enkel einen weniger gesunden, biologisch verarmten Planeten erben, der weder ästhetisches Vergnügen noch wirtschaftliche Chancen zu bieten hat.

Wachstum der Bevölkerung und Verödung des Landes

Viele hielten den Rückgang des Bevölkerungswachstums, nachdem die Wachstumsrate 1970 mit 2 Prozent pro Jahr ihren absoluten Höchststand erreicht hatte, für ein Zeichen der Gesundung. Seitdem ist es beständig weiter zurückgegangen – auf weniger als 1,7 Prozent in den achtziger Jahren –, aber leider nicht schnell genug. Der jährliche Geburtenüberschuß ist von 74 Millionen im Jahre 1970 auf 83 Millionen im Jahr 1987 gestiegen, und es ist damit zu rechnen, daß er in den neunziger Jahren 90 Millionen erreicht, bevor er sich mit dem Beginn des nächsten Jahrhunderts wieder abschwächt *(Tab. 1.3)*.

Seit das Bevölkerungswachstum die 80-Millionen-Grenze überschritten hat und seit die Zunahme in den industrialisierten Ländern gegen Null geht, konzentriert es sich mehr und mehr auf die Dritte Welt, wo die Bedürfnisse der Menschen die natürlichen Lebensgrundlagen heute schon überstrapazieren.

Volkswirtschaftliche Aspekte der Entwicklungshilfe konzentrieren sich normalerweise auf das Bevölkerungswachstum; die aussagekräftigere Größe ist aber das Verhältnis der Bevölkerungsgröße zu den ökologisch verträglichen Erträgen der Wälder, Weiden und Äcker. Wenn der lokale Bedarf die Erträge übersteigt, verfallen die Ressourcen, selbst wenn die Bevölkerung nicht weiter wächst.

Gegenwärtig wird z. B. der Bedarf an Brennholz dadurch befriedigt, daß die Vorräte der unmittelbaren Umgebung in Anspruch genommen werden.[19] Wenn dann die nahegelegenen Wälder kleiner werden und ganz verschwinden, bedeutet das für die Frauen und Kinder längere Wege und härtere Arbeit, um nur ein Minimum dessen sammeln zu können, was sie unbedingt an Brennholz brauchen. Schließlich können sich die Menschen, wie in einigen Dörfern in den Anden oder in der Sahel-Zone, nur noch eine warme Mahlzeit am Tag leisten.[20]

Die Holzmenge, die 1982 ohne negative Auswirkungen in den indischen Wäldern zu gewinnen war, betrug 39 Millionen Tonnen – weit weniger als der Brennholzbedarf von 133 Millionen Tonnen. Die Lücke von 94 Millionen Tonnen wurde dadurch geschlossen, daß man im Übermaß abholzte oder daß man Kuhdung und Ernteabfälle verbrannte und damit die Bodenfruchtbarkeit minderte. Die Lücke wird sich bis zum Ende dieses Jahrhunderts erheb-

Tab. 1.3: Die Weltbevölkerung 1950–1985 mit Prognosen bis 2000

Jahr	Bevölkerung	Jährl. Wachstumsrate	Jährl. Zunahme
	(Millionen)	(Prozent)	(Millionen)
1950	2516	1,6	40
1960	3019	1,8	54
1970	3693	2,0	74
1980	4450	1,8	80
1985	4837	1,7	82
1990	5246	1,6	84
1995	5678	1,6	91
2000	6122	1,5	92

Quelle: United Nations, World Population Prospects. Estimations and Projections as Assessed in 1984. New York 1986.

lich vergrößern, wenn Indiens Bevölkerung weiter wächst und die Wälder weiter schrumpfen.[21]
Eine umfassende Studie über Belastungen von Weideland gibt es bislang nicht; die vorhandenen Daten deuten aber an, daß es sich dort sehr ähnlich verhält wie beim Brennholz. Wenn sich die Zahl der Menschen vervielfacht, steigt auch die Zahl der Tiere, die als Zugtiere, zur Ernährung oder als Lieferanten von Dung gebraucht werden. Die Weiden und andere Futterquellen in vielen Ländern der Dritten Welt reichen aber schon heute nicht aus, um die Versorgung mit Viehfutter sicherzustellen. Eine Untersuchung zum Zustand der Weiden in neun afrikanischen Ländern zeigt, daß es dort 50 bis 100 Prozent mehr Rinder gibt, als das Land vertragen kann.[22] In Indien werden im Jahr 2000 wahrscheinlich 700 Millionen Tonnen Viehfutter gebraucht; allerdings werden nur 540 Millionen Tonnen zur Verfügung stehen. Das Angebot in den Staaten mit den größten Bodenproblemen, wie Rajasthan und Karnataka, wird gerade 50 bis 80 Prozent des Bedarfs decken; große Mengen unterernährter Rinder sind die Folge. Bei anhalten-

den Dürreperioden sterben Hunderttausende von ihnen.[23]

In einer kritischen Situation befindet sich auch das Ackerland. Stetiges Bevölkerungswachstum und ungerechte Landverteilung treiben die Bauern auf schlechte, sehr erosionsanfällige Böden, die nicht dazu geeignet sind, über einen längeren Zeitraum bewirtschaftet zu werden.

Als Folge von Entwaldung, Überweidung und landwirtschaftlicher Übernutzung entstehen Wüsten; ein Prozeß, der damit beginnt, daß die feineren Bestandteile des Bodens ausgewaschen oder verweht werden und nur die gröberen Anteile Sand und Kies übrigbleiben. Falsche Bewirtschaftung fördert den Prozeß der Wüstenbildung, der aber oft erst durch anhaltende Trockenheit bewußt wird. Die Dürre der frühen siebziger Jahre in Westafrika kennzeichnete nicht nur den Beginn der großflächigen Verödung und Wüstenbildung auf dem ganzen Kontinent, sondern auch den Rückgang der Nahrungsmittelproduktion und den Einsatz periodisch wiederkehrender Hungersnöte.

Um die Ausdehnung der Wüsten in Afrika zu verfolgen, wurden in den letzten zehn Jahren Daten aus 22 Ländern gesammelt. In allen diesen Ländern schreitet der Prozeß voran. In den sieben Ländern der westlichen Sahel-Zone, in denen die Entwaldungsrate siebenmal höher ist als im Durchschnitt der Dritten Welt, breiten sich die Wüsten unaufhaltsam aus. Die Weltbank stellt fest, daß »die Wüstenbildung in nur einem Land, Mali, die Sahara sich in den letzten 20 Jahren 350 Kilometer weiter nach Süden hat ausdehnen lassen«.[24] Robert Mann, der fast dreißig Jahre lang Erfahrungen mit der afrikanischen Landwirtschaft sammeln konnte, stellt fest, daß »die Luftverunreinigung durch Staub vom afrikanischen Kontinent, gemessen in Barbados, von 8 Mikrogramm pro Kubikmeter in den Jahren 1967/68 bis

1972 auf 15 Mikrogramm und bis zum Sommer 1973 sogar auf 24 Mikrogramm gestiegen ist. Das ist die Folge der Katastrophe in der Sahel-Zone, eine Zunahme um das Dreifache, gemessen in einer Entfernung von 4700 Kilometern westlich. Und der Staub ist kein Sand, sondern Mutterboden.«[25]

»In den sieben Ländern der westlichen Sahel-Zone, in denen die Entwaldungsrate siebenmal höher ist als im Durchschnitt der Dritten Welt, breiten sich die Wüsten unaufhaltsam aus.«

Untersuchungen belegen, daß in Indien »Wasser-, Nahrungsmittel- und Futterknappheit auch in Jahren mit normalen Niederschlägen über eine längere Zeitspanne auftreten«. Die offizielle Reaktion besteht dann häufig darin, tiefere Brunnen zu bohren. Damit behandelt man aber nur die Symptome und nicht die Ursachen, so daß »Wüstenbildung und daraus folgende Hungersnot in den nächsten Jahren eine sehr reale Gefahr werden können«.[26]
In den Entwicklungsländern beeinflußt des Verhältnis zwischen Bevölkerungswachstum und Bodenverfall im Endergebnis die Nahrungsmittelproduktion pro Kopf der Bevölkerung. Noch 1970 haben Afrika, China und Indien zwischen 160 und 200 Kilogramm Getreide je Einwohner erzeugt. In Afrika ist diese Zahl seitdem um ein Fünftel gesunken *(Abb. 1.1)*. Erosion und Nährstoffmangel des Bodens bringen zwangsläufig Unterernährung mit sich. Wenn keine erheblichen Anstrengungen unternommen werden, die Gesundheit der Böden wiederherzustellen, wird in Afrika aus periodisch auftretenden Hungersnöten eine chronische Hungerkatastrophe.[27]
Im Gegensatz zu Afrika ist die Nahrungsmittelproduktion pro Kopf in China gestiegen – besonders dramatisch innerhalb der letzten zehn Jahre. Dort hat die Regierung grundlegende Landwirtschaftsreformen durchgesetzt, beständig den militärischen Anteil am

Staatshaushalt verringert und die freiwerdenden Mittel in die Familienplanung, Wiederaufforstung und den Schutz des Bodens umgeleitet. Die Getreideproduktion pro Kopf ist um ein Drittel gewachsen. Gleichzeitig mit der Produktion von fast 300 Kilogramm Getreide pro Kopf ist auch die Versorgung mit tierischem Eiweiß besser geworden, so daß es keine Unterernährung oder Hungernot mehr gibt.[28] Es war ein Erfolg der »Grünen Revolution« in Indien, daß die Getreideernte soweit gesteigert werden konnte, daß Getreideimporte überflüssig geworden sind; um die Nahrungsmittelversorgung pro Kopf nennenswert zu steigern, hat es aber nicht gereicht. Vor dem Hintergrund erodierender Böden und fallender Wasserspiegel wird sie möglicherweise sogar zurückgehen. Die Getreidevorräte werden zwar ausreichen, die Folgen eines schlechten Monsuns – wie im Jahr 1987 – durchzustehen; ein zweites Mal brächte aber schon ernsthafte Schwierigkeiten. Wenn die Versuche scheitern, das Bevölkerungswachstum in den Griff zu bekommen und den Kampf um die Wiederherstellung der Böden und des Wasserhaushalts aufzunehmen, wird Indien eher den Weg Afrikas als den Chinas gehen.

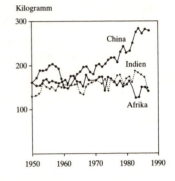

Abb. 1.1: Getreideproduktion pro Kopf und Jahr in Afrika, China und Indien, 1950–1987

Quelle: US-Landwirtschaftsministerium

Ein zerstörerischer Energiepfad

Von 1950 bis 1979 hat sich der Verbrauch fossiler Brennstoffe weltweit vervierfacht. Öl als vielseitiges und leicht zu transportierendes Material nimmt dabei die führende Stellung ein und hat die Kohle als Hauptenergiequelle abgelöst. In diese Zeit fällt auch

ein bemerkenswertes Wirtschaftswachstum, das mit einer Steigerung um das Vierfache parallel zur Zunahme des Verbrauchs von fossilen Brennstoffen verlief. Die Nahrungsmittelproduktion hat sich mehr als verdoppelt, und in der Landwirtschaft hat sich der Erdölverbrauch verfünffacht. Die Automobilproduktion stieg von 8 Millionen im Jahr 1950 auf 31 Millionen im Jahr 1979, und die Energieproduktion ist um das Achtfache ausgeweitet worden.[29]
Zwischen 1979 und 1985 verlangsamte sich der Anstieg des Energieverbrauchs auf durchschnittlich 1,5 Prozent pro Jahr und lag damit unter der Rate des Wirtschaftswachstums. Dies wurde vorwiegend durch einen Rückgang des Ölverbrauchs in einer Zeit außergewöhnlich hoher Preise ausgelöst, der aber teilweise durch den vermehrten Einsatz von Kohle wieder wettgemacht wurde, indem man auf die billigeren, aber auch schmutzigeren festen Brennstoffe zurückgriff. Angeführt von den drei Energiesupermächten – China, der Sowjetunion und den USA –, steigt der Kohleverbrauch im Augenblick jährlich um 2,5 Prozent.[30]

»In den frühen achtziger Jahren sind durch die Stromerzeugung, den Autoverkehr und die Stahlproduktion jährlich über 5 Milliarden Tonnen Kohlenstoff, fast 100 Millionen Tonnen Schwefel und kleinere Mengen von Stickoxiden in die Atmosphäre gelangt.«

Seit Anfang 1986 deutet sich ein weltweiter Verbrauchsanstieg von Öl und Kohle an. Dieser Trend bedeutet allerdings nichts Gutes, denn steigender Energieverbrauch führt zu weiteren Belastungen der Atmosphäre. Seen, Flußmündungen, Wälder, das Klima und die menschliche Gesundheit stehen dabei auf dem Spiel.[31]
Unter dem Eindruck des Unfalls in Tschernobyl im Jahre 1986 sehen viele Politiker in der Kohle die Alternative zur Kernenergie. So sagt zum Beispiel

die Internationale Energieagentur voraus, daß die Kapazität der Kohleverstromung in ihren Mitgliedsländern bis zum Jahr 2000 um 32 Prozent steigen wird. In China zum Beispiel sieht der Plan vor, den Kohleverbrauch dort bis zum Jahr 2000 fast zu verdoppeln. Bei einer Bevölkerung von einer Milliarde ist anzunehmen, daß der erhöhte Kohleverbrauch die größte zusätzliche Quelle von Schwefeldioxid- und Kohlenstoffemissionen sein wird.[32] In den frühen achtziger Jahren sind durch die Stromerzeugung, den Autoverkehr und die Stahlproduktion jährlich über 5 Milliarden Tonnen Kohlenstoff, fast 100 Millionen Tonnen Schwefel und kleinere Mengen von Stickoxiden in die Atmosphäre gelangt. Die Kohlenstoffemissionen folgen dem Energieverbrauch ziemlich genau; weil aber Kohle mehr Kohlenstoff freisetzt als Öl oder Erdgas, steigen diese Emissionen schneller an, wenn mehr Kohle verfeuert wird. Nachdem in den frühen achtziger Jahren ein Stillstand bei 5 bis 5,2 Millionen Tonnen Kohlenstoffe eingetreten war, werden jetzt schon wieder über 100 Millionen Tonnen Schwefel mehr pro Jahr in die Atmosphäre abgegeben *(Abb. 1.2)*. In einer Zeit, in der alle klimatischen Daten dafür sprechen, die Emission von Kohlenstoff zu senken, nimmt sie sogar noch zu.[33]

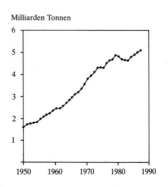

Abb. 1.2: Kohlenstoffemissionen aus fossilen Brennstoffen, 1950–1987.

Quelle: Worldwatch Institute

Die ersten Anzeichen von Dauerschäden durch Schwefel, Stickstoff und Kohlenwasserstoffe wurden in den sechziger Jahren in Schweden bemerkt, als dort der Fischbestand in vielen Seen zurückging. Man fand sehr bald heraus, daß in einigen Gewässern jede Art von Leben unmöglich geworden war. Schweden war das erste Land, das tote Seen meldete, aber ähnliche Berichte aus anderen skandinavi-

Tab. 1.4: Durch sauren Regen geschädigte Seen

Gebiet	Schaden
Kanada	Ca. 140 übersäuerte Seen ohne Fische im Jahre 1980; Tausende Seen von biologischen Schäden betroffen.
Dänemark	Die Pufferkapazität der Böden ist dort normalerweise sehr hoch; wo das nicht der Fall ist, gibt es Hinweise auf Übersäuerung.
Finnland	Von 107 untersuchten Seen in der Nähe von Helsinki ist die Hälfte stark übersäuert oder verliert demnächst alle Fische.
Norwegen	Schwere Säureablagerungen im Süden; in 1750 von 5000 untersuchten Seen Fischverluste, in 900 weiteren wird Übersäuerung erwartet.
Schweden	Alles Süßwasser sauer; ca. 15 000 Seen durch Luftschadstoffe zu sauer, um empfindliches Leben im Wasser zu erhalten; 6000 Seen aus anderen Gründen übersäuert; 1800 Seen fast ohne Leben.
Großbritannien	Abnehmende Fischfänge in Schottland, Wales und dem ›Lake District‹; Verluste auf Fischfarmen in Schottland und Cumbria.
Östliche Vereinigte Staaten	Ca. 9000 Seen bedroht; 3000 Seen östlich des Mississippi seit 1980 durch Säure verändert; 212 Seen im Adirondack-Gebirge ohne Fische.
Westliche Vereinigte Staaten	Bisher keine Übersäuerung; die empfindlichsten Seen finden sich im Sierra-Cascade-System im Küstengebiet der Rocky Mountains.

Quelle: Zusammengestellt vom Worldwatch Institute, aus: John McCormick, Acid earth. Washington, D.C., International Institute for Environment and Development, 1985, und aus verschiedenen anderen Quellen.

schen Ländern ließen nicht lange auf sich warten *(Tab. 1.4)*. Inzwischen gibt es tote Seen überall im nordöstlichen Nordamerika, in West- und in Osteuropa.[34]

Es dauerte aber noch fast zwei Jahrzehnte, bis erste Hinweise auftauchten, daß dieselben Schadstoffe, die sauren Niederschlag und chemische Veränderungen auf den Wasserscheiden in den Gebirgen verursachen, auch die Bäume schädigen und zerstören. Die erste massive Warnung kam im Sommer 1982 aus der Bundesrepublik Deutschland. Seitdem kommen solche Hinweise aus ganz Europa. Aus den Daten eines Berichts, der im September 1987 veröffentlicht wurde, geht hervor, daß in Europa 30,7 Millionen Hektar Wald geschädigt sind. Dieser An-

Tab. 1.5: Schätzung der Waldschäden in Europa, 1986

Land	Waldfläche insgesamt	Schadenfläche (geschätzt)	Anteil der Schadenfläche
	(Tausend)	(Hektar)	(Prozent)
Niederlande	311	171	55
Bundesrepublik Deutschland	7 360	3 952	54
Schweiz	1 186	593	50
Großbritannien	2 018	979	49
ČSSR	4 587	1 886	41
Österreich	3 754	1 397	37
Bulgarien	3 300	1 112	34
Frankreich	14 440	4 043	28
Spanien	11 789	3 313	28
Luxemburg	88	23	26
Norwegen*	6 660	1 712	26
Finnland*	20 059	5 083	25
Ungarn	1 637	409	25
Belgien	680	111	16
Polen	8 654	1 264	15
Schweden*	23 700	3 434	15
DDR	2 955	350	12
Jugoslawien*	9 125	470	5
Italien	8 328	416	5
Andere	12 282	unbek.	unbek.
Insgesamt	142 904	30 718	22

* Die Daten beziehen sich nur auf Nadelwälder; alle Eintragungen in der ersten Spalte schließen Nadel- und Laubwälder ein.

Quelle: Belgien und die DDR aus: *Allgemeine Forst Zeitschrift*, Nr. 46, 1985 und Nr. 41, 1986. Alle anderen aus: International Cooperative Programme on Assessment and Monitoring of Air Pollution Effects on forests, Forest Damage and Air Pollution: Reports on the 1986 Forest Damage Survey in Europe. Global Environment Monitoring System, United Nations Environment Programm, Nairobi, vervielfältigt 1987.

stieg im Vergleich zu früheren Untersuchungen läßt sich zum Teil dadurch erklären, daß zum ersten Mal auch Bulgarien und Spanien einbezogen waren. Ebenso geht er aber auch auf eine Zunahme der betroffenen Gebiete in den einzelnen Ländern zurück *(Tab. 1.5)*.[35] Mit der wachsenden Menge bekannter Daten zeichnen sich bestimmte Schadensmuster immer deutlicher ab. Nadelbäume sind empfindlicher als Laubbäume. Sie weisen Anzeichen von Schäden ungefähr zwei Jahre früher auf als benachbarte Laubbäume. Bergwälder wiederum sind empfindlicher als Wälder im Flachland – die Schäden in den Alpen erreichen die Ausmaße einer Katastrophe. Aus dem Erzgebirge wird berichtet, daß »die Berge an der Grenze zwischen der ČSSR und der DDR sich in Baumfriedhöfe verwandeln und so als hervorragendes Demonstrationsobjekt für die Folgen des sauren Regens dienen können«.[36] Seit 1986 berichten 19 europäische Länder über ihre Waldschäden, sie reichen von 5 bis zu 15 Prozent in Jugoslawien und Schweden, bis zu 50 Prozent oder mehr in den Niederlanden, der Schweiz und der Bundesrepublik. Alles in allem ist heute mehr als ein Fünftel der europäischen Wälder geschädigt.

»Alles in allem ist heute mehr als ein Fünftel der europäischen Wälder geschädigt.«

In Kanada, das seine Schadstoffe und den sauren Regen zum größten Teil aus den Vereinigten Staaten erhält, beinhaltet diese Gefahr viele Aspekte. Der kanadische Umweltminister Tom McMillan sagt hierzu: »Der saure Regen zerstört unsere Seen, bringt unsere Fische um, gefährdet unseren Tourismus, zerstört unsere Wälder, schadet unserer Landwirtschaft, verwüstet unsere alten Gebäude, und er ist ein Gesundheitsrisiko.« Allein die Hälfte der

Emissionen aus fossilen Brennstoffen, die in Kanada wirksam werden, stammen aus Kraftwerken und Autos in den USA.[37]

Allmählich stellt sich auch heraus, daß China schon jetzt unter dem massiven Einsatz seiner Kohle leidet. In der südchinesischen Provinz Guizhou, in der extrem schwefelhaltige Kohle verfeuert wird, hat man festgestellt, daß der Niederschlag deutlich saurer ist als der in den Gegenden des östlichen Nordamerika, die ebenfalls vom sauren Regen betroffen sind. In einem größeren Waldgebiet in Szechuan sind 90 Prozent einer Fläche, die einmal von Fichten bedeckt war, inzwischen völlig kahl – ganz offensichtlich eine Folge der Luftverschmutzung.[38]

Da es in China weitgehend an hohen Schornsteinen und Maßnahmen zur Reinhaltung der Luft fehlt, werden die größeren Städte und die landwirtschaftlichen Gebiete in ihrer Umgebung durch die Schadstoffe aus der Kohleverfeuerung erheblich beeinträchtigt. Je mehr hohe Schornsteine aber in Betrieb genommen werden, desto härter trifft der saure Regen diejenigen ländlichen Gebiete zusätzlich, die schon jetzt belastet sind.

Zu Beginn dieses Jahrhunderts wies der schwedische Wissenschaftler Svante Arrhenius darauf hin, daß das Klima auf der Erde sich durch das Verfeuern fossiler Brennstoffe verändern kann, weil dadurch das natürliche Gleichgewicht zwischen freigesetztem und durch Photosynthese absorbiertem Kohlenstoff gestört wird. Es hat bis 1958 gedauert, bis einige Wissenschaftler damit begannen, monatliche Luftproben zu nehmen, um die Veränderungen von Kohlendioxidkonzentrationen in der Atmosphäre systematisch zu messen.[39]

Die fossilen Brennstoffe transportieren heute 5,4 Milliarden Tonnen Kohlenstoff in die Atmosphäre, und die Entwaldung bringt noch einmal 1 bis 2,6 Milliarden Tonnen. Nimmt man den Mittelwert dieser Schätzung und addiert beide Quellen, kommt man auf eine Gesamtmenge von 7 Milliarden Tonnen. Seit der Zeit unmittelbar vor der Industrialisierung ist so der Anteil von Kohlendioxid in der Atmosphäre von 280 ppm auf 348 ppm im Jahr 1987 gewachsen – ein Anstieg um 24 Prozent.[40] Klimamodelle und vorläufige wissenschaftliche Messungen machen deutlich, daß diese Veränderungen in der Zusammensetzung der Atmosphäre die Durchschnittstemperatur auf der Erde schon um ein halbes Grad Celsius erhöht haben. Selbst wenn der jetzige Kohlenstoffanteil konstant bliebe, wäre ein weiterer Anstieg um ein Grad in den nächsten Jahrzehnten sicher – genug, um die Erde wärmer werden zu lassen, als sie es jemals seit Beginn der Zivilisation war.[41] Wenn die Entwicklung des Energieverbrauchs so weitergeht, kann der Temperaturanstieg bis zur Mitte des nächsten Jahrhunderts unvorhersehbare, möglicherweise katastrophale Veränderungen des Weltklimas zur Folge haben.[42]

»Selbst wenn der jetzige Kohlenstoffanteil konstant bliebe, wäre ein weiterer Anstieg um ein Grad in den nächsten Jahrzehnten sicher – genug, um die Erde wärmer werden zu lassen, als sie es jemals seit Beginn der Zivilisation war.«

Die USA und die UdSSR sind mit jeweils einem Fünftel an der Gesamtmenge der Kohlenstoffemissionen beteiligt und somit die Hauptverursacher des dadurch bedingten erhöhten Anteils von CO_2 in der Atmosphäre *(Tab. 1.6)*. Ihnen folgen China, Japan und die Bundesrepublik Deutschland. Bei den Emissionen pro Kopf der Bevölkerung liegen die Vereinigten Staaten und die DDR mit jeweils fast fünf Tonnen im Jahr vorn. Im Vergleich dazu liegt der Durchschnittswert weltweit bei einer Tonne. Die international führende Exportnation Japan verbraucht ungefähr halb soviel Energie pro Person wie die

USA und die DDR. Wenn man allerdings die Kohlenstoffemissionen aus anderen Quellen mitberücksichtigt, reihen sich auch noch andere Länder in die Gruppe der Hauptverursacher ein: Brasilien, Indonesien, Kolumbien und die Elfenbeinküste.

Auswirkungen auf das Klima

In den letzten Jahren haben sich neue Aspekte hinsichtlich der von Menschen verursachten Klimaveränderungen ergeben: Erstens hat sich herausgestellt, daß Kohlendioxid nicht das einzige Gas ist, das zur Erwärmung der Erde beiträgt. Wie schon angedeutet, nimmt man jetzt an, daß auch die zunehmende Konzentration von Methan, Stickoxiden, Ozon und

Tab. 1.6: Kohlenstoffemissionen aus fossilen Brennstoffen, 1985

Land	Kohlenstoff- emissionen (Millionen Tonnen)	Kohlenstoff pro Kopf (Tonnen)
USA	1186	5,0
UdSSR	958	3,5
China	508	0,5
Japan	244	2,0
Bundesrepublik Deutschland	181	3,0
Großbritannien	148	2,6
Polen	120	3,2
Frankreich	107	1,9
Italien	101	1,8
DDR	89	5,2

Quellen: Zu den CO_2-Emissionen: Persönliche Mitteilung von Ralph Rotty, Universität von New Orleans, am 4. November 1987; Bevölkerungsdaten aus: Population Reference Bureau, 1985 World Population Data Sheet. Washington, D.C., 1983.

Chlorfluorkohlenwasserstoffen ebenso dazu beiträgt. Zum zweiten gibt es Hinweise, daß die Erwärmung schon begonnen hat. Und zum dritten sind viele Wissenschaftler inzwischen der Ansicht, daß schwerwiegende Klimaveränderungen sehr abrupt eintreten und Ernteausfälle in einem Ausmaß auslösen können, auf das man sich nur schwer einstellen kann.

Die jüngsten Modellrechnungen für das Weltklima lassen erkennen, daß eine Verdoppelung des Kohlenstoffanteils die Temperatur auf der Erde um 1,5 bis 4,5 Grad Celsius erhöhen würde. Wenn die Entwicklung so weiter geht wie bisher, wird dieser Temperaturanstieg nach den jüngsten Prognosen zwischen 2030 und 2050 eintreten; Kinder, die dieses Jahr geboren werden, sind dann eben über 40 Jahre alt.[43]

Unter Wissenschaftlern ist man sich allgemein einig, daß der Temperaturanstieg nicht gleichmäßig verteilt, sondern in den höheren Breitengraden wesentlich größer sein wird. In der Nähe des Äquators werden sich die Temperaturen kaum ändern. Kurioserweise kann eine globale Erwärmung die Meeresströme so beeinflussen, daß einige Teile der Erde einschließlich Nordeuropas wieder etwas abgekühlt werden.[44]

Die lokalen Wirkungen dieser Veränderungen sind allerdings noch bedeutsamer. In Washington D.C. werden sie vermutlich wesentlich heißere Sommer mit sich bringen. Anstatt, wie bisher, eines Tages mit mindestens 38° Celsius darf man dort dann an 12 Tagen mit solchen Temperaturen rechnen. Und statt durch 36 müßte sich die Stadt durch 87 Tage mit über 32° C hindurchschwitzen.[45]

Einige Folgen der Klimaveränderung, wie zum Beispiel Veränderungen in der Landwirtschaft, haben schon beträchtliche Beachtung gefunden. Andere dagegen – mögliche Auswirkungen auf die Struktur der Stromerzeugung aus Wasserkraft, die Wasservorräte und Siedlungsstrukturen – sind schwieriger zu erfassen. Wahrscheinlich wird die Erwärmung die Niederschlagsmengen, die Winde und Meeresströmungen beeinflussen. Dadurch kann es zu einer Häufung schwerer Stürme kommen, weil sich das Temperaturdifferential zwischen dem Äquator und den höheren Breiten erweitert. In einigen Gegenden nehmen die Verdunstung und die Niederschläge zu, aber diese Veränderungen werden nicht gleichmäßig verteilt sein. In einigen Gebieten wird es feuchter, in anderen trockener.[46]

Zu den ernstesten Folgen der Erwärmung aber gehören ihre Auswirkungen auf die Landwirtschaft und den Meeresspiegel. Die Landwirtschaft in ihrer heutigen Form hat sich in einem Klima entwickelt, das sich seit ihren Anfängen kaum verändert hat, so daß jede Klimaveränderung auch ihren Preis hat. Meteorologische Modelle mögen skizzenhaft bleiben; sie legen aber doch nahe, daß in zwei Regionen, die für die Nahrungsmittelproduktion außerordentlich wichtig sind, nämlich in den Gebieten im Zentrum Nordamerikas und in den Getreideanbaugebieten der Sowjetunion, die Bodenfeuchtigkeit zurückgehen wird. Dies wird sie in der Wachstumszeit im Sommer am härtesten treffen, wenn die Verdunstungsrate am höchsten ist.[47]

»Zu den ernstesten Folgen der Erwärmung aber gehören ihre Auswirkungen auf die Landwirtschaft und den Meeresspiegel.«

Wenn das so eintrifft, wird das Land in den Great Plains im Westen der USA, auf dem jetzt Weizen wächst, wieder zu Grasland. Der Maisgürtel wird dann so trocken, daß er gerade noch für Weizen oder andere trockenheitsresistente Getreidesorten ausreicht, die dann knapp 10 Tonnen pro Hektar Ertrag erbringen, anstatt Mais mit 25 Tonnen. Der Preis für

das Land wird daraufhin aufgrund der geringer ausfallenden Erträge sinken. Auf der Habenseite verschiebt sich der Winterweizengürtel mit den steigenden Temperaturen nach Norden und gibt dem ertragsreicheren Winterweizen anstatt des Frühjahrsweizens Raum. Dessen Anbaugebiet wiederum erweitert sich, wenn die Wachstumsperiode länger wird, auch in Gegenden wie der kanadischen Provinz Alberta nach Norden, wodurch sich dort die gesamte landwirtschaftlich nutzbare Fläche vergrößert.[48]
Am teuersten für die Landwirtschaft wird aber die Anpassung der Be- und Entwässerungssysteme an die neuen Gegebenheiten. Bei steigenden Temperaturen und veränderter Niederschlagsverteilung sind sie entweder zu groß oder aber nicht mehr ausreichend. Schätzungsweise werden allein diese Anpassungsmaßnahmen Investitionen von 200 Milliarden Dollar erfordern.[49]
Etwas leichter auszurechnen ist, daß im Verlauf der fortschreitenden Erwärmung der Meeresspiegel steigen wird. Zum einen dehnt sich das Wasser entsprechend der steigenden Temperatur der Ozeane aus, und zum anderen schmelzen Teile der Eismassen auf den Gletschern und den Polarkappen. Die Umweltschutzbehörde (EPA) der USA errechnet daher bis zum Jahr 2010 einen um 1,4 bis 2,2 Meter höheren Meeresspiegel mit schwerwiegenden Konsequenzen vor allem in Asien, wo der Reis an Flußmündungen und in anderen überschwemmungsgefährdeten Gebieten in Küstennähe angebaut wird. Dort führt selbst ein relativ bescheidener Anstieg von nur einem Meter zu erheblichen Einbußen bei der Ernte, wenn nicht rechtzeitig entsprechend höhere Deiche gebaut werden.[50]
Die meisten küstennahen Großstädte haben mit denselben Problemen zu kämpfen: Ein Anstieg um einen Meter würde Kairo, New Orleans und Shanghai gefährden, um nur einige zu nennen. Früher oder

später stellt sich die Frage, ob man viel Geld in Deiche und ähnliche Schutzbauwerke investieren oder die Städte den Fluten überlassen soll. Die Niederländer geben jetzt schon 6 Prozent ihres Bruttosozialprodukts aus, um sich vor dem Meer zu schützen – mehr als für ihre militärische Verteidigung.[51]

»Ein Anstieg um einen Meter würde Kairo, New Orleans und Shanghai gefährden, um nur einige zu nennen. Früher oder später stellt sich die Frage, ob man viel Geld in Deiche und ähnliche Schutzbauwerke investieren oder die Städte den Fluten überlassen soll.«

Der Präsident der Malediven, Maumoon Abdul Gevoon, schilderte der Vollversammlung der Vereinten Nationen im Oktober 1987 die Gefahren, die sich für sein Land aus dem Anstieg des Meeresspiegels ergeben. Da die meisten der 1196 Inseln sich knapp zwei Meter über den Meeresspiegel erheben, wären Sturmfluten bei einem nur um einen Meter erhöhten Meeresspiegel schon eine tödliche Gefahr.[52]

Eine amerikanische Forschungsgruppe hat versucht zu ermitteln, wie groß die Landverluste von Massachusetts bei steigendem Meeresspiegel sein würden. Auf der Basis des prognostizierten Anstiegs bis zum Jahr 2025 haben sie einen Verlust von 1400 bis 4000 Hektar errechnet. Das ergibt, wenn man die niedrigere Annahme zugrundelegt und von einem Preis von 2,5 Millionen Dollar für einen Hektar Küstengrundstück ausgeht, einen Verlust besonders wertvoller Grundstücke im Gegenwert von 7,5 Milliarden Dollar.[53]

Ganz sicher wird auch die biologische Vielfalt der Erde von der Erwärmung in Mitleidenschaft gezogen. Sehr wahrscheinlich würden die plötzlichen Veränderungen die Anpassungsfähigkeit vieler Arten an höhere Temperaturen oder veränderte Jahreszeiten übersteigen. Pflanzen und Tiere passen sich dem Auf und Ab der Temperatur normalerweise durch Ortswechsel an. Diese natürlichen Wanderungen werden aber durch die Entwaldung und andere vom Menschen angerichtete Umweltschäden erheblich erschwert und manchmal sogar unmöglich gemacht. Viele Arten würden deshalb wahrscheinlich nicht weiter existieren können.

Von der »einen Erde« zur »einen Welt«

»Unsere gemeinsame Zukunft«, der wegweisende Bericht, den die UN-Kommission für Umwelt und Entwicklung im April 1987 veröffentlichte, beginnt mit den Worten: »Die Erde ist eins, die Welt nicht. Wir leben alle in ein und derselben Biosphäre. Und doch übt jede Gemeinschaft und jedes Land wenig Rücksicht beim Kampf um das Überleben und den Wohlstand.«[54]

Das letzte Jahr war von einer Reihe wichtiger Vorstöße gekennzeichnet, die Lösung gemeinsamer Probleme im Geiste einer Zusammenarbeit in Angriff zu nehmen. Das Abkommen von Montreal ist ein Beispiel für umfassende internationale Zusammenarbeit, an dessen Ausarbeitung 14 Nationen beteiligt waren. Es schreibt die Forderung fest, bis 1999 50 Prozent weniger Chlorfluorkohlenwasserstoffe zu produzieren. Das bedeutet, daß die Industrieländer sich die größten Einschränkungen auferlegen müssen, während die Entwicklungsländer ihren Verbrauch steigern dürfen; gleichzeitig verpflichten sie sich aber, niemals den Rang von Großverbrauchern zu erreichen. Das Bemerkenswerte an diesem Abkommen ist, daß es Länder mit sehr unterschiedlichen Wirtschaftssystemen und ebenso verschiedenen Auffassungen von Umweltpolitik und politischer Philosophie zusammengebracht hat. Außerdem ist es

ein großer Fortschritt für das Umweltprogramm der Vereinten Nationen, in dessen Rahmen es entworfen und nach monatelangen Verhandlungen auch abgeschlossen wurde.[55, 56]
Die Klimaveränderung ist eine Katastrophe, die alle trifft. Obwohl die Industrieländer den größten Anteil an der Entstehung des Problems haben, nehmen die Kohlenstoffemissionen weltweit zu – am schnellsten in Osteuropa, vor allem in der Sowjetunion. Solange nicht alle gemeinsam handeln, gibt es kaum einen Grund, getrennt aktiv zu werden. Da aber die Klimaveränderungen durch fossile Brennstoffe voranschreiten und sich nicht von heute auf morgen durch technische Maßnahmen beheben lassen, sind neue Vorstöße nötig, um sie aufzuhalten.

»Das Abkommen von Montreal ist ein Beispiel für umfassende internationale Zusammenarbeit, an dessen Ausarbeitung 14 Nationen beteiligt waren. Es schreibt die Forderung fest, bis 1999 50 Prozent weniger Chlorfluorkohlenwasserstoffe zu produzieren.«

Es ist unbestritten, daß es mehr als schwierig ist, eine gemeinsame Handlungsgrundlage herzustellen. Die Schulden der Dritten Welt, Handelsstreitigkeiten und wachsende Militärausgaben sind Erscheinungen, die die bestehenden Trennungslinien immer schärfer werden lassen. Die Verbesserung des Lebensstandards, die für das dritte Viertel dieses Jahrhunderts kennzeichnend war, ist nicht mehr selbstverständlich. Den Beweis dafür hat Afrika erbracht: Die Verschlechterung der Lebensbedingungen dort ist nicht unumkehrbar, aber Schritte zur Umkehr sind noch nicht unternommen worden. Inzwischen fällt der Lebensstandard auch in Lateinamerika aus denselben Gründen, die dazu geführt haben, daß Afrika mit dem Rücken zur Wand steht. Wenn sich die Wüsten weiter ausdehnen, ist in den neunziger Jahren auch in Indien mit einem Abwärtstrend zu rechnen.[57]

Im Oktober 1987 hat die norwegische Ministerpräsidentin Brundtland den Bericht der UN-Kommission für Umwelt und Entwicklung vorgestellt. Im Vorwort zu dem Bericht heißt es: »Wenn es uns nicht gelingt, den Eltern und Politikern heute schon die Dringlichkeit der Probleme vor Augen zu führen, setzen wir das Grundrecht unserer Kinder auf Gesundheit und eine intakte Umwelt aufs Spiel... Wir fordern gemeinsame Bemühungen und neue Verhaltensnormen auf allen Ebenen und in aller Interesse.«[58]
Es bleibt abzuwarten, wie die Staaten auf die Empfehlungen dieses Berichts reagieren. Aber schon die Tatsache, daß er in der UN-Vollversammlung diskutiert worden ist, stellt einen großen Schritt vorwärts dar. Der Bericht stellt eine feste Verbindung zwischen der Bekämpfung der Armut und der Bewahrung des lebenserhaltenden Systems Erde her.

Anmerkungen zu Kapitel 1

1 Die Daten für die BRD sind aus: Der Bundesminister für Ernährung, Landwirtschaft und Forsten, Neuartige Waldschäden in der Bundesrepublik Deutschland. Bonn, Oktober 1983 und folgende Berichte; International Cooperative Programme on Assessment and Monitoring of Air Pollution Effects on Forests, Forest Damage Survey in Europe. Global Environment Monitoring System. U.N. Environment Programme (UNEP), Nairobi, 1987.
2 Erste Hinweise auf das Einsetzen der Erwärmung finden sich bei P. D. Jones et al., Global Temperature Variations Between 1861 and 1984. *Nature,* 31. Juli 1986, und bei B. Vaugh Marshall und Arthur Lachenbruch, Changing Climate: Geothermal Evidence from Permafrost in the Alaskan Arctic. *Science,* 7. November 1986; V. Ramanathan et al., Trace Gas Trends and Their Potential Role in Climate Change. *Journal of Geophysical Research,* 20. Juni 1985.
3 Shirley Christian, Pilots Fly Over the Pole Into the Heart of Ozone Mystery. *New York Times,* 22. September 1987;

Ozone Hole Deeper Than Ever. *Nature,* 8. Oktober 1987. Zu den Auswirkungen s.: U.S. Environmental Protection Agency (EPA) und UNEP, Effects of Changes in Stratospheric Ozone and Global Climate. Volume I, Overview. Washington D.C. 1986.

4 Die Angabe »vier Fünftel« stammt aus: U.S. Department of Agriculture (USDA), Economic Research Service (ERS), An Economic Analysis of USDA Erosion Control Programs. Washington D.C., 1986; Norman A. Berg, Making the Most of the New Soil Conservation Initiatives. *Journal of Soil and Water Conservation,* Januar/Februar 1987.

5 Michael Weisskopf, Nations Sign Agreements to Guard Ozone Layer. *Washington Post,* 17. September 1987.

6 Paul Lewis, Rare Unity Brings Smile to »Toothless Tiger«. *New York Times,* 20. September 1987.

7 U.N. Food and Agriculture Organization (FAO), Tropical Forest Resources. *Forestry Paper* 30, Rom 1982; Centre for Science and Environment, The State of India's Environment 1984-85, New Delhi 1985.

8 FAO, Tropical Forest Resources.

9 International Co-operative Programme, Report on the 1986 Forest Damage Survey in Europe.

10 USDA Soil Conservation Service and Iowa State University Statistical Laboratory, Basic Statistics 1977. National Resources Inventory. Statistical Bulletin No. 686, Washington, D.C. 1982; Lester R. Brown and Edward C. Wolf, Soil Erosion. Quiet Crises in the World Economy. Worldwatch Paper 60, Washington, D.C. Worldwatch Institute, September 1984.

11 Die Rundfunkrede vom 3. Januar 1985 ist zitiert aus: Government of India, Strategies, Structures, Policies: National Wastelands Development Board. New Delhi, vervielfältigt 6. Februar 1986.

12 Zur Anzahl im Gebrauch befindlicher Chemikalien s. The Quest for Chemical Safety. *International Register of Potentially Toxic Chemicals Bulletin,* Mai 1985.

13 H. Jeffrey Leonard, Hazardous Wastes: The Crisis Spreads. *National Development,* April 1986.

14 Jean Pierre Lasota, Darkness at Noon. *The Sciences,* Juli/ August 1987.

15 James Bovard, A Silent Spring in Eastern Europe. *New York Times,* 26. April 1987.

16 Cass Peterson, Ozone Depletion Worsens: Hazard to Researchers Seen. *Washington Post,* 28. Oktober 1977; Walter Sullivan, Ozone Hole Raising Concern for Scientists' Safety. *New York Times,* 28. Oktober 1987.

1. Lebenszeichen 43

17 F. Sherwood Rowland und Michael B. McElroy, Testimonies at Hearings. Committee on Environment and Public Works. U.S. Senate. 27. Oktober 1987.
18 Charles D. Keeling et al., Measurements of the Concentration of Carbon Dioxide at Mauna Loa Observatory, Hawaii. in: William C. Clark, ed., *Carbon Dioxide Review*. New York 1982.
19 FAO, Fuelwood Supplies in the Developing Countries. *Forestry Paper* 42, Rom 1983.
20 Das Beispiel aus Ecuador ist uns 1978 von einem Freiwilligen des Peace Corps, Paul Warpeha, bei einem Seminar des Worldwatch Institute geschildert worden; das aus dem Sahel findet sich in: Bina Agarwal, Cold Hearths and Barren Slopes: The Woodfuel Crisis in the Third World. Riverdale, Md., 1986.
21 Government of India, National Wastelands Development Board.
22 Southern African Development Coordination Conference, (SADCC), Agriculture Toward 2000, Rom 1984.
23 Government of India, National Wastelands Development Board.
24 Aus einer Rede von Barber B. Conable, Präsident der Weltbank, vor dem World Resources Institute, Washington, D.C. am 3. Mai 1987.
25 Robert Mann, Development and the Sahel Disaster: The Case of the Gambia. *The Ecologist*, März–Juni 1987.
26 J. Bandopadhvav und Vandana Shiva, Drought, Development and Desertification. *Economic and Political Weekly*, 16. August 1986.
27 USDA, ERS, World Indices of Agricultural and Food Production 1050 1987. Unveröffentlichter Druck. Washington, D.C. 1987.
28 Zur Diskussion der chinesischen Militärausgaben s. Lester R. Brown, Redefining National Security in: Lester R. Brown et al., State of the World 1986. New York 1986; zur Landwirtschaftsstatistik Chinas s. USDA, ERS, China: Situation and Outlook Report. Washington, D.C. 1986.
29 Nach Schätzungen des Worldwatch Institute, beruhend auf Daten des American Petrol Institute und des US-Energieministeriums (DOE), stieg der Verbrauch von 3 Milliarden Tonnen Steinkohleeinheiten 1950 auf 12 Milliarden Tonnen im Jahr 1986. Das Bruttosozialweltprodukt stieg von 2,9 Billionen Dollar (berechnet nach dem Wert für 1980) auf 13 Billionen im Jahr 1986. S. auch Herbert R. Block, The Planetary Product in 1980: A Creative Pause? Washington D.C. U.S. Department of State, 1981. Nach den Daten des

USDA hat sich die Getreideproduktion von 624 Millionen Tonnen im Jahr 1950 auf 1,423 Milliarden im Jahr 1980 gesteigert. Zur Diskussion des Erdölverbrauchs in der Landwirtschaft s. Lester R. Brown, Landwirtschaft. Zur Lage der Welt 1987/88. Frankfurt/Main 1987. Zur Diskussion dieser Entwicklungen insgesamt s. Lester R. Brown und Sandra Postel, Thresholds of Change. State of the World 1987. New York 1987. Die Daten zur Automobilproduktion sind aus: Motor Vehicles Manufacturers' Association, World Motor Vehicle Data Book, 1982 Edition. Detroit, Mich., 1982; United Nations, World Energy Supplies. New York, 1976; United Nations, Yearbook of World Energy Statistics. New York, 1983.

30 British Petroleum Company, *BP Statistical Review of World Energy*. London, 1987.

31 Ebd.; DOE, Energy Information Administration, *Monthly Energy Review*, Juli 1987.

32 Coal-Fired Power to Reach 640 GW by 2000, Says IEA. *Energy Daily*, 6. Oktober 1987; World Bank, China: The Energy Sector. Washington, D.C. 1985.

33 Persönliche Mitteilung vom 16. Juni und 4. November 1987 durch Ralph Rotty von der Universität von New Orleans; die Daten über die Schwefelemissionen sind vom schwedischen Landwirtschaftsministerium, Proceedings: The 1982 Stockholm Conference on Acidification of the environment. Stockholm 1982; zum Stickstoff s. P. J. Crutzen und M. O. Anfreae, Atmospheric Chemistry. in: T. F. Malone und J. G. Roederer, Hrsg., Global Change. New York, 1985.

34 John McCormick, Acid Earth. Washington, D.C. International Institute for Environment and Development, 1985; *Acid Magazine*, 1, 1987.

35 Die 1982er Daten für die Bundesrepublik sind aus: Der Bundesminister für Ernährung, Landwirtschaft und Forsten, Neuartige Waldschäden und nachfolgenden Berichten; die Daten für 1986 aus International Cooperative Programme, Report on the 1986 Forest Damage Survey in Europe.

36 Auswirkungen des Waldsterbens und Stand der Gegenmaßnahmen in Europa. *Holz-Zentralblatt*, 26. Oktober 1987; Bovard, A Silent Spring in Eastern Europe.

37 Hon. Tom McMillan, Canada's Perspective on Global Environment and Development. Rede auf der 42. Sitzung der UN-Vollversammlung, New York, 19. Oktober 1987.

38 Zu den Niederschlagsdaten s. James N. Galloway, Acid Rain: China, United States, and a Remote Region. *Science*, 19. Juni 1987; zu den Waldschäden s. Acid Rain Harms Southwest Forests. *Beijing Review*, 12. Oktober 1987.

1. Lebenszeichen

39 Svante Arrhenius, On the Influence of Carbonic Acid in the Air upon the Temperature on the Ground. *Phil. Magazine* 41, 1896.

40 Persönliche Mitteilung von Rotty; R. A. Houghton et al., The Flux of Carbon from Terrestrial Ecosystems to the Atmosphere in 1980 Due to Changes in Land Use: Geographic Distribution of Global Flux. *Tellus,* Februar/April 1987; Irving M. Mintzer, A Matter of Degree: The Potential for Controlling the Greenhouse Effect. Washington D.C., World Resources Institute 1987; Persönliche Mitteilung von Charles D. Keeling, Scripps Institution of Oceanography, La Jolla, Kalifornien, vom 11. November 1987.

41 World Meteorological Organization (WMO), A Report of the International Conference on the Assessment of the Role of Carbon Dioxide and of Other Greenhouse Gases on Climate Variations and Associated Impacts. Villach, 9.–15. Oktober 1985. Genf, International Council of Scientific Unions and UNEP, 1986.

42 Malone und Roederer, Global Change; Mintzer, A Matter of Degree.

43 Mintzer, A Matter of Degree.

44 WMO, Assessment of Role of Carbon Dioxide and Greenhouse Gases in Climate Variations.

45 Jessica Tuchman Matthews, National Security, Global Survival. Presentation given at the Committee for National Security's Fifth Women's Leadership Conference, Washington, D.C., 25. Juni 1987.

46 Michael C. McCracken und George J. Kulka, Detecting the Climate Effects of Carbon Dioxide: Volume Summary in: Michael C. McCracken und Frederick M. Luther, Hrsg., Detecting the Climate Effects of Increasing Carbon Dioxide. Washington, D.C., 1985.

47 S. Manabe und R. T. Wetherald, Reductions in Summer Soil Wetness Induced by an Increase in Atmospheric Carbon Dioxide. *Science*, 2. Mai 1986; WMO, Assessment of the Role of Carbon Dioxide and Greenhouse Gases in Climate Variations.

48 Cynthia Rosenzweig, Potential CO_2 Induced Climate Effects on North America's Wheat-Producing Regions. *Climatic Change* 7, 1985; Cynthia Rosenzweig, Climate Change Impact on Wheat: The Case of the High Plains. Papier zum Symposion On Climate Change in the Southern United States: Future Impacts and Present Policy Issues. New Orleans, 28.–29. Mai 1987.

49 Sandra Postel, Chemische Kreisläufe in: Brown et al., Zur Lage der Welt 1987/88, Frankfurt a. M. 1987.

50 Zur Prognose der EPA s. Glaciers, Ice Sheets, and Sea Level: Effect of a CO_2 Induced Climate Change. Bericht für eine Tagung des DOE in Seattle, Washington, vom 13.–15. September 1984. Washington, D.C. 1986.
51 Erik Eckholm, Significant Rise in Sea Level Now Seems Certain. *New York Times*, 18. Februar 1986; Tom Goemans und Tjebbe Visser, The Delta Project: The Netherlands' Experience with a Megaproject for Flood Protection. *Technology in Society* 9, 1987.
52 Maumoon Abdul Gavoom, Rede vor der 42. Sitzung der UN-Vollversammlung, New York, 19. Oktober 1987.
53 Graham S. Giese und David G. Aubrey, Losing Coastal Upland to Relative Sea-Level Rise: 3 Scenarios for Massachusetts. *Oceanus* 30, No. 3, 1987.
54 World Commission on Environment and Development. One Common Future. New York 1987.
55 Weisskopf, Nations Sign Agreement to Guard Ozone Layer.
56 Persönliche Mitteilungen der einzelnen Botschaften in Washington über das Produktionsverbot in Belgien und Skandinavien; Vermont Says No to Plastic Plates. *New York Times*, 15. September 1987; Mac Backs CFC Attack. *World Environment Report,* 20. August 1987.
57 Zur Diskussion der Entwicklung in Afrika s. Lester R. Brown und Edward C. Wolf, Reversing Africa's Decline. Worldwatch Paper 63. Washington, D.C. 1985.
58 World Commission on Environment and Development, Our Common Future.

Christopher Flavin/Alan Durning
2. Energie-Einsparung: Erhöhung der Wirksamkeit von Energie

Ein 1987 erschienener Bericht der International Energy Agency enthält die schlichte, aber bedeutende Aussage:»In einem bestimmten Rahmen sind Investitionen in Energieeinsparung wirtschaftlicher als Investitionen in die Energiegewinnung.« Umweltschützer und Vertreter des »sanften Energiepfads« behaupten dies bereits seit über zehn Jahren. Doch zum jetzigen Zeitpunkt ist die Sachlage selbst für Regierungsbeamte und Industrielle, die auf den Ausbau der Energieerzeugung gesetzt hatten, eindeutig: der Einstieg in das Energiesparen bringt sowohl für Konsumenten und Unternehmen als auch für die Volkswirtschaft den größten Gewinn.[1]

Die beachtlichen bereits erzielten Fortschritte haben die Einsparziele der meisten Länder bei weitem übertroffen. Sie stellen den größten Schritt in Richtung einer Unabhängigkeit von Erdölimporten dar. In den meisten westlich orientierten Industrienationen konnte der Nutzungsgrad der Energie seit 1973 um 20 bis 30 Prozent erhöht werden. In einer Zeit, in der sich das Energieangebot praktisch kaum vergrößerte, wurde der Nutzungsgrad soweit erhöht, daß dadurch heute in den Industrienationen ein Wert von jährlich 250 Mrd. US-$ an Öl, Gas, Kohle und Kernenergie ersetzt wird.[2]

Energiesparen bedeutet nicht nur, daß fossile Brennstoffe eingespart werden, sondern stellt eine wirksame Lösung für einige der schwierigsten Probleme der heutigen Zeit dar. Im Persischen Golf befindet sich derzeit die größte Konzentration an Marineeinheiten seit dem 2. Weltkrieg, und die Abhängigkeit von Erdöl aus dem Mittleren Osten nimmt zu. Saurer Regen zerstört die Wälder in Mitteleuropa. Erhöhte Kohlendioxidkonzentrationen können die Vorboten von katastrophalen Klimaveränderungen sein, und wirtschaftliche Gegebenheiten von der Verschuldungskrise der Dritten Welt bis hin zu sinkender Konkurrenzfähigkeit auf dem Weltmarkt drohen, die gesamte Weltwirtschaft in eine Krise zu führen.

Die Revolution geht weiter

Als die Ford-Stiftung 1974 eine Studie zur Zukunft der amerikanischen Energiepolitik abschloß, wurden drei Szenarien vorgestellt. Eine Entwicklung wurde als »historisches Wachstums-Szenario« bezeichnet. Diese kündigte eine Verdopplung des Energieverbrauchs der Vereinigten Staaten zwischen 1970 und 1987 an. Die Voraussage für den niedrigsten Verbrauch, das »Nullwachstums-Szenario«, schloß immer noch einen annähernd 20-prozentigen Zuwachs des Energieverbrauchs ein. Seit der Veröffentlichung dieser Studie verzeichnet die US-amerikanische Wirtschaft ein Wachstum von über 35 Prozent, der Energieverbrauch jedoch ist gesunken.[3, 4]

Mit Änderung der Rahmenbedingungen fand auch eine Änderung im Umgang mit der Energie statt. Zwischen 1973 und 1985 nahm die Energieintensität in allen Industrienationen ab.[5] Die Sowjetunion dagegen konnte ihre Einsparungen seit den frühen siebziger Jahren nicht weiter steigern und hat somit weiterhin die Wirtschaft mit der geringsten Energieeffizienz.[6]

2. Energie-Einsparung

Tab. 2.1: Die Energieintensität ausgewählter Volkswirtschaften, 1973–1985

Land	1973	1979	1983	1985	Veränderung 1973–85 in Prozent
Australien	21,6	23,0	22,1	30,3	− 6
Kanada	38,3	38,8	36,5	36,0	− 6
Griechenland[1]	17,1	18,5	18,9	19,8	+ 16
Italien	18,5	17,1	15,3	14,9	− 19
Japan	18,9	16,7	13,5	13,1	− 31
Niederlande	19,8	18,9	15,8	16,2	− 18
Türkei	28,4	24,2	25,7	25,2	− 11
England	13,8	18,0	15,8	15,8	− 20
USA	35,6	32,9	28,8	27,5	− 23
BR-Deutschland	17,1	16,2	14,0	14,0	− 18

1 Hier wurde die Energieintensität gesteigert, da Griechenland seine energieintensiven Industriezweige wie z. B. die Metallverarbeitung vergrößert hat.

Quelle: International Energy Agency, Energy Conservation in JEA Countries, (Paris: Organisation for Economic Cooperation and Development, 1987).

Auch zwischen den Entwicklungsländern gibt es große Unterschiede bezüglich der Energieeinsparung. Länder wie zum Beispiel Taiwan, Südkorea und Brasilien haben damit begonnen, ihre Maschinenparks und Produktionsverfahren auf den neuesten Stand der Technik zu bringen, womit ein breites Spektrum von Energieeinsparmaßnahmen sowie finanzielle Initiativen verbunden sind. Doch die meisten Länder der Dritten Welt hinken den Industriestaaten immer weiter hinterher. Ohne weitere Energieeinsparungen werden sie es immer schwerer haben, im internationalen Wettbewerb zu bestehen.

Die Wettbewerbsfähigkeit auf dem internationalen Markt ist nicht nur ein Problem der Dritten Welt. Im Jahr 1986 gaben die Vereinigten Staaten 10 Prozent ihres Bruttosozialproduktes für Kraftstoff aus, Japan jedoch nur 4 Prozent. Der Wissenschaftler Arthur Rosenfeld vom Lawrence Berkeley Laboratorium rechnete aus, daß die Vereinigten Staaten im Vergleich zu Japan praktisch eine »Steuer« von 200 Mrd. US-$ für unrationelle Energienutzung zahlen. Somit bleiben weniger Mittel, um in andere Bereiche zu investieren.[7] Weitere Unterschiede der Einsparergebnisse entstehen zwischen den verschiedenen gesellschaftlichen Bereichen. Am beeindruckendsten waren die Einsparerfolge im Gewerbesektor. Im Gebäude- und Transportwesen sind die Verbesserungen dagegen eher schleppend. Einsparerfolge sind von den Marktstrukturen abhängig: Gebäude, die derzeit das größte Einsparpotential aufweisen, haben aufgrund der großen Aufsplitterung der am Bau beteiligten Märkte nur langsame Fortschritte gemacht. Energieintensive Industriezweige, wie zum Beispiel die chemische Industrie, haben dagegen beträchtliche Verbesserungen erzielt.[8, 9]

»Im Jahr 1986 gaben die Vereinigten Staaten 10 Prozent ihres Bruttosozialproduktes für Kraftstoff aus, Japan jedoch nur 4 Prozent.«

Der Hauptgrund dafür, daß sich die Einsparungen so schnell durchsetzen konnten, ist, daß Ingenieure, Geschäftsleute und Verbraucher durch hohe Energiekosten dazu angehalten wurden, Veränderungen durchzuführen und Nutzungsstrukturen zu schaffen, die für den sinnvollen Einsatz von sparsamen Technologien unabdingbar sind. Steuervergünstigungen und Subventionen wurden gewährt, und neue Gesellschaften gegründet, um neuartige Investitionsmöglichkeiten zu eröffnen. Energieaufsichtsbehörden in den Vereinigten Staaten schaffen jetzt finanzielle Anreize für Versorgungsunternehmen, damit diese in Einsparmaßnahmen bei Gebäuden ihrer Kunden investieren.[10]
Anhand von Daten aus dem Jahr 1987 kann gesagt werden, daß sich der Energienutzungsgrad, trotz des Ölpreisverfalls im Jahr 1986, in den meisten Na-

2. Energie-Einsparung

tionen kontinuierlich vergrößert. Viele der Investitionen, die nach den Ölpreissteigerungen von 1979–1981 getätigt wurden, wirken sich heute noch aus. Es ist aber nur eine Frage der Zeit, bis die gesunkenen Ölpreise die Einsparbestrebungen abschwächen werden. In der ganzen Welt werden staatliche und private Energiesparprogramme aufgegeben, und neue Investitionen werden gekürzt.[11]

»**Energieaufsichtsbehörden in den Vereinigten Staaten schaffen jetzt finanzielle Anreize für Versorgungsunternehmen, damit diese in Einsparmaßnahmen bei Gebäuden ihrer Kunden investieren.**«

Den Schlüssel zu kosteneffektiven Investitionen in Energieeinsparung bietet ein Konzept, das »least-cost planning« genannt wird. Von einer wachsenden Anzahl amerikanischer Staaten wird dies bereits angenommen, so daß durch dieses Konzept gleichermaßen in Energieversorgung und in Energieeinsparung investiert werden kann. Immer wenn eine Investition in Einsparmaßnahmen wirtschaftlicher ist als in Energieerzeugung, wird sie im Rahmen des »least-cost planning« bevorzugt. Mehrere Studien weisen nach, daß ein solches Vorgehen zu einer weiteren Energieeinsparung in einer Höhe von Milliarden Dollar führen könnte.[12]

Energiewirksam bauen

Im Jahr 1985 wurde in den Industrieländern für die Versorgung von Gebäuden ein Äquivalent an Primärenergie von 16,7 Millionen Barrel (159 l) Erdöl täglich verbraucht. Dies entspricht annähernd der gesamten Tagesproduktion der OPEC-Staaten in diesem Jahr.[13] In marktorientierten Industrienationen wird Energie fast zu gleichen Teilen für die Gebäudeversorgung, die industrielle Nutzung und das

Verkehrswesen verwendet. In Ländern mit zentraler Planwirtschaft und in vielen Entwicklungsländern jedoch verbraucht die Industrie über die Hälfte der Energie. In Osteuropa und in der Sowjetunion sind Gebäude, trotz der Planung von im Prinzip sparsamen Mietshäusern und Fernheizungen, eher nur dürftig isoliert.[14]

Die Strukturen in den Entwicklungsländern zeichnen zwei völlig verschiedene Bilder. Auf dem Lande sind die Gebäude spartanisch, und Brennholz ist die Hauptenergiequelle. Die wesentlichen Energieprobleme beziehen sich auf die Grundbedürfnisse. Da die Brennholznutzung derzeit so ineffizient ist, ist der Gesamtenergieverbrauch, gemessen in Wärmeeinheiten, ziemlich hoch.

Die Städte der Dritten Welt beherbergen eine sich ständig vergrößernde städtische Unterschicht, in der die Nutzung von Brennholz, Holzkohle oder teureren Brennstoffen vorherrscht. Während dessen gehen die Mitglieder einer relativ wohlhabenden Elite genauso verschwenderisch mit Energie um wie Einwohner von Industrienationen. Für die Klimatisierung von Gebäuden, in denen der Hauptteil der kommerziellen Energie verbraucht wird, sind energieeinsparende Technologien von entscheidender Bedeutung. Tatsächlich sind verbesserte Klimaanlagen für Manila von größerer Bedeutung als für Manhattan.[15]

In marktorientierten Industrieländern wurde für eine stetig wachsende Anzahl von Gebäuden seit Anfang der siebziger Jahre eine annähernd konstante Energiemenge verbraucht. Der Energiebedarf einer wachsenden Zahl von Verbrauchern wurde durch Energieeinsparungen ausgeglichen. Im Vergleich zum Jahr 1973 benötigt man zur Versorgung der Gebäude in diesen Ländern pro Kopf 25 Prozent weniger Energie. Das macht die Einsparung eines Öläquivalents von 3,8 Millionen Barrel pro Tag aus und

2. Energie-Einsparung

übersteigt somit den Erdölertrag aus der Nordsee. Die zu verzeichnenden Erfolge verblassen jedoch angesichts der noch vorhandenen, aber noch nicht ausgeschöpften Möglichkeiten von neuen Technologien. In der Praxis wurde nachgewiesen, daß die Konstruktion von Gebäuden möglich ist, die nur noch ein Drittel oder gar Zehntel der Energie verbrauchen, die bei heutigen Nutzungsstrukturen benötigt werden.[16]

Nachträgliche Umbaumaßnahmen zum Zwecke der Energieeinsparung können bedeutende Verbesserungen bewirken. In über 40 000 wärmetechnisch sanierten Häusern, deren Energieverbrauch von US-amerikanischen Versorgungsunternehmen aufgezeichnet und ausgewertet wurde, sank der Verbrauch um ein Viertel. Die Hauseigentümer erhielten somit für ihre Investitionen eine jährliche Rendite von 23 Prozent.[17] Solche Umrüstungsvorhaben, die gut konzipiert und durchgeführt werden, zahlen sich durch niedrigere Energiekosten in weniger als fünf Jahren aus. Viele jedoch werden nur dürftig ausgeführt und bringen somit nur geringe Einsparergebnisse.

Bei neuen Wohnhäusern ist die Förderung von effizienter Energienutzung genauso wichtig. Das Einsparpotential neuer Häuser übersteigt daher bei weitem das von älteren Häusern.[18] Während in einem durchschnittlichen US-amerikanischen Haushalt 160 Kilojoule pro Quadratmeter Wohnfläche und Gradtag (Gradtag ist definiert als Tag, an dem bei einer definierten Außentemperatur – in BRD: 15 Grad Celsius – das Wohngebäude geheizt werden mußte – Anm. d. Übersetzerin) verbraucht werden, sind es in neuen schwedischen Häusern gerade 65 Kilojoule. Neuerdings in Minnesota gebaute Energiesparhäuser kommen auf einen Durchschnitt von 51 Kilojoule, und einige Beispiele in Schweden liegen unter 18 Kilojoule.[19]

Der Schlüssel zu diesem Einsparpotential heißt »Superdämmung«: die normale Isolation wird verdoppelt und eine luftdichte Schicht in die Wände integriert. Tatsächlich sind spezialisolierte Häuser so dicht, daß Lüftungssysteme erforderlich werden, um die verbrauchte Raumluft auszutauschen. Wärme, die vom menschlichen Körper abgestrahlt wird, Kochherde und Haushaltsgeräte wärmen das Haus. Zusätzliche Heizung wird nur in geringem Maße benötigt. Im Sommer verhilft die Superdämmung dazu, die Hitze abzuhalten.[20]

Eine solche spezielle Isolierung erhöht die Baukosten um ungefähr 5 Prozent, doch die Energieersparnis gleicht diese zusätzlichen Kosten aus. Derzeit gibt es über 20 000 supergedämmte Wohnhäuser in Nordamerika, und jährlich kommen etwa 5000 neue hinzu. Diese machen jedoch nicht einmal 1 Prozent des gesamten Wohnungsbaus aus. Der Grund hierfür ist offensichtlich: »Wenn sich amerikanische Käufer zwischen einer besseren Isolierung und einem Badezimmer mit einem Whirlpool entscheiden müssen, gewinnt in den meisten Fällen der Whirlpool.«[21]

Gewerblich genutzte und öffentliche Gebäude verbrauchen in den meisten Ländern insgesamt weniger Energie als Wohnhäuser. In neuen US-amerikanischen Bürogebäuden konnte seit 1973 durch den sparsameren Umgang mit Heizung, Kühlung und Beleuchtung der ausgesprochen verschwenderische Verbrauch von jährlich 5,7 Mio Kilojoule pro Quadratmeter auf 3,0 Mio Kilojoule reduziert werden. Gewerbliche Gebäude in Schweden verbrauchen bereits durchschnittlich weniger als 1,7 Mio Kilojoule, und die schwedische Regierung hat für den Verbrauch bei neuen Gebäuden einen oberen Grenzwert von 1,1 Mio festgelegt. Wenn alle US-amerikanischen gewerblichen Gebäude diesem Wert entsprächen, wäre der gesamte US-amerikanische Energieverbrauch um 9 Prozent geringer.[22]

2. Energie-Einsparung

Nach einer statistischen Erhebung in den Vereinigten Staaten konnte bei neuen Bürogebäuden kein Zusammenhang zwischen Energieeinsparungen und Baukosten gefunden werden. Das deutet darauf hin, daß die Einsparmaßnahmen bis jetzt völlig kostenneutral gewesen sind. Hier konnten die Kosten für zusätzliche Isolierung mit Einsparungen durch kleinere Heiz- und Kühlsysteme gedeckt werden. Ebenso wird geschätzt, daß weitere Einsparungen von 30 Prozent die Baukosten um weniger als 1 Prozent anheben würden. Energieeinsparung, die durch Investitionen noch während der Bauphase eines Gebäudes ermöglicht wird, ist nahezu Reingewinn.[23, 24] Beim Bau von Bürogebäuden gewinnt die Technik der thermischen Speicherung an Bedeutung, mit der Wärme oder Kühle für den späteren Bedarf aufgenommen werden kann. In Schweden sind einige der neuen Bürogebäude in der Lage, die von Menschen und Geräten abgegebene Wärme so effektiv zu speichern, daß selbst mitten im Winter praktisch kein zusätzlicher Heizaufwand nötig ist. Und in Reno (Nevada) sind jetzt in einigen Gebäuden im Sommer keine Klimaanlagen mehr in Betrieb: Die kühle Nachtluft wird dazu benutzt, große Wasserkammern abzukühlen, die dann bei Tag die Raumtemperatur angenehm niedrig halten.[25] Viele der Technologien, die in energieeffizienten, neuen öffentlichen und privaten Einrichtungen genutzt wurden, sind so rentabel, daß es sich auch lohnt, sie in bereits existierende Gebäude einzubauen.[26]

»Bei Energieverbrauchern innerhalb der Gebäude, wie Haushaltsgeräte, Öfen, Klimaanlagen und Beleuchtung, sind Energieeinsparungen ebenfalls längst überfällig.«

Technische Verbesserungen an Fenstern, die sowohl bei öffentlichen und privaten Einrichtungen als auch in Wohnhäusern eine entscheidende Rolle spielen, machen derzeit große Fortschritte. In den USA geht in einem Jahr genausoviel Energie durch die Fenster verloren, wie durch die Pipeline Alaskas fließt. Eine spezielle, wärmereflektierende Beschichtung verdoppelt die isolierende Wirkung der Fenster, indem zwar Lichtstrahlen in den Raum gelangen, aber keine Wärme nach außen dringt. Weitere Verbesserungen an Fenstern können dadurch erreicht werden, daß zwischen den beiden Scheiben eines Doppelfensters ein Vakuum erzeugt wird. Durch weiterentwickelte Technologien, die vielleicht in den neunziger Jahren wirtschaftlich sein werden, können Fenster in gleichem Maß isolierend wirken wie gewöhnliche Wände.[27]

Bei Energieverbrauchern innerhalb der Gebäude, wie Haushaltsgeräte, Öfen, Klimaanlagen und Beleuchtung, sind Energieeinsparungen ebenfalls längst überfällig. So verbraucht zum Beispiel ein durchschnittlicher Gefrier- und Kühlschrank eines amerikanischen Haushalts jährlich 1500 Kilowattstunden (kWh). Ein neues Standardmodell derselben Größe leistet dieselbe Arbeit mit 1100 kWh. Und das beste z. Zt. auf dem Markt befindliche Modell braucht nur 750 kWh. Doch weitere Einsparungen sind möglich. Ein dänischer Prototyp verbraucht 530 kWh, und ein kalifornisches Modell, das auf Bestellung gebaut wird, arbeitet mit 240 kWh. Darüber hinaus deutet eine Studie darauf hin, daß der Verbrauch rentabel unter die 200 kWh-Grenze fallen kann.[28] Ähnliches kann auch über die meisten anderen Haushaltsgeräte berichtet werden.

Die Anschaffung energiesparender Geräte ist zwar im allgemeinen teurer, doch wird die Differenz durch die geringeren Energiekosten mehr als ausgeglichen. 1986 kostete der beste auf dem Markt befindliche Kühlschrank 60 US-$ mehr als die anderen. Die Investition amortisierte sich jedoch innerhalb von 30 Monaten, also mit einer Rendite von 40 Prozent.[29]

2. Energie-Einsparung

Eine aussagekräftige Größe für die wirtschaftlichen Vorteile durch Energieeinsparungen sind die sogenannten Energieeinsparkosten. Jede Kilowattstunde, die ein amerikanischer Hausbesitzer einem Stromversorgungsunternehmen abkauft, kostet ihn im Durchschnitt 0,078 US-Dollar. Jedoch kostet jede Kilowattstunde, die durch einen ›Spar‹-Kühlschrank eingespart wird, den Verbraucher weniger als 0,02 US-Dollar. Dieser Betrag steht natürlich auf keiner Stromrechnung, sondern ist in den höheren Anschaffungskosten für das stromsparende Gerät enthalten. Diese Energieeinsparkosten ermöglichen bei der Energieplanung den Vergleich zwischen den Investitionen in Stromsparmaßnahmen und neuen Versorgungsoptionen auf »least-cost-planning«-Basis.[30]

»**Heizungs- und Kühltechnologien können noch weitaus sparsamer gestaltet werden. Eine herkömmliche Gasheizung zum Beispiel gibt bis zu einem Viertel der Wärme durch den Kamin nach draußen ab.**«

Heizungs- und Kühltechnologien können noch weitaus sparsamer gestaltet werden. Eine herkömmliche Gasheizung zum Beispiel gibt bis zu einem Viertel der Wärme durch den Kamin nach draußen ab. Neue Brennkessel dagegen gewinnen einen Großteil dieser Wärme wieder zurück, indem das Abgas abgekühlt und der Wasserdampf auskondensiert wird. Dadurch sinkt der Gasverbrauch bis zu 28 Prozent. Die Luftverschmutzung wird reduziert, und Schornsteine werden überflüssig, da eine kleine Abzugsöffnung ausreicht.[31]

Wärmepumpen, die sowohl heizen als auch kühlen können, finden immer mehr Verwendung. Elektrische Wärmepumpen, die im Winter heizen und im Sommer kühlen, halten bereits Einzug bei der Wohnraumheizung, wo lange Zeit Öl und Gas dominierten. Ein Wäschetrockner mit Wärmepumpe kann mit halb soviel Energie arbeiten wie ein kon-

Tab. 2.2: Verbesserung der Energienutzung und Einsparpotential im Bereich Haustechnik USA, 1985

Anwendung	Durch-schnitts-verbrauch Bestand	Durch-schnitts-verbrauch Neugerät	Markt-bestes Gerät	Geschätztes wirtschaftliches Potential[1]	Einspar-potential[2]
		(Kilowattstunden pro Jahr)			(Prozent)
Kühlschrank	1500	1100	750	200– 400	87
Klimaanlage	3600	2900	1800	900– 400	75
Elektroboiler	4000	3500	1600	1000–1500	75
Elektroherd	800	750	700	400– 500	50
		(Kilokalorien pro Jahr)			(Prozent)
Gasheizung	730	620	480	300– 480	59
Gastherme	270	250	200	100– 150	63
Gasherd	70	50	40	25– 30	64

1 Einsparpotential für Mitte der neunziger Jahre, wenn weitere wirtschaftliche, in Erforschung befindliche Verbesserungen durchgeführt werden.
2 Differenz zwischen Energieverbrauch Durchschnittsgerät Bestand und Gerät mit dem wirtschaftlich erzielbaren niedrigsten Verbrauch.

Quelle: Howard S. Geller: Energy-Efficient Appliances Performance Issues and Policy Options, *IEF Technologie and Society Magazine*, März 1986.

ventionelles Modell. Auch einige der jetzt auf dem Markt befindlichen Wärmepumpen zur Warmwasserbereitung verbrauchen nur halb soviel Energie wie herkömmliche Anlagen. Es wurde einmal berechnet, daß, wenn diese in allen amerikanischen Haushalten, die bisher über Elektroboiler verfügen, installiert würden, fünfzehn Großkraftwerke überflüssig wären.[32]
Bei den Bemühungen um Energiesparhäuser muß der gesamte Energieverbrauch berücksichtigt werden, angefangen bei der Glühlampe. Die Beleuchtung, die ungefähr 20 Prozent des US-amerikanischen Stromverbrauchs ausmacht, bietet derzeit die größten und wirtschaftlichsten Möglichkeiten der Einsparung. Nach Arthur Rosenfeld könnten vierzig große US-amerikanische Kraftwerke vorzeitig still-

2. Energie-Einsparung

gelegt werden, wenn ausschließlich die derzeit erhältlichen kostensparenden Beleuchtungstechnologien in Betrieb wären.[33] Kompakte Leuchtstofflampen mit einem Gewinde und einer speziellen Beschichtung, die dem Licht einen warmen Farbton verleiht, sind dabei, die traditionellen Glühlampen zu ersetzen. Eine neue 18-Watt-Leuchtstofflampe erzeugt genausoviel Licht wie eine 75-Watt-Glühlampe und hält zehnmal so lang. Zwar ist der Anschaffungspreis hoch, doch die Energieeinsparkosten liegen im allgemeinen unter 0,02 US-Dollar pro Kilowattstunde. Außerdem gibt es noch einen Umweltbonus: Während ihrer Lebensdauer werden durch jede einzelne Stromsparlampe 180 kg Kohle eingespart, und die Kohlenstoffemission in die Atmosphäre wird um 130 kg verringert.[34]

»**Eine neue 18-Watt-Leuchtstofflampe erzeugt genausoviel Licht wie eine 75-Watt-Glühlampe und hält zehnmal so lang.**«

Die Revolution in der Beleuchtungstechnik hört nicht bei kleinen Leuchtstofflampen auf. In der Forschung werden immer größere Fortschritte mit großen Leuchtstoffröhren erzielt, die in öffentlichen Gebäuden verwendet werden. Elektronische Vorschaltgeräte, die den elektrischen Strom in der Leuchtstoffröhre regeln, verringern den Energieverbrauch um 20 bis 30 Prozent. Diese elektronischen Vorschaltgeräte sind nun im Handel, und aufgrund ihrer hohen Wirtschaftlichkeit (Energieeinsparkosten von rund 0,02 US-Dollar pro Kilowattstunde) werden sie wohl bis Mitte der neunziger Jahre die Hälfte des Umsatzes an Leuchtstofflampen für sich verbuchen.[35]
Ein Paket von bereits im Handel erhältlichen Technologien, das die verbesserte Regelung und Anordnung der Leuchtkörper, die Verwendung von Reflektoren, verbesserten Leuchtstofflampen und

elektronischen Vorschaltgeräten umfaßt, kann den Energieverbrauch für die Beleuchtung von öffentlichen und Bürogebäuden um über 75 Prozent reduzieren. Fortgeschrittene technologische Entwicklungen wie zum Beispiel Höchstfrequenz-Vorschaltgeräte befinden sich in einer Phase der Ausreifung. Mikroelektronische Sensoren, die die Sonneneinstrahlung messen und registrieren, ob jemand den Raum betritt oder verläßt, können den Stromverbrauch für Beleuchtung noch einmal halbieren. Außerdem vermindert jede Verbesserung der Stromnutzung für Beleuchtung die Erzeugung von überflüssiger Wärme.[36]

Die Herausforderung der Brennstoff-Wirtschaft

Das Transportwesen ist heute der größte und am schnellsten wachsende Sektor, der an den Erdölvorräten zehrt. In den USA wurden ganze 63 Prozent des Gesamtölbedarfs von Transportmitteln aufgebraucht; das ist mehr, als im eigenen Land gefördert wird. Als die Verkaufszahlen für Autos stiegen, übertrug sich dieses ungünstige Verhältnis auf große Teile der Welt. Allein die Personenkraftfahrzeuge verbrauchen jedes sechste Barrel Öl. Die Auswirkungen des Transportwesens werden unterdessen zu einer Bedrohung für die Natur: Die fossilen Brennstoffe, die verbraucht werden, um Personen und Frachtgut zu transportieren, geben jährlich über 700 Millionen Tonnen Kohlenstoff an die Atmosphäre ab. Tatsächlich bläst ein durchschnittliches amerikanisches Auto jährlich sein Eigengewicht an Kohlenstoff in die Atmosphäre.[37]

Neue, schnell wachsende Städte, insbesondere in der Dritten Welt, haben jetzt die Gelegenheit, wirksame Energieeinsparungen von Anfang an zu planen. Große Wohn- und Arbeitsgebiete sollten so entwor-

2. Energie-Einsparung

fen werden, daß von den Bewohnern keine allzu großen Wege zurückgelegt werden müssen. Doch auch in älteren, gewachsenen Städten kann Energie gespart werden, indem die Abhängigkeit vom Auto verringert wird. Wenn durch gezielte Maßnahmen die volle Auslastung von Gütertransportgemeinschaften, öffentlichen Kraftfahrzeugen, Bussen und Bahn ermöglicht wird, so verbrauchen diese im Vergleich zu Privatautos oder Flugzeugen nur ein Viertel des Kraftstoffes, um jeden Passagier einen Kilometer weit zu transportieren. Güterzüge und Schiffe verbrauchen nur ein Drittel des Treibstoffs, den ein LKW braucht, um 1 Tonne Ladung zu transportieren. Nur wenn es sich in allen größeren Städten durchsetzen läßt, daß Wege zu Fuß, mit dem Fahrrad oder mit öffentlichen Verkehrsmitteln zurückgelegt werden, kann die Abhängigkeit von Erdöl wesentlich verringert werden.[38]

»**Allein die Personenkraftfahrzeuge verbrauchen jedes sechste Barrel Öl.**«

Weltweit vergrößerten sich die Kraftstoffeinsparungen bei neuen Autos seit 1973 um mindestens 25 Prozent. Einsparungen im Kraftstoffverbrauch wurden bislang hauptsächlich durch die Verringerung des Gewichts erreicht, die der Umstieg auf kleinere Wagen mit Frontantrieb bewirkt hat. Neue amerikanische Kraftfahrzeuge haben ihren Energienutzungsgrad seit 1973 nahezu verdoppelt, doch in punkto Sparsamkeit sind sie damit immer noch nicht so weit wie Europa und Japan.[39, 40]
Einige neue, kraftstoffsparende Modelle sind bereits erhältlich.[41, 42] Der neuartigste und innovativste Prototyp ist der aerodynamische LCP 2000 von Volvo. Volvo benutzte bei der Herstellung viel Leichtmaterial, einschließlich Magnesium. Ein LCP wiegt halb soviel wie ein durchschnittliches amerikanisches

Tab. 2.3: Kraftstoffverbrauch im Stadtverkehr für neue PKW 1973 und 1985 in ausgewählten Ländern

Land	1973	1985	Änderung
	(Meilen pro Gallone)		(Prozent)
Dänemark	26[1]	33	+ 27
BR-Deutschland	23	31	+ 35
Italien[2]	28	30	+ 7
Japan	23	30	+ 30
Großbritannien	21	31	+ 48
USA[3]	13	25	+ 92

1 1975.
2 Durchschnittsverbrauch aller PKW außer Neuwagen.
3 Mittelwert aus Stadtverkehr und Überlandverkehr. Die Zahlen für Stadtverkehr wären geringer.

Quelle: Internationale Energie-Agentur, Energy Conservation in IEA Countries, Paris 1987.

Fahrzeug und hat einen weiterentwickelten Dieselmotor, der auch mit alternativen Treibstoffen betrieben werden kann. Darüber hinaus plant Volvo, ein stufenloses Getriebe und einen Schwingradspeicher einzubauen.[43]

Volvo hat auch an die Verbraucher gedacht: Ein LCP 2000 widersteht einem weitaus stärkeren Aufprall als viele andere im Handel befindliche Fahrzeuge. Er hält die Abgasgrenzwerte ein, beschleunigt besser als ein durchschnittliches, neues amerikanisches Auto und kann ungefähr zum selben Preis wie die heutigen Kompaktwagen serienmäßig hergestellt werden. Der Prototyp AXV von Toyota ist ein weiteres herausragendes Modell, bei dem ein weiterentwickelter Dieselmotor durch ein stufenloses Getriebe ergänzt wird. Es ist geräumig genug, um als Familienauto genutzt zu werden.[44]

Dieselmotoren sind bislang am sparsamsten, doch ihrem zukünftigen Einsatz stehen die stark luftverschmutzenden Emissionen entgegen. Obwohl sie we-

2. Energie-Einsparung

niger Kohlenmonoxid und Kohlenwasserstoff als ein Benziner an die Umwelt abgeben, ist ihr Ausstoß an Stickoxiden und Rußpartikeln größer. Sowohl Mercedes Benz als auch Volkswagen haben Technologien entwickelt, ihre Dieselmotoren an die kalifornischen Grenzwerte für Rußemissionen – die strengsten der Welt – anzupassen. Dennoch, würden diese Dieselmotoren vermehrt zum Einsatz kommen, hätte dies immer noch eine Verschlechterung der Luftqualität zur Folge. Experten vertreten jedoch die Meinung, daß die Entwicklung von sauberen Dieselmotoren möglich sei. Es kann sich aber auch als einfacher erweisen, dieselben Verbesserungen in der Kraftstoffeinsparung durch den Einsatz anderer Technologien zu erreichen.[45]

Tab. 2.4: Kraftstoffverbrauch ausgewählter viersitziger PKWs, 1987

Modell	Treibstoff	Verbrauch[1]
		(Meilen pro Gallone)
In Produktion		
Peugeot 205	Benzin	42
Ford Escort	Diesel	53
Honda City	Benzin	53[2]
Suzuki Sprint	Benzin	57
Prototypen		
Volvo LCP 2000	Diesel	71
Peugeot ECO	Benzin	73
Volkswagen E80	Diesel	85
Toyota AXV	Diesel	98

1 Mittlerer Verbrauch bei Stadt- und Überlandverkehr.
2 Bei Stadtverkehr. Bei gemischter Fahrweise wäre die Zahl höher.

Quelle: Deborah Bleviss, The New Oil Crisis and Fuel Economy Technologies: Preparing the Light Transportation Industry for the 1990's (New York; Quorum Press, in Druck befindlich).

Alle Veränderungen in der Autokonstruktion kosten Geld. Dazu gehört auch die regelmäßige Änderung des Designs. Obwohl manche Einspartechnologien teuer erscheinen, können die damit ausgestatteten Fahrzeuge zum selben Preis wie die heute gängigen Modelle verkauft werden, sofern sie serienmäßig, in moderner Fließbandproduktion hergestellt werden.

»**Dieselmotoren sind bislang am sparsamsten, doch ihrem zukünftigen Einsatz stehen die stark luftverschmutzenden Emissionen entgegen.**«

Durch weiterentwickelte Materialien, wie zum Beispiel Kunststoff, werden weniger Teile und Schweißstellen benötigt; dadurch wird die Herstellung billiger. Darüber hinaus ist es wirtschaftlicher, neue Technologien gesammelt einzuführen, als immer wieder Produktionsänderungen vorzunehmen.[46]

Neue Grenzen für die Industrie

In den meisten Staaten hat in den letzten 15 Jahren bei der Mobilisierung von Einsparpotentialen die Industrie das Tempo angegeben. In den OECD-Staaten ist der industrielle Energieverbrauch seit 1973 um beachtliche 30 Prozent zurückgegangen. Unangefochtener Spitzenreiter sind Dänemark und Japan mit jährlichen Einsparraten von 7 Prozent zwischen 1979 und 1984. In den Vereinigten Staaten war der industrielle Energieverbrauch im Jahr 1986 um 17 Prozent geringer als 1973 – trotz einer Zunahme der industriellen Produktion um 15 Prozent im gleichen Zeitraum. In den USA und einigen anderen Staaten ist die Industrie nicht mehr der größte Energieverbraucher.[47]
Der Wissenschaftler Marc Ross vertritt die Meinung,

2. Energie-Einsparung

daß die insgesamt geringere Energieintensität der Produktionsprozesse in den USA im wesentlichen zwei Gründe hat: Ungefähr 45 Prozent der Einsparungen gehen nach seinen Schätzungen auf das Konto einer strukturellen Verlagerung der Industrieproduktion auf weniger energieintensive Werkstoffe und Erzeugnisse. So ist beispielsweise die Stahl- und Zementproduktion zurückgegangen, die der elektronischen Geräte dagegen gestiegen. Einige der energieintensiven Grundstoffe können zudem mittlerweile aus Schwellenländern bezogen werden. Die restlichen 55% der Einsparungen lassen sich auf eine Innovation des Maschinenparks und der Herstellungsverfahren zurückführen. In vielen Industriebranchen hat das Management Energieeinsparungen durchgesetzt, um die Gewinnspannen zu halten.[48]
Besonders stark zurückgegangen ist der Erdölverbrauch in der Industrie: Mineralöl wird als Brennstoff nur gezielt eingesetzt. Bald die Hälfte des Öls, das die US-Industrie verbraucht, dient als Werk- und nicht als Brennstoff. Auch der Verbrauch an Erdgas und Kohle ist in vielen Fällen zurückgegangen. Der Stromverbrauch hat in dem Maße stagniert, wie Einsparerfolge die Einführung neuer stromverbrauchender Technologien wie Lichtbogenhochöfen und Robotertechnik ausgeglichen haben.[49]
Trotz dieser Fortschritte verbraucht der sekundäre Sektor in den Industrienationen immer noch 37 Prozent des Gesamtenergieangebots, in Entwicklungsländern sogar zwischen 60 und 70 Prozent. In den Vereinigten Staaten ist der industrielle Energieverbrauch relativ immer noch weit höher als in Europa oder Japan. Zudem kann der jüngste Verfall der Ölpreise dazu führen, daß viele Industriezweige die notwendige Einsparpolitik nicht weiterverfolgen.[50]
Der überwiegende Teil der industriellen Energieeinsparungen konnte in den USA bisher bei der Erdöl-

raffination, der Produktion von Chemikalien, Zement, Metallen, Papier, Glas und Ton erreicht werden – in energieintensiven Produktionsprozessen, in denen allein schon die Wettbewerbsfähigkeit die Umstellung erforderte. Industriebranchen mit einem bisher relativ geringeren Energieverbrauch nutzen nun einen zunehmenden Teil des Angebots. Einige Untersuchungen belegen, daß viele Unternehmen zwar einerseits selbst Einsparinvestitionen mit kurzer Amortisationszeit scheuen, andererseits aber hohe Investitionen tätigen, um Marktanteile zu erobern.[51]

»**Japan, dessen Erfolge bei der Drosselung des industriellen Energieverbrauchs besonders groß sind, verlangt per Gesetz von Industrieunternehmen mit besonders hohem Energieverbrauch die Anstellung vollzeitbeschäftigter Energieberater.**«

Japan, dessen Erfolge bei der Drosselung des industriellen Energieverbrauchs besonders groß sind, verlangt per Gesetz von Industrieunternehmen mit besonders hohem Energieverbrauch die Anstellung vollzeitbeschäftigter Energieberater. Der industrielle Energiebedarf ist zwar vielfältig, doch eine nur kleine Zahl weitverbreiteter Technologien verfügt über ein umfangreiches Einsparpotential. In den Vereinigten Staaten werden volle 95 Prozent des Stromverbrauchs der Industrie für elektromechanische Antriebssysteme, Elektrolyseverfahren und für Heizzwecke verwendet.
Die Effizienz elektromechanischer Antriebssysteme, die überall in der Industrie Anwendung finden, kann auf vielfältige Weise erhöht werden. So verringert die elektronische Drehzahlregelung den Energiebedarf um 50 Prozent. Die Verkaufszahlen dieser Zubehörteile haben sich in den USA seit 1976 verdreifacht, mit weiterhin steigender Tendenz. Wissenschaftler schätzen, daß Einsparungen allein bei elek-

2. Energie-Einsparung

Tab. 2.5: Vereinigte Staaten: Neue Technologien und industrieller Energieverbrauch

Verwendung	Anteil an industriellem Energieverbrauch[1] (%)	Technologien, die den Wirkungsgrad erhöhen[2]	Wahrscheinlicher Trend der Energieintensität
Elektromechanische Antriebssysteme	20	Motoren mit hohem Wirkungsgrad elektronische Drehzahlregulierung Kraft-Wärme-Kopplung	abwärts
Elektrolyseverfahren	15	verbesserte Zelleffizienz Chloridprozesse Membranentrennung elektrochemische Synthese	abwärts
Elektrobeheizung	10	neue Gußverfahren Erhitzen mit Laser, Elektronenstrahl, Infrarot und Mikrowellen Sterilisation mit ultraviolettem Licht	aufwärts
Andere	5	Robotertechnik verbesserte Raumheizung/Klimaanlagen	abwärts

1 bis 1983.
2 bis zum Jahre 2000 anwendungsreife Technologien.

Quelle: Adam Kahane und Ray Squitieri: Electricity Use in Manufacturing, in: Anual Reviews Inc., *Anual Reviews of Energy* Band 12 (Palo Alto, Calif.).

tromechanischen Antriebssystemen ausreichen, um alle 27 neuen, energieverbrauchenden Technologien mit Strom zu versorgen, die zwischen den Jahren 1980 und 2000 für anwendungsreif erachtet werden.[52]

Mittlerweile ist in vielen Staaten die Chemieindustrie zum größten – industriellen – Energieverbraucher aufgestiegen. In den Vereinigten Staaten macht ihr Anteil am Energieverbrauch 22 Prozent aus, obwohl durch eine verbesserte Prozeßführung und Ausnutzung der Prozeßwärme der Verbrauch zwischen 1972 und 1985 relativ um 34 Prozent gesunken ist. Auch die Baustoffindustrie fällt zunehmend als Energieverbraucher ins Gewicht. Energieeffizientere Herstellungsverfahren, namentlich ein Trockenproduktionsprozeß, stehen vor der Anwendungsreife.[53] Die Stahlindustrie, einst das weltweite Symbol der Industrialisierung, hat zwar deutlich an Ertragskraft eingebüßt, bleibt aber weiterhin ein nennenswerter Energieverbraucher. In dem Maße, in dem die Stahlverarbeitung zurückging, hat die Industrie mit der Schließung vornehmlich der alten, ineffizienten Anlagen reagiert. In den Industrienationen wurden die traditionellen Frischverfahren weitgehend durch Sauerstoffaufblas- und Elektrostrahlverfahren ersetzt, bei denen das Recycling von Stahlabfällen und eine Energieersparnis von 50 Prozent möglich ist. Durch kontinuierliche Gußverfahren, bei denen der Stahl direkt in die gewünschte Form gebracht und Abfallprodukte damit vermieden werden, kann der Energieverbrauch auch älterer Hochöfen gedrosselt werden.[54]

»Eines der größten industriellen Energieeinsparpotentiale stellt die Nutzung von Blockheizkraftwerken (BHKW) dar, in denen Strom und Wärme gekoppelt erzeugt werden.«

Eines der größten industriellen Energieeinsparpotentiale stellt die Nutzung von Blockheizkraftwerken (BHKW) dar, in denen Strom und Wärme gekoppelt erzeugt werden. Durch die Bestückung eines Kraftwerks mit einem kleinen Heizkessel und einem Generator kann die Abwärme bei der Stromerzeugung für industrielle Prozesse genutzt werden und verpufft nicht wie in herkömmlichen Anlagen. Dieses Ver-

2. Energie-Einsparung

fahren ist nicht neu: schon zu Beginn dieses Jahrhunderts war es weitverbreitet und wurde erst durch den Bau zentraler Großkraftwerke zurückgedrängt. In den Vereinigten Staaten erreichte das Energieangebot aus BHKWs 1979 mit 10 476 MW einen Tiefstand; in Europa wird Kraft-Wärme-Kopplung weiterhin bei der städtischen Energieversorgung eingesetzt. In Dänemark wird seit 1972 der Bau von Blockheizkraftwerken vorangetrieben.[55]

In den Vereinigten Staaten hat der Einsatz Kraft-Wärme-gekoppelter Anlagen in der Industrie seit Inkrafttreten der PURPA-Gesetzgebung (PURPA = Public Utilities Regulatory Policies Act) von 1978 explosionsartig zugenommen; nach diesem Gesetz können Industrieunternehmen Strom mit einer angemessenen Vergütung in das Netz der Versorgungsunternehmen einspeisen. Bis zum Jahre 1985 war die Gesamtkapazität an BHKWs in den USA bereits auf 13 000 MW angestiegen, doch wird dieser Anteil weiter zunehmen. Bis zum 1. Oktober 1987 waren bei der staatlichen US-Energiebehörde bereits Projekte mit einer Erzeugerkapazität aus BHKW von mehr als 47 000 MW registriert. Das entspricht dem Angebot aus 47 Atomkraftwerken und einem Marktvolumen von mehr als 40 Milliarden US-Dollar.[56]

Allein im Jahr 1987 wurden Projekte mit einer Erzeugungskapazität von etwa 13 000 MW begonnen. Die Kraftwerksindustrie hat nun mehrheitlich auch ein Bein im BHKW-Geschäft. Die Größe der Kraft-Wärme-gekoppelten Anlagen reicht von 300 000 kW zur Versorgung einer petrochemischen Produktion bis hin zu 20 kW-Einheiten für beispielsweise Schnellimbiß-Restaurants oder Appartmenthäuser. Die Hersteller wollen in Kürze sogar 3–5 kW-Einheiten für den »Hausgebrauch« auf den Markt bringen. Zu den größten Kunden zählt die Petrochemie, die solche Systeme zur Dampferzeugung in einem ausgeklügelten Raffinationsprozeß einsetzt,

ebenso die Chemische Industrie, die Mineralöl-Nebenprodukte als Brennstoffe verwendet, die Nahrungsmittelindustrie mit ihrem großen Bedarf an Prozeßwärme und die Papier- und Zellstoffindustrie, die Holzabfälle zur Energiegewinnung verbrennen.[57]
Noch in den frühen 80er Jahren hielt sich die Überzeugung, daß Kraft-Wärme-Kopplung niemals mehr als einen verschwindend geringen Anteil an der Stromerzeugung haben könnte. Heute haben sich jedoch mit steigender Anwendungsreife der Technologien auch die Einsatzgebiete der Kraft-Wärme-Kopplung erweitert. Dazu gehören auch gewerbliche und industrielle Einrichtungen sowie Krankenhäuser und Hotels. Schätzungen gehen davon aus, daß der BHKW-Markt mit 100 000 MW im Jahre 2000 größer als der für Atomkraftwerke sein könnte. Das bedeutet einen Anteil von 15 Prozent am Energieangebot der USA; längerfristig ist mit einem noch größeren Potential zu rechnen.[58]
Probleme könnten der Kraft-Wärme-Kopplung allerdings schon deswegen entstehen, weil mehr als die Hälfte der oben angesprochenen Vorhaben in den USA mit Erdgas befeuert sind, einem Brennstoff, der in Zukunft wohl nicht so preiswert bleiben wird. Weitere 30 Prozent sind kohlebefeuert, was sicher nicht zur Verminderung des CO_2-Problems in der Atmosphäre beitragen wird. Allerdings werden viele dieser Anlagen ältere Gas- und Kohlekraftwerke ersetzen. So können Industrieunternehmen mit einem geringfügig höheren Gasverbrauch, als sie zur Erzeugung der Prozeßwärme benötigten, nun auch ihren gesamten Strombedarf decken. Einschlägige Untersuchungen haben gezeigt, daß viele Unternehmen den Wirkungsgrad der eingesetzten Energie mit Hilfe von BHKWs von 50–70 Prozent auf 70–90 Prozent steigern können. Trotz allem müssen angesichts des rasanten Ausbaus der Kraft-Wärme-Kopplungs-

2. Energie-Einsparung

techniken, in Anbetracht ihres Einflusses auf den Gesamtenergiebedarf, die Luftverschmutzung und den durch die CO_2-Emission verursachten Treibhauseffekt alle künftigen Entwicklungsschritte mit Bedacht gewählt sein.[59]

»**Die Energieeinsparung im Industriesektor seit 1973 übersteigt weltweit den gesamten Energieverbrauch von Afrika, Lateinamerika und Südasien.**«

Programme zur Rationalisierung des Energieeinsatzes haben in den Kernsektoren der Industrie in Ländern der Dritten Welt wie Kenia oder Südkorea erfolgreich Einsparmöglichkeiten aufgezeigt.[60] In dem Maße, wie die Produktionsstätten für energie-intensive Grundstoffe in die Dritte Welt ausgelagert werden, müssen jedoch auch in diesen Ländern Rahmenbedingungen für die technische Innovation geschaffen werden. Tatsächlich ist erhöhte Material- und Energieausnutzung von vorrangiger Bedeutung für die Wettbewerbsfähigkeit auf dem harten Weltmarkt, auf dem auch die Länder der Dritten Welt zu bestehen haben.[61]

Die Grenzen des Energie-Wachstums

Die Energieeinsparung im Industriesektor seit 1973 übersteigt weltweit den gesamten Energieverbrauch von Afrika, Lateinamerika und Südasien. Energieeinsparung ermöglichte den Ausweg aus der schweren Wirtschaftskrise 1981–1982 und führte zu einem Ölpreissturz um 75 Prozent zwischen 1981 und 1986.[62] Die Warnung des Club of Rome von 1972, daß die Brenn- und Rohstoffvorräte bald erschöpft seien, erscheint widersprüchlich gegenüber der Tatsache, daß die Welt eher eine Schwemme als eine

Verknappung an fossilen Brennstoffen erlebt. Aber diese Schwemme ist gerade ein Resultat von vorübergehenden Engpässen und steigenden Preisen.[63]

»Energieeinsparung ermöglichte den Ausweg aus der schweren Wirtschaftskrise 1981–1982 und führte zu einem Ölpreissturz um 75 Prozent zwischen 1981 und 1986.«

Einsparinvestitionen sind die effektivste Antwort auf diese Grenzen, da sie gleichzeitig zu einer geringeren Ölabhängigkeit, zu geringerer Luftverschmutzung und zu einem Schutz vor Klimagefahren führen. Wenn der Kraftstoffverbrauch eines europäischen Durchschnittswagens um die Hälfte sinkt, werden sich seine jährlichen Kosten für Kraftstoff um fast 400 US-$ verringern; gleichzeitig reduziert sich der Ausstoß von Stickoxiden, Kohlenwasserstoffen und Kohlenmonoxiden; damit kann die Kohlenstoffemission halbiert werden (450 kg weniger pro Jahr). Weltweit bedeutete dies eine Reduktion des Kohlenstoffausstoßes von 200 Mio t jährlich und damit einen grundlegenden Beitrag zum Schutz vor Klimagefahren.[64]

1986 nahmen in vielen Ländern zum ersten Mal in diesem Jahrzehnt die Erdölimporte zu. Allein um 1 Mio Barrel pro Tag in den USA. Wenn dieser Trend anhält, werden die USA Mitte der neunziger Jahre mehr Öl denn je verbrauchen. Während dessen steigt mit ihrem relativen Anteil an der Fördermenge auch die Bedeutung der Länder der Golfregion. Ende der neunziger Jahre werden die Vereinigten Staaten und Großbritannien wahrscheinlich zu den »kleinen« Erdölförderländern gehören; ein halbes Dutzend Länder am Persischen Golf werden mit Energiereserven, die frühestens in 80 Jahren erschöpft sind, führend sein.[65, 66]

Die einzig realistische Möglichkeit, einen erneuten

2. Energie-Einsparung

Ölpreisschock in den neunziger Jahren zu vermeiden, besteht darin, massiv in Energieeinsparung zu investieren, vor allem im Verkehrsbereich. Wie sehr eine rationellere Energienutzung die Ölimporte verringern kann, wurde dadurch verdeutlicht, daß die Energieschwemme Mitte der achtziger Jahre durch Energieeinsparung entstand.[67, 68]

»**Die einzig realistische Möglichkeit, einen erneuten Ölpreisschock in den neunziger Jahren zu vermeiden, besteht darin, massiv in Energieeinsparung zu investieren, vor allem im Verkehrsbereich.**«

Seit einem Jahrzehnt wurden die Bemühungen zur Reinerhaltung der Luft verstärkt. Dennoch stellt die Luftverschmutzung seit einem Jahrzehnt in den meisten Städten immer noch ein wachsendes Problem dar, zu dessen Lösung die Energieeinsparung jedoch einen wesentlichen Beitrag leisten könnte. Rationellere Energienutzung kann die Emissionen der meisten Schadstoffe verringern, obwohl dies natürlich zu einem gewissen Grad von der eingesetzten Technik abhängt. Eine Studie kam zu dem Ergebnis, daß ein effizienterer Energieeinsatz den Stromverbrauch im Mittleren Westen der USA um 15–20 Prozent reduzieren könnte.[69]

»**Klimaveränderungen bedrohen uns als folgenschwerste Umweltgefährdung. Ihre globalen Auswirkungen wären in der Praxis irreversibel.**«

Klimaveränderungen bedrohen uns als folgenschwerste Umweltgefährdung. Ihre globalen Auswirkungen wären in der Praxis irreversibel. Eine weltweite Energieeinsparung um jährlich 2 Prozent würde die Temperatur bis auf 1 Grad Celsius auf dem heutigen Niveau halten und damit die schlimmsten Klimaeffekte vermeiden. Die Energienutzung um jährlich 2 Prozent über mehrere Jahrzehnte effi-

zienter zu machen, ist eine sicher schwierige, aber
lösbare Aufgabe. Innerhalb von 50 Jahren würden
diese Maßnahmen den weltweiten Energieeinsatz
um fast zwei Drittel senken.

Energieeffizienz im Verkehrssektor ist für die meisten Länder von zentraler Bedeutung. Maßnahmen zur Verringerung des Benzinverbrauchs könnten zum Beispiel Anreize für die Verbraucher zum Kauf verbrauchsarmer Autos sein, die Einführung von Verbrauchsstandards, Programme zur Forschung und Entwicklung in der Industrie sowie eine Benzinsteuer. Die praktischen Grenzen der Verringerung des Benzinverbrauchs werden eventuell erreicht werden. Dann wird es ein zentrales Anliegen sein, eine ökonomische Alternative zu Benzin, wie beispielsweise Äthanol, und eine umweltfreundliche Verkehrsplanung der Städte entwickelt zu haben, die den Individualverkehr abbauen hilft.

»**In den Industrieländern sind Gebäude die größten Energieverschwender und verdienen daher die höchste Aufmerksamkeit in staatlichen Programmen. Die Verbesserungen, die in Gebäuden bereits durchgeführt wurden, ersparen der Atmosphäre jährlich Kohlenstoff-Emissionen von 225 Mio Tonnen.**«

In den Industrieländern sind Gebäude die größten Energieverschwender und verdienen daher die höchste Aufmerksamkeit in staatlichen Programmen. Die Verbesserungen, die in Gebäuden bereits durchgeführt wurden, ersparen der Atmosphäre jährlich Kohlenstoff-Emissionen von 225 Mio Tonnen. Aufgrund des Energieinputs für Beheizung, Klimatisierung und Beleuchtung dieser Gebäude werden aber immer noch jedes Jahr über 900 Mio Tonnen Kohlenstoffverbindungen in die Luft geblasen; das sind 17 Prozent der Kohlenstoffemissionen aus fossilen Energieträgern. Während der Energiebedarf von Kraftfahrzeugen und Industrie halbiert werden

2. Energie-Einsparung

könnte, ließe sich der Energiebedarf von Gebäuden um 75 Prozent oder bei Neubauten sogar noch weiter senken. Um eine 2-prozentige jährliche Verbesserung der Einsparrate auf lange Sicht zu halten, müssen die energietechnischen Verbesserungen der Gebäude die fallenden Einsparraten in Industrie und im Transportwesen kompensieren.[70]
Die Investitionen, die erforderlich sein werden, eine 2-prozentige Verbesserung der Energienutzung in den nächsten beiden Jahrzehnten zu erreichen, sind aus rein ökonomischen Gründen zu rechtfertigen. Dennoch müssen Schritte unternommen werden, damit sich der Energiemarkt effektiver entfaltet. Weltweit wurden seit 1973 mehr als 300 Mrd US-Dollar durch Energieeinsparmaßnahmen erwirtschaftet, der größte Teil davon aufgrund privater Investitionsentscheidungen. Jede weiteren 2 Prozent an Einsparungen reduzieren die Energiekosten um 20 Mrd US-Dollar jährlich bei gleichzeitigen Investitionen von 5–10 Mrd US-Dollar.[71]
Weltweit werden jährlich derzeit etwa 20–30 Mrd US-Dollar für Energieeinsparmaßnahmen ausgegeben, das sind etwas weniger als zu Beginn der achtziger Jahre. Wenn die Regierungen mehr Anreize für Einsparmaßnahmen schaffen würden, könnte sich diese Zahl bis zum Jahr 2000 verdreifachen. Staatliche Forschung und Entwicklung sowie Demonstrationsprogramme für Einsparmaßnahmen nehmen in Industrienationen jährlich 600 Mio US-Dollar in Anspruch.[72] Die staatlichen Aufwendungen für Forschung und Entwicklung in diesen Bereichen könnten in den meisten Ländern verdreifacht werden.
Die Vereinigten Staaten und die Sowjetunion müssen mit gutem Beispiel vorangehen, wenn sie die mit der rationellen Energienutzung in Verbindung stehenden Probleme sowie die Klimaveränderung ernst nehmen. Eine gemeinsame Bemühung der Supermächte für eine effizientere Energienutzung würde

einen größeren Beitrag zum Schutz vor Klimagefährdungen bedeuten und könnte weltweit weitere Aktivitäten nach sich ziehen.[73] Es gibt einige Anzeichen dafür, daß die Sowjetunion die Energieeinsparung bald mit nationaler Priorität versieht.[74]

»**Das größte Problem der heute angefertigten Prognosen liegt in der Annahme, daß die heutigen Industrieländer weiterhin einen unverhältnismäßig großen Anteil des weltweiten Energieverbrauchs für sich beanspruchen, während in den Entwicklungsländern bald zwei Drittel der Weltbevölkerung leben werden.**«

Die Dritte Welt muß bei langfristigen Energieszenarien ebenfalls kritisch betrachtet werden. Das größte Problem der heute angefertigten Prognosen liegt in der Annahme, daß die heutigen Industrieländer weiterhin einen unverhältnismäßig großen Anteil des weltweiten Energieverbrauchs für sich beanspruchen, während in den Entwicklungsländern bald zwei Drittel der Weltbevölkerung leben werden. Eine Studie des Internationalen Instituts für Systemanalyse aus dem Jahr 1981, die angeblich auf Fragen des internationalen Ausgleichs abgestimmt war, nahm trotzdem an, daß die Dritte Welt nur 36 Prozent des weltweiten Energieangebots im Jahre 2020 für sich beansprucht.[75]

Derartige Szenarien implizieren, daß der Pro-Kopf-Energieverbrauch sinkt, während der Gesamtenergieverbrauch in der Dritten Welt steigt. Dabei wird es für die meisten Entwicklungsländer vermutlich unmöglich sein, den Weg der Modernisierung zu gehen, den die Schwellenländer bereits in den vergangenen Jahren eingeschlagen haben. Eine der wichtigsten Aufgaben wird es sein, den Energiebedarf der Armen zu decken, ohne die Fehler der Reichen zu wiederholen. Nur zügige Fortschritte bei der rationellen Energienutzung sowie eine dezentrale, landwirtschaftlich orientierte Entwicklung

2. Energie-Einsparung

kann es der Dritten Welt ermöglichen, ihren Lebensstandard bei begrenztem Energieangebot zu verbessern. Eine Studie über den Weltenergieverbrauch *(Tab. 2.6)* betont sowohl die Herausforderung als auch die Hoffnung einer verbesserten Effizienz in der Dritten Welt. Sie kommt zu dem Schluß, daß der Energieverbrauch im Jahre 2020 auf dem heutigen Stand gehalten werden kann, wenn durch Energieeinsparung zum einen der Pro-Kopf-Energieverbrauch in Industrieländern halbiert und zum anderen der Pro-Kopf-Energieverbrauch in der Dritten Welt auf dem heutigen Stand gehalten wird, trotz eines auf europäische Verhältnisse gestiegenen Lebensstandards. Einige der umfangreichsten Verbesserungen bei der Energienutzung in der Dritten Welt sind für ländliche Gebiete vorgesehen.[76]

Tab. 2.6: Weltweiter Energieverbrauch 1980 mit Szenarien für 2020

Region	1980	WRI	2020[1] IIASA
Entwicklungsländer	3,3	7,4	9,2
Industrieländer	7,0	3,8	14,6
Weltweit	10,3	11,2	23,8

1 Szenarien entwickelt vom World Ressources Institute und vom International Institute for Applied Systems Analysis (IIASA).

Quelle: José Goldensberg et al.: Energy for a Sustainable World (Washington D.C.; World Resources Institute, 1987).

Dieses Szenario rechnet sich auf der Grundannahme einer 2-prozentigen Einsparrate pro Jahr und zeigt gleichzeitig Wege für eine Beseitigung des weltweiten Nord-Süd-Gefälles und die Vermeidung einer globalen Klimakatastrophe. Doch sind solche Modellrechnungen sehr viel leichter am Computer zu erstellen als in die Praxis umzusetzen. Soll dies jedoch erreicht werden, müssen Dritte-Welt-Länder und Industrienationen gleichermaßen zahlreiche politische Hindernisse aus dem Weg räumen und ernsthaft nach Wegen für eine Energiesparpolitik suchen.

Der Begriff »Energieeffizienz« sollte nicht länger Fachausdruck für Spezialisten bleiben, sondern zum Kernstück nationaler und internationaler Wirtschaftspolitik werden. Die effiziente Energienutzung ist ein wesentlicher Bestandteil für den wirtschaftlichen und ökologischen Fortschritt: Die Einsparrate sollte genauso aufmerksam verfolgt werden wie die Produktions- oder Inflationsrate. Auch die Kommission der Europäischen Gemeinschaft hat auf die Notwendigkeit derartiger Bemühungen hingewiesen. Auf einer 1986 gehaltenen Tagung einigten sich die Energieminister auf das ehrgeizige Ziel einer Verbesserung der Energieeinsparung um 20 Prozent bis zum Jahr 1995.[77]

»**Maßnahmen zur verbesserten Energieausnutzung sind zumeist wenig spektakulär. Bessere Isolierungen der Häuser und keramische Werkstoffe in der Fahrzeugproduktion sind bestimmt nicht so faszinierend wie zum Beispiel die Kernfusion oder Sonnenkollektoren, die Satelliten mit Energie versorgen.«**

Maßnahmen zur verbesserten Energieausnutzung sind zumeist wenig spektakulär. Bessere Isolierungen der Häuser und keramische Werkstoffe in der Fahrzeugproduktion sind bestimmt nicht so faszinierend wie zum Beispiel die Kernfusion oder Sonnenkollektoren, die Satelliten mit Energie versorgen. Doch gerade der Hang zu solchen spektakulären Energielieferanten hat uns in das heutige Dilemma gebracht.

Anmerkungen zu Kapitel 2

1 International Energy Agency (EA), Energy Conservation in IEA Countries (Paris: Organisation for Economic Cooperation and Development (OECD) 1987). In diesem Kapitel ist unter dem Begriff »Energie« nur die Energie aus dem gewerblichen Bereich zu verstehen; Brennholz und ähnliche subsistenzwirtschaftliche Energiequellen der Dritten Welt sind nicht mit eingeschlossen.

2 Die Energieeffizienz eines Landes wird gemessen am Energieverbrauch bezogen auf das Bruttosozialprodukt, basierend auf Daten von: IEA, Energy Conservation in IEA Countries; Wirtschaftliche Gewinne durch effiziente Energienutzung von: Arthur H. Rosenfeld, Direktor des Center for Building Science, Lawrence Berkeley Laboratory, Energy-Efficient Buildings: The Case for R & D. Aufzeichnung eines Hearings über Energiesparen und erneuerbare Energiequellen, Subcommittee on Energy Research and Development, Committee on Energy and Natural Resources, U.S. Senat, 26. März 1987.

3 Energiepolitisches Projekt der Ford-Stiftung, A Time to Choose: America's Energy Future (Cambridge, Mass.: Ballinger 1974); U.S. Department of Energy (DOE)/Energy Information Administration (EIA), *Monthly Energy Review*, Februar 1987.

4 Erörterung verschiedener Energieprognosen siehe in: John H. Gibbons und William U. Chandler, Energy: The Conservation Revolution (New York: Plenum Press, 1981); über Kernenergie s. Christopher Flavin. Reassessing Nuclear Power: The Fallout From Chernobyl. Worldwatch Paper 75 (Washington, D.C.; Worldwatch Institute, März 1987).

5 IEA, Energy Conservation in IEA Countries.

6 A. Hewett (Hrsg.), Energy, Economics and Foreign Policy in the Soviet Union (Washington, D.C.; Brookings Institution, 1984).

7 Arthur H. Rosenfeld, Conservation and Competitiveness, vor dem Budget Committee, U.S. House of Representatives, Washington, D.C., 15. Juli 1987.

8 Eric Hirst et al., Energy Efficiency in Buildings: Progress & Promise (Washington, D.C., American Council for an Energy-Efficient Economy, 1986); über den Stand der Luftfahrtindustrie: (196).
Boeing, Inc., Seattle, Wash., persönliche Mitteilung vom September 1987.

9 Arthur H. Rosenfeld und David Hafemeister, Energy-Efficient Buildings: David vs. Goliath, *Scientific American*; weiter: EPA Mileage Test Results, *Washington Post*, 21. September 1987.
10 Douglas Cogan und Susan Williams, Generating Energy Alternatives 1987 Edition (Washington, D.C.; Investor Responsibility Research Center, 1987).
11 Daten über die Effizienz von: IEA, Energy Conservation in IEA Countries.
12 Roger W. Sant et al., Creating Abundance: America's Least Cost Energy Strategy (New York: McGraw-Hill, 1984); Alan K. Meier et al., Saving Energy Through Greater Efficiency (Berkeley: University of California Press, 1981); über die derzeitige Entwicklung in der U.S.-amerikanischen least-cost-Planung, in: Energy Conservation Coalition, A Brighter Future: State Actions in Least-Cost Energy Planning, Washington D.C., Dezember 1987.
13 Churchill zitiert aus: K. E. Goodpaster und K. M. Sayre, Ethics and the Problems of the Twenty-First Century (Notre Dame, 1979); IEA, Energy Conservation in IEA Countries.
14 Für Industrienationen siehe: IEA, Energy Conservation in IEA Countries; für Dritte Welt-Länder siehe z. B. in: Oscar Guzman et al., Energy Efficiency and Conservation in Mexico (Boulder, Colo.: Westview Press, 1987); für Länder mit zentraler Planwirtschaft, in: William U. Chandler, The Changing Role of the Market in National Economies. Worldwatch Paper 72 (Washington, D.C.: Worldwatch Institute, September 1986).
15 Howard S. Geller, End-Use Electricity Conservation: Options for Developing Countries, Energy Department Paper No. 32, World Bank, Washington, D.C., 1986; José Goldemberg et al., Energy for Development (Washington, D.C.: World Resources Institute, 1987).
16 IEA, Energy Conservation in IEA Countries; Hirst et al., Progress & Promise.
17 Lee Schipper et al., Coming in from the Cold: Energy-Wise Housing in Sweden (Washington, D.C.: Seven Locks Press, 1985); über England siehe: The 56 Church Road Syndrome: Nice but not Efficient, *Energy Economist* (Financial Times Business Information, London). August 1987; Charles Goldman, Measured Energy Savins from Residential Retrofits: Updated Results from the BECA-B Projects, in: American Council for an Energy-Efficient Economy (ACEEE), Proceedings of the 1984 ACEEE Summer Study

2. Energie-Einsparung 81

on Energy Efficiency in Buildings. Band B (New and Existing Single Family Residences, Washington, D.C., 1984).
18 Hirst et al., Progress & Promise; Deborah Bleviss und Alisa Gravitz, Energy Conservation and Existing rental Housing (Washington, D.C.: Energy Conservation Coalition, 1984); Issue Brief: Alliance Efforts to Improve Residential Energy Audits, Alliance to Save Energy, Washington, D.C., September 1987.
19 »Gradtag« ist definiert als Tag, an dem bei einer definierten Außentemperatur geheizt werden muß. Die Angabe des Energienutzungsgrads an Gradtagen gibt Auskunft über die erforderliche Beheizung. Diese Wohnhäuser sind alle traditionell beheizt, ohne den Einsatz von Solartechniken. José Goldemberg et al., An End-Use Oriented Global Energy Strategy, in: *Annual Review of Energy,* Band 10, (Palo Alto, Calif.: 1985).
20 Schipper et al., Coming in from the Cold; William A. Shurcliff, Superinsulated Houses, in: *Annual Review of Energy,* Band 11 (Palo Alto, Calif.: 1986).
21 Les Gapay, Heat Cheap in Cold Country, *Public Power,* Juli/August 1986; Liz Fox zitiert in: Peter Tonge, Energy Efficiency vs. Frills, *Christian Science Monitor,* 18. September 1987. Über Einsparung an Gebäuden allgemein siehe: ACEEE, Proceedings from the ACEEE 1986 Summer Study on Energy Efficiency in Buildings, Band 2 (Small Building Technologies) (Washington, D.C.: 1986).
22 In diesen Energieverbrauchszahlen ist Elektrizität durch die benötigte Menge an Energieträgern, die zu ihrer Herstellung nötig waren, ausgedrückt und nicht durch die Menge an Elektrizität selbst. Ungefähr zwei Drittel der Energie von fossilen Energieträgern geht bei der Stromerzeugung verloren. Rosenfeld und Hafemeister, David vs. Goliath; das US-amerikanische Einsparpotential ist eine Schätzung des Worldwatch Institute, basierend auf ibid. und auf: DOE, EJA, *Monthly Energy Review,* Mai 1987. Allgemeine Einsparmöglichkeiten in gewerblichen Gebäuden siehe in: ACEEE, 1986 Summer Study, Band 3 (Large Building Technologies).
23 Rosenfeld und Hafemeister, David vs. Goliath; Kate Miller, Commercial Building Energy Conservation Office, Bonneville Power Administration, Portland, Ore., persönliche Mitteilungen vom 28. August 1987.
24 Herb Brody, Energy-Wise Buildings, *High Technology,* Februar 1987; Hashem Akbari et al., Undoing Uncomfortable Summer Heat Islands Can Save Gigawatts of Peak Power, ACEEE 1986 Summer Study, Band 2.

25 Arthur H. Rosenfeld und David Hafemeister, Energy Conservation in Large Buildings, in: David Hafemeister et al., (Hrsg.), Energy Sources: Conservation and Renewables, Konferenzprotokoll Nr. 135 (New York: American Institute of Physics, 1985).
26 Rocky Mountain Institute, Advanced Electricity-Saving Technologies and the South Texas Project, Old Snowmass, Colo., 1986. Diese Schätzungen wurden gründlich überprüft und durch eine Untersuchung für ein Versorgungsunternehmen in Massachusetts untermauert. Siehe: Boston Edison Review Panel (William Hogan. chair), *Final Report*, Band 2, Anhang 6 (Boston, Mass.: Boston Edison Company, 1987).
27 Brody, Energy-Wise Buildings; Stephen Selkowitz, Window Performance and Building Energy Use: Some Technical Options for Increasing Energy Efficiency, in: Hafemeister et al., Energy Sources: Conservation and Renewables.
28 Alle hier besprochenen Modelle befinden sich in einer Größenordnung von 16–18 m^3, mit Ausnahme des dänischen Modells, das 20 m^3 groß ist. Jørgen Nørgaard, Technical University of Denmark, Lyngby, Dänemark, persönliche Mitteilungen vom 28.–29. Oktober 1987; Howard S. Geller, Energy-Efficient Residential Appliances: Performance Issues and Policy Options, *IEEE Technology and Society Magazine*, März 1986; David B. Goldstein und Peter Miller, Developing cost Curves for Conserved Energy in New Refrigerators and Freezers, ACEEE, 1986 Summer Study, Band 1 (Appliances and Equipment).
29 Geller, Energy-Efficient Residential Appliances.
30 Die Energieeinsparkosten werden berechnet, indem die jährlichen Kapitalkosten (der Aufpreis für ein Stromsparmodell) durch die jährliche Energieeinsparung dividiert werden. Siehe: Meier et al., Saving Energy Through Greater Efficiency.
31 Hirst et al., Progress & Promise.
32 Mit einem »großen« Kraftwerk soll ein Kraftwerk mit 1000 MW bezeichnet werden. Geller, Energy-Efficient Residential Appliances.
33 Rosenfeld und Hafemeister, David vs. Goliath.
34 Ebd.: Geller, Energy-Efficient Residential Appliances.
35 William R. Alling, Electronic Ballast Technology, Inc.; Aufzeichnungen von Anhörungen: Economic Growth Opportunities in Energy Conservation Research. Task Force on Community and natural Resources, Budget Committee, U.S. House of Representatives, 15. Juli 1987;

2. Energie-Einsparung 83

Arthur Rosenfeld, Lawrence Berkeley Laboratory, Berkeley, Calif., persönliche Mitteilungen vom 25. Oktober 1987.
36 New England Energy Policy Council, Power to Spare: A Plan for Increasing New England's Competitiveness Through Energy Efficiency, Boston, Mass., 1987; Boston Edison Review Panel, *Final Report*; Samuel Berman, Energy and Lighting, in: Hafemeister et al., Energy Sources: Conservation and Renewables; California Energy Commission, zitiert in: Rocky Mountain Institute, South Texas Project.
37 IEA, Energy Conservation in IEA Countries; DOE, *International Energy Annual* 1984 (Washington, D.C.: 1985); DOE, Annual Energy Review 1985 (Washington, D.C.: 1986), Office of Conservation, FY 1988 Energy Conservation Multi-Year Plan. DOE, Washington, D.C., 1986; Eine Schätzung der weltweiten Kohlenstoffemission auf Grund des Modells von Ralph Rotty, University of New Orleans, persönliche Mitteilung vom 16. Juli 1986. Die Daten für die Kohlenstoffdioxidemissionen von US-Autos beruhen auf: Jim Mackenzie, Relative Releases of Carbon Dioxide from Synthetic Fuel, World Resource Institute, Washington, D.C., nicht veröffentlichtes Memorandum, 10. Juni 1987.
38 Ein »public car« (vergleichbar hier einem »Sammel-Taxi«) ist ein Privat-Auto, entsprechend einem Taxi, das auf vielbefahrenen Straßen fährt und einige Passagiere auf einmal transportiert. Die Effizienz von Massenverkehrsmitteln wird dadurch bestimmt, wieviel Passagiere sich jeweils drinnen befinden. Leere Autobusse und Züge sind nicht effizienter als Autos. Für entsprechende Vergleiche siehe: William U. Chandler, Energy Productivity and Economic Progress, Worldwatch Paper 63 (Washington, D.C. 1985). In dieser Publikation werden die europäischen Verhältnisse aufgezeigt. Siehe auch: Mary C. Holcomb et. al., Transportation Energy Data Book, Edition 9, Oak Ridge (Tenn.), Oak Ridge National Laboratory 1987. Diese Publikation befaßt sich mit den Verhältnissen in den USA, wo die Massenverkehrsmittel unterbelegt sind.
39 IEA, Energy Conservation in IEA Countries. Kraftstoffverbrauchsdaten ergeben sich aus einem Durchschnitt von 55 Prozent Stadtverkehr und 45 Prozent Überlandverkehr. Alle Zahlen stammen entweder von der U.S. Environmental Protection Agency (EPA) oder sind an den EPA-Standard-Test angepaßt (ausgenommen *Tab. 2.1*, die dem europäischen Standardtest angepaßt ist). Obwohl die Ergebnisse der EPA-Tests durchweg über den in der Praxis

erzielten Werten lagen, konnte nun durch Verbesserungen in Testverfahren größere Genauigkeit erlangt werden. Die Berechnungen fußen auf einer amerikanischen Meile (1,6093 km) im Verhältnis zu einer Gallone (3,79 l), abgekürzt MPG. Die Umwandlung in Liter pro 100 Kilometer ergibt sich aus: 235 geteilt durch MPG-Wert.

40 Deborah Bleviss, The New Oil Crisis and Fuel Economy Technologies: Preparing the Light Transportation Industry for the 1990's (New York: Quorum Press, im Druck).
41 Ebd.
42 Ebd.
43 Ebd.
44 Ebd.
45 Ebd.: Jack Paskind, California Air Resource Board. Sacramento, Calif., persönliche Mitteilungen vom 27. August 1987; Jeff Alson, Assistant to the Director, Emissions Control Technology Division, EPA, Ann Arbor, Mich., persönliche Mitteilung vom 29. September 1987.
46 Bleviss, The New Oil Crisis: U.S. Congress, Office of Technology Assessment (OTA), in: Increased Automobile Fuel Efficiency and Synthetic Fuels: Alternatives for Reducing Oil Imports (Washington, D.C.; U.S. Government Printing Office, 1982).
47 IEA, Energy Conservation in IEA Countries; DOE, EIA, *Monthly Energy Review,* April 1987; DOE, Energy Conservation Indicators 1984 Annual Report, Washington, D.C., 1985; Lee Baade, EIA, DOE, Washington, D.C., persönliche Mitteilung vom 8. Oktober 1987.
48 Marc Ross, Current Major Issues in Industrial Energy Use, erstellt für das Office of Policy Integration, DOE, 24. Oktober 1986.
49 Ebd.: Adam Kahane und Ray Squitieri, Electricity Use in Manufacturing, in: *Annual Review of Energy,* Band 12 (Palo Alto, Calif.: im Druck).
50 IEA, Energy Conservation in IEA Countries; Gutzmán et al., Energy Efficiency and Conservation in Mexico.
51 Marc Ross, Industrial Energy Conservation, *Natural Resources Journal,* August 1984.
52 Kahane und Squitieri, Electricity Use in Manufacturing; Electric Power Research Institute, Electrotechnology Reference Guide, Palo Alto, Calif., April 1986.
53 Ross, Major Issues in Industrial Energy; Chandler, Energy Productivity.
54 Ross, Industrial Energy Conservation; Ross, Industrial Energy Conservation and the Steel Industry, *Energy The International Journal.* Oktober/November 1987.

2. Energie-Einsparung

55 OTA, Industrial Energy Use (Washington, D.C.; U.S. Government Printing Office, 1983); Edison Electric Institute, 1985 Capacity & Generation. Non-Utility Sources of Energy, Washington, D.C.; 1987; Nørgaard, persönliche Mitteilungen.

56 Edison Electric, 1985 Capacity & Generation; Federal Energy Regulatory Commission (FERC), The Qualifying Facilities Report, Washington, D.C., 1. Januar 1987.

57 FERC, Qualifying Facilites Report – Cogeneration, *Power,* Juni 1987; GE Plays the Cogeneration Card. *Energy Daily,* 6. August 1985; Donald Marier und Larry Stoiaken, Financing a Maturing Industry, *Alternative Sources of Energy,* Mai/Juni 1987; Mueller Associates, Inc., Cogeneration's Retail Displacement Market, *Alternative Sources of Energy,* Juni/Juli 1986; Donald Marier und Larry Stoiaken, Surviving the Coming Industry Shakeout, *Alternative Sources of Energy,* Mai/Juni 1987.

58 Roger Naill (Applied Energy Services, Arlington, Va.), Cogeneration and Small Power Production, vorgetragen vor dem Energy Policy Forum, Airlie, Va., 16. Juni 1987.

59 Über das Versagen von BHKW: FERC, Qualifying Facilities Report; OTA, Industrial Energy Use.

60 Robert Williams et al., Materials, Affluence, and Energy Use, in: *Annual Review of Energy,* Band 12.

61 Geller, Options for Developing Countries; Lee Schipper und Stephen Meyers, Energy Conservation in Kenya's Modern Sector: Progress Potential and Problems, *Energy Policy,* September 1983; G. Anandalingam, The Economics of Industrial Energy Conservation in the Developing Countries, in: R. K. Pachauri (Hrsg.), Global Energy Interactions. (Riverdale, Md.; The Riverdale Co., Inc., 1987).

62 Basierend auf: IEA, Energy Conservation in IEA Countries.

63 Donella H. Meadows et al., The Limits to Growth (New York: Universe Books, 1972).

64 Die Berechnung des Worldwatch Institute basieren auf Daten von: IEA, International Road Federation, und von Rotty, persönliche Mitteilungen.

65 British Petroleum Company, *BP Statistical Review of World Energy* (London: 1987); DOE, EIA, *Monthly Energy Review,* Mai 1987; Christopher Flavin et al., The Oil Rollercoaster. Fund for Renewable Energy and the Environment, Washington, D.C., 1987.

66 Flavin et al., The Oil Rollercoaster.

67 DOE, EIA, *Monthly Energy Review,* April 1987. Die

Schätzung des Worldwatch Institute über die US-amerikanischen Einsparungen basieren auf: ibid.
68. Flavin et al., The Oil Rollercoaster; Bleviss, The New Oil Crisis.
69. ACEEE, Acid Rain and Electricity Conservation (Washington, D.C.; 1987).
70. Die Schätzungen des Worldwatch Institute basieren auf Daten der IEA und auf persönlichen Mitteilungen von Rotty.
71. Die Schätzungen des Worldwatch Institute basieren auf: Rosenfeld, Conservation and Competitiveness.
72. Die derzeitigen weltweiten Ausgaben für Energieeinsparmaßnahmen aufgrund von Schätzungen des Worldwatch Institute, basierend auf: Rosenfeld, Conservation and Competitiveness; Daten für das R&D Budget aus: IEA, Energy Policies and Programmes of IEA Countries, 1986 Review (Paris: OECD, 1987).
73. Kohlenstoffdaten von Rotty, persönliche Mitteilungen.
74. Dennis Miller, Energy Engineering Board, National Academy of Sciences, Washington, D.C., persönliche Mitteilungen vom 6. November 1987; Amory Lovins, Rocky Mountain Institute, Old Snowmass, Colo., persönliche Mitteilungen vom 4. November 1987.
75. International Institute for Applied Systems Analysis, Energy in a Finite World: Paths to a Sustainable Future, (Cambridge, Mass.: Ballinger Publishing Co., 1981).
76. José Goldemberg et al., Energy for a Sustainable World (Washington, D.C.; World Resources Institute, 1987).
77. Directorate-General for Energy, Energy in Europe: Energy Policies and Trends in the European Community (Luxemburg: Kommission der Europäischen Gemeinschaft, 1987).

Cynthia Pollock Shea
3. Erneuerbare Energien: Die Trends verstärken

Erneuerbare Energien stellen bereits etwa 21 Prozent der weltweit verbrauchten Energie bereit. Davon liefert Biomasse 15 Prozent und Wasserkraft 6 Prozent. Die Verteilung dieser Energieträger ist allerdings sehr ungleich: Einige der ärmsten Entwicklungsländer beziehen über 75 Prozent ihrer Energie aus Biomasse; andere mit erheblichen Wasservorräten gewinnen den größten Teil ihrer Energie aus Wasserkraftanlagen. Brasilien, Israel, Japan, die Philippinen und Schweden sind dabei, den erneuerbaren Energiequellen ein größeres Gewicht beizumessen. In anderen Ländern steigen und fallen die Bemühungen um die Nutzung erneuerbarer Energiequellen mit dem politischen Barometer.[1]

»**Trotz wechselnder politischer und finanzieller Unterstützung wurden auf dem Gebiet der erneuerbaren Energiequellen während des letzten Jahrzehnts bemerkenswerte Fortschritte gemacht.**«

Trotz wechselnder politischer und finanzieller Unterstützung wurden auf dem Gebiet der erneuerbaren Energiequellen während des letzten Jahrzehnts bemerkenswerte Fortschritte gemacht. Erneuerbare Energiequellen sind in der Lage, die Energieeinsparprogramme zu ergänzen, die jetzt aktuell werden, da die Weltwirtschaft in den 90er Jahren das »Ölzeitalter« hinter sich lassen wird. Die Investitionen in Technologien zur Nutzung erneuerbarer Energien betragen weltweit insgesamt etwa 30 Milliarden Dollar jährlich, von denen zwei Drittel für Wasserkraftprojekte ausgegeben und durch Banken finanziert werden. Einige Technologien – wie z. B. – Kleinwasserkraftanlagen, geothermische Energie und Biomasseverbrennung – gewinnen an Bedeutung. Andere Branchen, wie z. B. die Hersteller von Windturbinen und solarthermischen Anlagen, stehen untereinander in harter Konkurrenz; kleineren Firmen droht manchmal der Bankrott. Eine stärkere Umorientierung der Regierungspolitik in den einzelnen Ländern ist erforderlich, um den Entwicklungsschub vorzubereiten, der mit dem nächsten Anstieg des Ölpreises auf seiner Berg- und Talfahrt verbunden sein wird.[2]

Wasserkraft

Die Weiterentwicklung der Wasserkraftnutzung findet an den beiden Extrempunkten der Größenskala von Anlagen statt. 1986 wurde in Venezuela der Guri-Staudamm, der größte der Welt, fertiggestellt. Mit einer installierten Leistung von 10 000 MW kann dort genausoviel Strom erzeugt werden wie in zehn großen Kraftwerken. In Brasilien ist eine Wasserkraftanlage in Bau, die eine um 20 Prozent größere Kapazität als der Guri-Staudamm hat, und in China wird ein noch größeres Projekt geplant. Gleichzeitig installieren viele Länder, besonders in der Dritten Welt, Kraftwerke, die mehrere tausendmal kleiner sind, an entlegenen Flüssen. (Ein Kraftwerk wird im allgemeinen als »klein« eingestuft, wenn es eine Kapazität von 15 MW oder weniger aufweist.) Der Strom wird von verstreut liegenden Dorfgemeinschaften und von landwirtschaftlichen Betrieben genutzt, die fernab vom Netz der Versorgungsunternehmen liegen.[3]

3. Erneuerbare Energien

Bevor die Ölpreise stiegen, war die Atomenergienutzung unwirtschaftlich, und die Grenzen, die der Kohlenutzung durch die Umwelt gesetzt waren, wurden offensichtlich. Die Regierungen der Dritten Welt waren entsprechend bereit, Technologien und Brennstoffe aus dem Ausland zu importieren. Die Hälfte aller Entwicklungsländer ist für die Deckung von über 75 Prozent ihres gewerblichen Energiebedarfs auf Ölimporte angewiesen. Als jedoch der Anteil der Exporteinkünfte, der für den Ölimport und die Zahlungen der Schulden ans Ausland verwendet wurde, immer größer wurde, wuchs das Interesse an billigeren, heimischen Energiequellen.[4]

»**Dreizehn Entwicklungsländer haben zwischen 1980 und 1985 Wasserkraftanlagen mit einer Gesamtleistung von mehr als 40 000 MW installiert.**«

Die meisten Wasserkraftanlagen mit einer Leistung von mehr als 1000 MW, die geplant oder bereits im Bau sind, befinden sich in Entwicklungsländern oder in weniger dicht besiedelten Gebieten der Industrienationen. Die Industrieländer haben ihre großen Wasserkraftpotentiale bereits erschlossen. Während im Jahr 1980 Nordamerika und Europa 59 bzw. 36 Prozent ihres Wasserkraftpotentials erschlossen hatten, nutzten Asien nur 9 Prozent, Lateinamerika 8 Prozent und Afrika 5 Prozent.[5]

Brasilien und China haben mit Abstand die größten Projekte. Allein in China sind Wasserkraftwerke mit einer Gesamtleistung von 15 000 MW in Bau; es ist geplant, die Kapazität bis zum Jahr 2000 zu verdoppeln. In Brasilien hat sich die Wasserkraftwerkskapazität nahezu verdreifacht: zwischen 1973 und 1983 wurden 21 535 MW neu installiert.[6]

Dabei erscheint es allerdings zweifelhaft, ob manche der jetzt in Bau befindlichen Dämme unter den heute gültigen Umweltvorschriften noch genehmigt

Tab. 3.1: Die dreizehn größten Zuwachsraten an installierter Wasserkraftleistung in Entwicklungsländern, 1980–1985; in Megawatt (MW)

Land	Ausgebaute Leistung 1980	1985	Zuwachs
Brasilien	27 267	42 762	15 495
China	20 318	25 788	5 470
Kolumbien	2 908	5 939	3 031
Rumänien	3 414	5 914	2 500
Indien	11 794	14 211	2 417
Mexiko	6 491	8 626	2 135
Jugoslawien	6 115	7 841	1 726
Vietnam	330	1 800	1 470
Türkei	2 131	3 575	1 444
Pakistan	1 800	3 200	1 400
Zaire	1 077	2 477	1 400
Philippinen	944	2 195	1 255
Nigeria	760	1 900	1 140
Summe	85 345	126 228	40 883

Quelle: Weltbank, Untersuchung über die zukünftige Rolle der Wasserkraft in 100 Entwicklungsländern (Washington, D.C., 1984)

würden. Der Balbina-Staudamm zum Beispiel wurde vor über einem Jahrzehnt in Auftrag gegeben und ist immer noch nicht betriebsbereit. Nach seiner Fertigstellung wird ein Gebiet von 1554 km^2 geflutet werden; das entspricht der Wasserfläche, die ein anderer brasilianischer Stausee – der Tucurui-Stausee – mißt. Dieser erzeugt jedoch 15mal mehr Energie.[7]

Diese Staudämme zählen zu den größten Projekten der Welt. Der 12 600 MW-Staudamm Itaipu in Brasilien ist acht Kilometer lang und halb so hoch wie das ›Empire State Building‹ in New York. Hochrechnungen der Weltbank zeigen, daß zwischen 1981 und 1995 in den Entwicklungsländern eine Kapazität von 223 560 MW durch Wassergroßkraftwerke hinzukommen wird; mehr als die Hälfte davon in Brasilien, China und Indien. Das ist gleichbedeutend mit

3. Erneuerbare Energien

der Leistung von 225 Atomkraftwerken oder mit 82 Prozent der Atomkraftkapazität der Welt im Jahr 1986. Dreizehn Entwicklungsländer haben zwischen 1980 und 1985 Wasserkraftanlagen mit einer Gesamtleistung von mehr als 40 000 MW installiert. *(Tab. 3.1.)* Wegen der Schuldenkrise der Dritten Welt ist das zukünftige Wachstum jedoch wahrscheinlich nicht so stabil wie vorhergesehen.[8]

In den USA, wo weltweit die größte Kapazität an Wasserkraftanlagen im Betrieb ist, wurden zwischen 1976 und 1986 staatliche Gelder nur für den Neubau eines einzigen großen Staudamms bewilligt. Für Staudämme, die nach 1986 staatliche Zuschüsse erhalten, müssen die jeweiligen Bundesstaaten die Hälfte des Geldes aufbringen. Diese Regelung wird wahrscheinlich viele Projekte rückgängig machen und andere beträchtlich verkleinern.[9]

Alle großen, neuen Stromlieferungen aus Wasserkraftanlagen werden in den Vereinigten Staaten wahrscheinlich aus Kanada kommen. 1986 stieg der Verkauf über die Grenze auf 12,7 Milliarden kWh an; das sind 5 Prozent des Strombedarfs der USA.[10]

»Wird ein Fluß völlig gezähmt, verändert man das ihn umgebende Ökosystem.«

Wie bei jeder großtechnischen Option zur Stromgewinnung gibt es auch beim Bau von Wasserkraftwerken eine negative Seite. Wasserreservoirs überschwemmen Wälder, Äcker und Wildnis; sie machen ganze Dorfgemeinschaften heimatlos. Wenn China sein Drei-Schluchten-Projekt fortführt – mit 13 000 MW das größte der Welt –, müssen einige Millionen Menschen umgesiedelt werden. Eine weitere Million Einwohner wird in Zentralindien aus ihrer Heimat vertrieben werden, wenn ein Projekt im Narmada-Tal realisiert wird.[11]

Wird ein Fluß völlig gezähmt, verändert man das ihn umgebende Ökosystem. Mitgeführte nährstoffreiche Sedimente lagern sich nicht mehr auf landwirtschaftlich genutzten, bei Hochwasser überschwemmten Ebenen ab; sie liefern auch keine Nahrung für die Fische, sondern sammeln sich hinter dem Kraftwerk und verringern die Kapazität des Reservoirs. Wasserkraftanlagen können außerdem die Temperatur und den Sauerstoffgehalt im Unterlauf der Flüsse verändern. Der Bau von immer höheren Dämmen – 113 werden im Jahr 1990 die 150-Meter-Marke überschreiten – und die zunehmende seismische Aktivität in der Nähe der Stauseen führen dazu, daß die Kombination von steigendem Wasserdruck und instabilen geologischen Formationen vermehrt starke Erdbeben zur Folge haben wird. In tropischen Regionen vergrößern die Wasserspeicher die Brutstellen für die Überträger der Malaria, Bilharziose und Flußblindheit.[12]

Hinter vielen großen Dämmen, besonders solchen, die unterhalb von gerodeten Ufergebieten liegen, sind die Stauseen viel schneller verschlammt, als es abzusehen war. Wirtschaftlichkeit und Lebensdauer werden dadurch negativ beeinflußt. In Kolumbien wurde deshalb ein neues Programm gestartet, das die Unterstützung der Bauern im Hochland aus den Erträgen des Wasserkraftausbaus in der Ebene vorsieht. Strom von größeren Wasserkraftwerken wurde mit einer Verkaufssteuer belegt. Damit soll ein Beitrag zur Befestigung der Wasserführung im Hochland durch Erosionsschutz und Aufforstung geleistet werden.[13]

Wasserkraftwerke kleineren Maßstabs, die nicht an ein zentrales Leitungsnetz angeschlossen sind, erbrachten im Jahre 1983 weltweit eine Leistung von annähernd 10 000 MW. Im Jahr 1991 können solche Anlagen eine Leistung von 36 000 MW erbringen.[14]

Eine Untersuchung der Weltbank über 100 Entwick-

3. Erneuerbare Energien

lungsländer hatte zum Ergebnis, daß 31 Länder ihre Wasserkraftkapazität zwischen 1980 und 1985 mehr als verdoppelt hatten. Mindestens 28 von ihnen führen Programme mit Kleinwasserkraftanlagen durch. In Burundi, Costa Rica, Guatemala, Guinea, Madagaskar, Nepal, Papua-Neuguinea und Peru übersteigt das Wasserkraftpotential die gesamte im Jahr 1984 installierte Kraftwerkskapazität aus anderen Energiequellen. China führt dabei weltweit mit 90 000 Wasserkraftanlagen.[15]

»Auch Industrieländer beginnen, den Vorteil kleiner Wasserkraftwerke zu erkennen. Bis 1985 waren in den Vereinigten Staaten kleine Wasserkraftwerke mit einer Gesamtkapazität von annähernd 1000 MW durch private Unternehmen ans Netz gebracht worden.«

Auch Industrieländer beginnen, den Vorteil kleiner Wasserkraftwerke zu erkennen. Bis 1985 waren in den Vereinigten Staaten kleine Wasserkraftwerke mit einer Gesamtkapazität von annähernd 1000 MW durch private Unternehmen ans Netz gebracht worden. Mehr als die doppelte Menge wurde von den Energieversorgungsunternehmen betrieben. Beinahe 60 Prozent der Gesamtkapazität von 3200 MW kamen in den achtziger Jahren ans Netz. In anderen Ländern wurden kleine, bereits baufällige Dämme wieder saniert. Polen hat damit begonnen, 640 kleine Staudämme wieder zu reaktivieren, und in dem kanadischen Bezirk Ontario wurden 570 ehemals ausgebaute Standorte erfaßt.[16]
Da sich die Produktionsstätten der Turbinenhersteller vorrangig in Europa und Nordamerika befinden, ist der Ausbau der Wasserkraft in der Dritten Welt meist von Material- und Zubehörlieferungen aus dem Ausland abhängig. Um die Abhängigkeit zu verringern, haben sich China, Kolumbien, Indien, Indonesien, Nepal, Pakistan und Thailand die Mittel beschafft, um kleine Turbinen im eigenen Land herzu-

stellen. China exportiert zudem Wasserkraftanlagen sowohl in Industrie- als auch in Entwicklungsländer.[17] Damit die Kraftwerke über mehrere Jahrzehnte auch voll funktionsfähig bleiben, müssen nicht nur die Maschinen, sondern die gesamten wasserbaulichen Anlagen zuverlässig gewartet werden. Aufgesplitterte Betriebsstrukturen verhindern jedoch häufig eine vernünftige Wartung, da für jede Teilfunktion der Anlage eine andere Stelle zuständig ist.[18]

Biomasse

Obwohl weniger als 1 Prozent der jährlich entstehenden Biomasse zur Energieerzeugung verwendet wird, werden damit 15 Prozent des Weltenergiever-

Tab. 3.2: Verfügbares und ausschöpfbares Energiepotential aus Landwirtschaft, Forstwirtschaft und Abfällen der holzverarbeitenden Industrie in ausgewählten Ländern, 1979

Land	Verfügbares Potential aus Forstwirtschaft und holzverarbeitender Industrie	Ausschöpfbares Potential		Summe	Anteil am Gesamtenergiebedarf
		Reststroh	Viehdung		
	(Mill. t Öläquivalent)				(in %)
Türkei	5,9	5,4	1,5	12,8	41,7
Finnland	8,6	0,4	0,2	9,2	36,8
Schweden	10,4	0,8	0,2	11,4	22,8
Kanada	32,1	2,3	1,8	36,2	16,8
Österreich	2,8	0,4	0,3	3,5	14,0
Spanien	2,4	4,1	0,6	7,1	10,0
Frankreich	6,1	5,2	2,4	13,7	7,2
USA	68,5	20,2	5,0	93,7	5,2
BRD	6,2	2,2	1,6	10,0	3,7
Japan	6,7	0,4	1,2	8,3	2,1

Quelle: IEA, Erneuerbare Energiequellen (Paris: OECD, 1987).

3. Erneuerbare Energien

brauches gedeckt; dabei stellt Holz die am meisten genutzte Energiequelle dar.[19] Über die Hälfte des jährlich geschlagenen Holzes wird zum Zweck der Energiegewinnung verbrannt. Nach einer Statistik der Vereinten Nationen sind Indien, Brasilien, China, Indonesien, die Vereinigten Staaten und Nigeria die größten Brennholzproduzenten der Welt.[20] Die Internationale Energieagentur (IEA) hat festgestellt, daß sich das größte verfügbare Energiepotential aus Restholz und Abfällen der holzverarbeitenden Industrie in den Vereinigten Staaten befindet. Mit sorgfältiger Planung könnten viele Länder ihre Brennholznutzung ausweiten, ohne den natürlichen Vorrat ihrer Wälder anzugreifen. Im Durchschnitt können etwa 25 Prozent des Holzes, das der holzverarbeitenden Industrie zugeführt wird, zur Energiegewinnung verwendet werden.[21] Das beispiellose und unverantwortbare Ausmaß der Rodung, um Acker- und Weideland, Nutzholz und Brennmaterial zu gewinnen, ist Ursache für einen akuten Brennstoffmangel, unter dem annähernd 100 Millionen Menschen leiden. Weiteren 1,2 Milliarden steht nur ein völlig unzureichender Holzvorrat zur Verfügung. Holz ist allerdings dann keine erneuerbare Energiequelle mehr, wenn mehr abgeholzt wird als nachwachsen kann.[22] In den Vereinigten Staaten werden ungefähr zwei Drittel der zur Energiegewinnung genutzten Holzmenge im industriellen und gewerblichen Bereich und von Versorgungsunternehmen verbraucht. Der Rest deckt 10% des benötigten Bedarfs an Raumwärme, wobei 5,6 Millionen Haushalte ausschließlich und 21 Millionen Haushalte teilweise mit Holz beheizt werden. Fast die Hälfte der gesamten Brennholzmenge wird von der Stärke- und Papierindustrie verbraucht, die damit 55% ihres Energieverbrauchs abdeckt. Den zweitgrößten Markt stellt die

Holzindustrie dar, und der am schnellsten wachsende Bereich ist die nicht-holzverarbeitende Industrie.[23]

»Seit 1983 haben vier amerikanische Energie-Versorgungsunternehmen holzgefeuerte Kraftwerke gebaut. Jedes einzelne kann eine Leistung von mehr als 45 Megawatt bereitstellen; zusammen können sie über 175 000 Haushalte versorgen.«

Seit 1983 haben vier amerikanische Energie-Versorgungsunternehmen holzgefeuerte Kraftwerke gebaut. Jedes einzelne kann eine Leistung von mehr als 45 Megawatt bereitstellen; zusammen können sie über 175 000 Haushalte versorgen. Nach einer unter der Leitung der Kalifornischen Energiekommission durchgeführten Untersuchung können holzgefeuerte Kessel zu einem Preis von etwa 1340 $ pro Kilowatt installiert werden. Sie sind damit um 20% kostengünstiger als ein Kohlekraftwerk. Im gewerblichen Bereich ist die Nutzung von Brennholz bereits gebräuchlicher. Der größte Markt befindet sich in Kalifornien, wo annähernd zwei Dutzend holzgefeuerte Anlagen mit einer Leistung von 10–50 Megawatt am Netz sind. In Kürze wird ein weiteres Dutzend folgen. In allen amerikanischen Staaten zusammen sind bereits Anlagen mit einer Leistung von insgesamt 1500 MW in Betrieb oder in Bau.[24]

Das nichterschlossene Potential des Brennstoffes Holz bleibt beträchtlich. Man nimmt an, daß im Staat Virginia jedes Jahr genug Holzabfälle und Sägemehl sowie unverkäufliches Holz minderer Qualität anfallen, um 42 Prozent der Öl- und Gasmenge zu ersetzen, die in Handel und Gewerbe verbraucht werden. Bislang wird nur ein kleiner Teil dieses Potentials genutzt, aber Gewerbebetriebe, Hochschulen, Krankenhäuser und verschiedene andere Unternehmen werden sich wohl zu einer Nutzung entschließen, sobald der Ölpreis wieder steigt. Die

3. Erneuerbare Energien

Brennstoffpreise für Holz werden wahrscheinlich niedrig bleiben, vor allem wenn die Lieferanten ansonsten mit steigenden Kosten für die Abfallagerung rechnen müßten.[25, 26] Reststroh und Viehdung fallen als reichliche Nebenprodukte von nahrungsmittelproduzierenden landwirtschaftlichen Betrieben an. Eine Studie der IEA ergab, daß durch die Nutzung der energiewirksamsten Prozesse, die 1979 zur Verfügung standen, landwirtschaftliche Abfallstoffe zwischen 0,4 und 8,2 Prozent des gesamten Energiebedarfs der IEA-Mitgliedsstaaten decken könnten, mit Ausnahme der Türkei: dort beträgt der Anteil 22,5 Prozent. Es wurde weiter festgestellt, daß Dänemark, Griechenland, Irland, Portugal und Spanien 5 Prozent ihres gesamten Energiebedarfs durch die Nutzung von Reststroh und Viehdung decken könnten.[27]

»**Ende der siebziger Jahre begann die Zuckerindustrie auf Hawaii damit, Strom zu verkaufen.**«

In der Karibik, wo Zucker zur Hauptsache ausgeführt wird, die Produzenten jedoch auf dem Weltmarkt mit Absatzschwierigkeiten zu kämpfen haben, könnte eine effizientere Nutzung der Pflanzenabfälle, zusammen mit dem Umstieg auf bereits getestete, schnell wachsende Zuckerrohrarten, die mehr Biomasse erzeugen, das Energieangebot erheblich vergrößern. Damit würde in Barbados, Kuba, in der Dominikanischen Republik, in Guatemala, Guyana und in Honduras ein Vielfaches an elektrischem Strom zur Verfügung stehen. In Thailand, einem weiteren Land, in dem Zuckerrohr angebaut wird, könnten die Ernteabfälle Brennstoff für ein Kraftwerk mit 300 MW elektrischer Leistung liefern und dadurch 25 Prozent der jährlich im gewerblichen Bereich erzeugten Energie liefern.[28]
Ende der siebziger Jahre begann die Zuckerindustrie

auf Hawaii damit, Strom zu verkaufen. 1985 lieferte sie 58 Prozent der erzeugten Energie auf die Inseln von Kanai und 33 Prozent auf die Hawaii-Inseln. Die Zuckerrohrkonzerne installierten eine Kapazität von mindestens 150 MW, um Bagasse, den Rückstand nach der Saftgewinnung, zu verbrennen. Mindestens die Hälfte des Stroms verkauften sie an die staatlichen Elektrizitätsversorgungsunternehmen. Angesichts der fallenden Zuckerpreise sind sich die Mühlenbesitzer auf Hawaii darüber im klaren, daß ihre Zuckerproduktion ohne die Einkünfte aus dem Verkauf von Elektrizität stark abgenommen hätten. Auf dem amerikanischen Festland, in Florida und Louisiana, sind weitere bagassegefeuerte Kraftwerke mit einer Kapazität von insgesamt 80 MW in Betrieb.[29]

Wissenschaftler an der Princeton Universität vertreten die Meinung, daß Kraft-Wärme-gekoppelte Gasturbinen mit weltweit insgesamt ca. 50 000 MW Leistung mit der im Jahr 1985 erreichten Produktionsmenge an Zuckerrohr betrieben werden könnten. In den über 70 Entwicklungsländern, die Zuckerrohr anbauen, könnte durch den kommerziellen

Tab. 3.3: Ausgewählte Stromerzeugungsanlagen auf Biomassebasis in den USA

Projekt	Leistung	Energiequelle	Inbetriebnahme
	(MW)		
Forstwirtschaft[1]			
Union, Camp Corporation Franklin, VA	69	Pulpa[2], Erdnußschalen	1937
Champion International Corp., Cantonment, FL	78	Pulpa, Baumrinde	1961
Manville Forest Products Co., West Monroe, LA	72	Holzabfälle, Pulpa	1961
Louisiana Pacific Corp. Antioch, CA	26	Holzabfälle	1983

3. Erneuerbare Energien

Projekt	Leistung	Energiequelle	Inbetriebnahme
	(MW)		
Stromversorgungsunternehmen			
Northern States Power Ashland, WJ	72	Restholz[3]	1983
Burlington Electric Dept. Burlington, VT	50	Restholz	1984
Eugene Water & Electric Board, Weyco Center, OR	46	Mühlenabfallprodukte	1983
Washington Water & Power, Kettle Falls, WA	46	Mühlenabfallprodukte	1983
Unabhängige Energieproduzenten			
Ultrasystems Fresno, CA	27	Bagasse[4]	1988
Ultrasystems West Enfield, ME	27	Restholz	1986
Wheelabrator Energy Delano, CA	25	Abfälle vom Obstplantagen-Beschnitt	1989
Alternative Energy Decisions, Bangor, ME	17	Restholz aus Wald und Industrie	1986
Nichttraditionelle Produzenten			
Lihue Plantation Kenai, HI	26	Bagasse[4]	1980
Dow Corning Midland, MI	22	Holzspäne	1982
Farmers Rice Milling Co. Lake Charles, LA	11	Reishülsen	1984
Procter & Gamble Staten	10	Holzabfall aus Industrieverarbeitung, Holzspäne	1983

1 Biomasseverbrennung, manchmal durch Kohle oder Erdgas ergänzt.
2 Abfallprodukt bei der Stärkefabrikation aus Kartoffeln (A. d. Ü.).
3 Mit verschiedenen Brennstoffen betriebsfähig, aber seit 1983 meist Holzverbrennung.
4 Preßrückstand bei der Zuckergewinnung aus Rohrzucker (A. d. Ü.).

Quelle: Worldwatch Institute, basierend auf: Meridian Corporation, Electric Power From Biofuels, Planned and Existing Projects in the United States (Washington, D.C.: U.S. Department of Energy, 1985), neue Berichte und pers. Mitt.

Einsatz von Gasturbinen genausoviel Strom bereitgestellt werden, wie derzeit von den Versorgungsunternehmen mit Öl erzeugt wird. Die Stromerzeugungskosten Kraft-Wärme-gekoppelter Gasturbinenanlagen wären geringer als für zentrale Großkraftwerke.[30]
In den meisten Entwicklungsländern mit Reisanbau bilden Reishülsen den größten Anteil der Ernterückstände. Bei der Ernte von je 5 t Reis fällt 1 t Hülsen an, die in etwa denselben Energiegehalt wie Holz aufweisen. In vielen Mühlen werden die Abfälle einfach liegengelassen. Werden statt dessen Vergasungs- oder Verbrennungssysteme eingesetzt, kann dieses Nebenprodukt dazu benützt werden, die Mühle anzutreiben oder die Bewässerungspumpe in Gang zu halten. Des weiteren können ländliche Gebiete elektrifiziert oder Strom ins Netz eingespeist werden.[31]

»**Zwei weitere Quellen für Biomasse sind Nahrungsmittelüberschüsse und Pflanzen, die speziell zum Zweck der Energiegewinnung angebaut werden.**«

Hülsenbefeuerte Dampfkraftwerke sind in Indien, Malaysia, auf den Philippinen, in Surinam, in Thailand und in den USA in Betrieb. Indien, das über den zweitgrößten Reisanbau der Welt verfügt, produziert jährlich etwa 18 Mio t an Reishülsen – genug, um Investitionen in hülsengefeuerte Kraftwerke mit einer Gesamtkapazität von 500 MW zu rechtfertigen.[32]
In Asien sind ausgedehnte Reisanbaugebiete noch nicht elektrifiziert, und die Mühlen in diesen Gegenden sind auf importierte Dieselmotoren und Treibstoff angewiesen. Eine Untersuchung am indonesischen ›Institute of Technology‹ ergab, daß Indonesien jährlich über 30 Mio. Dollar einsparen könnte, wenn die relativ teuren Dieselaggregate durch neu entwickelte Hülsen-Vergaser ersetzt würden.[33, 34]

3. Erneuerbare Energien

Zwei weitere Quellen für Biomasse sind Nahrungsmittelüberschüsse und Pflanzen, die speziell zum Zweck der Energiegewinnung angebaut werden. Das Potential an schnell wachsenden Energiepflanzen variiert von Land zu Land. Die Nutzung einzelner Landstriche zur Energiegewinnung kann allerdings in der einen Gegend ein Segen sein, während sie woanders der hungrigen Bevölkerung Ackerland und Nahrung entzieht.
Der potentielle Energiebeitrag durch vorhandene Nahrungsmittelüberschüsse ist etwas einfacher zu berechnen. Wegen der sich ändernden Agrarpolitik und der Schwankungen der Marktpreise sowie der Wetterverhältnisse ist es schwierig, Prognosen aufzustellen. Die IEA legte eine Schätzung vor, nach der die Umwandlung der Zuckerüberschüsse der Europäischen Gemeinschaft zu Äthanol 2 Prozent der Treibstoffe ersetzen würden. In den USA könnten die zu Äthanol umgewandelten Getreideüberschüsse 7 Prozent des gesamten Benzinverbrauchs ersetzen.[35]
In Brasilien und den USA befinden sich die beiden größten auf Biomasse basierenden Äthanol-Projekte der Welt. In Brasilien wurden im Jahr 1986 aus speziell zu diesem Zweck angebautem Zuckerrohr 10,5 Mrd Liter Äthanol hergestellt, die ungefähr die Hälfte des Treibstoffbedarfs des Landes deckten. Die meisten Kraftfahrzeuge werden mit einer Benzin-Äthanol-Mischung betrieben, die zu 20 Prozent aus Alkohol besteht. 29 Prozent der 10,6 Millionen Kraftfahrzeuge in Brasilien fahren jedoch mit reinem Äthanol.[36, 37, 38]
Der Einsatz von Biosprit findet derzeit im Zuge der Maßnahmen gegen die Luftverschmutzung immer größere Unterstützung. Über 60 amerikanische Städte blieben Ende des Jahres 1987 unter den durchschnittlichen bundesstaatlichen Kohlenmonoxid- und Ozonwerten. Der Staat Colorado als Vorreiter

machte es den Autofahrern in Großstädten zur Auflage, im Winter, wenn die Luftverschmutzung am stärksten ist, Gasohol zu tanken. Von offizieller Seite wird mit einer Verringerung der Kohlenmonoxidemission um 12 Prozent gerechnet. Eine auf US-Bundesebene eingereichte Gesetzesvorlage sieht den bundesweiten Einsatz von Gasohol bis 1992 vor.[39, 40]

Sonnenenergie

Solarkollektoren werden immer noch am häufigsten zur Erwärmung von Wasser benutzt. Schwimmbäder und Wohnhäuser sind dafür der größte Absatzmarkt, jedoch findet auch die gewerbliche und industrielle Nutzung immer größere Verbreitung. Auf Zypern, wo weltweit pro Kopf die größte Menge an Sonnenenergie genutzt wird, wurden von privaten Firmen auf 90 Prozent der Wohnhäuser und auf einem großen Teil der Apartmenthäuser und Hotels Solarkollektoren zur Warmwasserbereitung angebracht. In Israel besitzen über 700 000 Haushalte, in denen zusammen ca. 65 Prozent des privaten Warmwasserbedarfs anfallen, einfache Systeme.[41]
In Japan sind 4 Mio solare Warmwasserbereitungsanlagen in Betrieb. Im Jahre 1984, dem Spitzenjahr, was den Verkauf von Kollektoren betrifft, wurden allein 500 000 Systeme verkauft. In den abgelegenen nordwestlichen Regionen Australiens werden 37 Prozent der Haushalte durch solche Systeme versorgt.[42]
Mitte der achtziger Jahre befand sich der größte Markt für Solarkollektoren in den USA. 85 Prozent der 1984 verkauften Systeme waren für Wohnhäuser bestimmt. Leider wurde diesem Markt durch den Verfall der Öl- und Gaspreise im Jahr 1986 und

3. Erneuerbare Energien

durch die Aufhebung der Steuervergünstigungen für die Nutzung von erneuerbaren Energiequellen die Grundlage entzogen. Im Vergleich zum Jahr 1984 fiel die Zahl verkaufter Anlagen um 70 Prozent, und 28 000 der rund 30 000 Arbeitnehmer in dieser Branche wurden arbeitslos.[43]

> »Mitte der achtziger Jahre befand sich der größte Markt für Solarkollektoren in den USA.«

Der Wirkungsgrad von Flachplattenkollektoren hat sich seit 1977 um 30 Prozent erhöht; es wird eine weitere Steigerung durch Materialverbesserungen angestrebt. Bei ausreichenden Kostensenkungen werden Kollektoren auch zur Erwärmung und Kühlung von Luft eine breitere Anwendung finden. Dieser Anwendungsbereich macht derzeit erst 10% des Marktes aus.[44]

An zweiter Stell werden solartechnische Anlagen eingesetzt, die Sonnenstrahlen konzentrieren, um höhere Temperaturen zu erzeugen. Die einfachsten Systeme, sogenannte Solarteiche, beruhen auf länglichen Hohlräumen, die mit Wasser und Salz gefüllt sind: da Salzwasser eine höhere Dichte aufweist als reines Wasser, absorbiert das Salzwasser auf dem Grund die Wärme, während das Wasser an der Oberfläche die darunterliegende Schicht isoliert. Die komplexesten Systeme sind aus Tausenden von Spiegeln aufgebaut, die sich nach der Sonne ausrichten und das Licht zu einem zentralen Empfänger reflektieren. Durch diesen fließt ein Medium, das direkt dazu benutzt wird, Wärme bereitzustellen, oder indirekt, um eine Turbine anzutreiben und Elektrizität zu gewinnen.

1979 wurde in Israel der erste kleine Solarteich zur Stromerzeugung am Ufer des Toten Meeres errichtet. 1984 wurde ein größerer mit einer Kapazität von 5 MW fertiggestellt. Eine australische sowie eine

Tab. 3.4: Große thermische Solarkraftwerke, gebaut oder in Planung, 1987

Name	Standort	Technologien	Leistung in MW	erwartete oder erfolgte Inbetriebnahme
Danby Lake[1]	Kalifornien	Solarteich	48	–
Luz, SEGS 1	Kalifornien	Parabolrinnenkollektor	14	1984
Luz, SEGS 2	Kalifornien	Parabolrinnenkollektor	30	1985
Luz, SEGS 3	Kalifornien	Parabolrinnenkollektor	30	1986
Luz, SEGS 4	Kalifornien	Parabolrinnenkollektor	30	1986
Luz, SEGS 5	Kalifornien	Parabolrinnenkollektor	30	1987
Luz, SEGS 6	Kalifornien	Parabolrinnenkollektor	30	1988
Luz, SEGS 7–19	Kalifornien	Parabolrinnenkollektor	450	1989–92
Luz, Eliat	Israel	Parabolrinnenkollektor	25	1990
Solar One	Kalifornien	Solarturm	10	1982
Mysovoye	UdSSR	Solarturm	5	1986
Bet Ha'Arava	Israel	Solarteich	5	1984
Solarplant 1	Kalifornien	Parabolschüssel	4	1984
Themis	Frankreich	Solarturm	2	1983
CESA-1	Spanien	Solarturm	1	1983
Sunshine 1	Japan	Solarturm	1	1981
Sunshine 2	Japan	Hybridanlage	1	1981
Eurelios	Italien	Solarturm	1	1981
Solutsye	UdSSR	Solarturm	1	1983

1 Laufendes Projekt; Datum der Inbetriebnahme unbestimmt.

Quelle: Worldwatch Institute, basierend auf Forschungsberichten, neuen Artikeln und persönlichen Mitteilungen.

amerikanische Firma installierten jeweils kleinere Systeme, die 1985 bzw. 1986 ans Netz gingen.[45]

Andere Technologien zur Nutzung der Solarwärme sind im Vergleich zu Solarteichen sehr viel aufwendiger. Jeder Typ arbeitet mit einem anders geformten

3. Erneuerbare Energien

Reflektor, um das Sonnenlicht zu konzentrieren. Parabolrinnensysteme bedienen sich U-förmiger Spiegel, um Temperaturen von 100 bis 400 Grad Celsius zu erzeugen. Mit Parabolschüsselsystemen können Temperaturen bis zu 1700 Grad Celsius erreicht werden. Solarturmanlagen arbeiten mit computergesteuerten Spiegeln, die die Sonnenstrahlung auf einen Turm konzentrieren. Mehr als ein halbes Dutzend solcher Solartürme mit einer Kapazität von mindestens 1 MW wurden mit staatlicher Unterstützung gebaut. Parabolrinnen- und -schüsselsysteme können praktisch in jeder Größe gebaut werden, während sich Solartürme wahrscheinlich nur für Anwendungen in großem Maßstab eignen.[46]

»Die Hälfte der photovoltaischen Module, die im Jahre 1986 verkauft wurden, stellen Energie für Einrichtungen oder Dörfer bereit, die nicht an das Netz von Versorgungsbetrieben angeschlossen sind.«

An dritter Stelle wird die Photovoltaik eingesetzt, die im Jahr 1839 von Edmund Becquerel entdeckt wurde. Durch diesen Effekt kann Strom erzeugt werden, wenn Licht auf bestimmte Materialien trifft. Dafür sind weder bewegliche Teile noch Wärme erforderlich. Ein kleines Lichtteilchen (Photon) genügt, um ein Elektron aus seinem Atomverband zu reißen und dadurch einen elektrischen Strom zu erzeugen. Ursprünglich zur Energieversorgung von Raumfahrzeugen eingesetzt, beherrschen heute Anwendungen auf der Erde den Markt. Zwischen 1980 und 1985 wuchs dieser Markt jährlich im Durchschnitt um 44 Prozent. Eine Solarzelle mit einem Wirkungsgrad von 10 Prozent und einer Größe von ca. 100 cm^2 kann an einem sonnigen Tag um die Mittagszeit Strom mit 1 Watt Leistung (Spitzenleistung) erzeugen.[47]
1976 betrug der durchschnittliche Verkaufspreis für ein Photovoltaikmodul 44 $ pro installiertem Watt

Spitzenleistung; insgesamt wurden Module zur Erzeugung von einer halben Mio Watt (0,5 MW) verkauft. Nur ein Jahrzehnt später betrugen die Kosten nur noch ein Achtel davon, also 5,25 $, und der Verkauf war auf 24,7 MW angestiegen (s. *Abb. 3.1*).[48] Die Hälfte der photovoltaischen Module, die im Jahr 1986 verkauft wurden, stellen Energie für Einrichtungen oder Dörfer bereit, die nicht an das Netz von Versorgungsbetrieben angeschlossen sind. Die Kommunikationsindustrie hat die größten Anteile an diesem Markt, weil das Stromnetz der Versorgungsgesellschaften bis zu diesen entlegenen Kommunikationspartnern zwischen 23 000 und 46 000 $ pro Kilometer kostet.[49]
Nach und nach werden in den ländlichen Gebieten der Dritten Welt immer mehr Elektrifizierungsprojekte mit Solarzellen durchgeführt. Die größten Fortschritte wurden in der Dominikanischen Republik, auf den Inseln von Französisch Polynesien und in Griechenland gemacht. Solarzellen werden eingesetzt, um die Kühlung lebensnotwendiger Impfstoffe zu gewährleisten, um Pumpen von Bewässerungsanlagen zu betreiben und um Wohnungen mit Elektrizität zu versorgen. Weltweit beziehen inzwischen über 15 000 Haushalte Strom aus Solarzellen.[50, 51]
Der zweitgrößte und jüngste Anwendungsbereich für Photovoltaikzellen ist der Konsumbereich. 1978 kam der erste solarversorgte Rechner auf den Markt. 1987 wurden bereits über 200 Mio Solarrechner verkauft. Obwohl es sich um relativ neuartige Produkte handelt, sind Solarspielwaren und -uhren genauso wie Gartenbeleuchtungen im Handel erhältlich. Diese Entwicklung wurde durch die Entdeckung eines völlig neuen Produktionsprozesses für Photovoltaik-

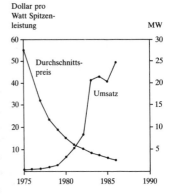

Abb. 3.1:
Weltweiter Photovoltaikabsatz und durchschnittliche Marktpreise, 1975–86

Quelle: Batelle Institute, Paul Maycock, Strategies Unlimited

zellen ermöglicht. Japan hat sich auf diese neue Technologie der Dünnfilmzellen konzentriert; in nur neun Jahren haben die verschiedenen Arten der Dünnfilmzellen ein Drittel des Marktes erobert.[52, 53] Der Umsatz an Solarzellen wird sich auch weiterhin um zweistellige Raten vergrößern. Damit aber der Einsatz der Solartechnologie umfassender und weiter verbreitet wird, müssen neue Fortschritte im Bereich der Kostenreduzierung, der Effizienzsteigerung, in der Verbesserung der industriellen Herstellungsverfahren und bei der Minderung des Wirkungsverlusts erzielt werden. Bei einem Preis von 4–5 US-$ pro Watt liegt der jährliche weltweite Umsatz an Photovoltaikzellen zur Zeit bei ungefähr 125 Millionen US-$. Die Solarexperten vermuten, daß ein Umsatz von 1,5 Milliarden US-$ erreicht wird, wenn der Preis auf 3 US-$ fällt. Bei einem weiteren Sinken des Preises unter die Ein-Dollar-Grenze pro Watt würde der Umsatz bis zu 100 Mrd US-$ jährlich hochschnellen.[54, 55]

Windenergie

Am Anfang dieses Jahrhunderts bezog die dänische Industrie ein Viertel ihrer Energie aus Windkraft. Die Windmühlen hatten dort eine Gesamtkapazität von 150–200 MW. Die günstigen Preise für Öl und Gas und die Elektrifizierung der ländlichen Gebiete verdrängten diese Kraftwerke, und bis zu dem Boom in den 80er Jahren war die Windkraft vergessen. Strom erzeugende Windturbinen (im Gegensatz zu Windmühlen, die zur Erzeugung mechanischer Energie genutzt werden) stehen heute in 95 Ländern der Welt: von den Tropen bis zur Arktis.[56]
Nach dem Ölembargo im Jahr 1973 wurden innerhalb von 10 Jahren weltweit gut über 10 000 Windkraftanlagen in Betrieb genommen. Die meisten dieser Anlagen sind relativ klein und werden zum

Aufladen von Batterien oder zur Produktion sehr kleiner Mengen von Elektrizität – im allgemeinen mit weniger als 100 Watt Leistung – genutzt. In China hat sich der Markt für Turbinen in dieser Größenordnung drastisch vergrößert: von 1282 Anlagen im Jahr 1982 auf annähernd 11 000 im Jahr 1986. Diese große Nachfrage ergab sich hauptsächlich durch die Ausweitung des Fernsehempfangs in ganz China. Hierfür stand nämlich nur ein begrenztes Stromversorgungsnetz zur Verfügung. 1986 befanden sich fünf der zehn größten Hersteller kleiner Windturbinen der Welt in China.[57]

»**Nach dem Ölembargo im Jahr 1973 wurden innerhalb von 10 Jahren weltweit gut über 10 000 Windkraftanlagen installiert.**«

Auch der internationale Markt für Windkraftanlagen expandierte in den 80er Jahren rasch. Er vergrößerte sich um den Faktor 17: von 34 MW Gesamtleistung, die 1981 vertrieben wurden, auf 567 MW im Jahr 1985. 1986 wurde mit Turbinen ein Umsatz von 2,5 Milliarden US-$ erreicht. Die USA waren führend im Einsatz von mittelgroßen Windturbinen, und 1986 wurden annähernd 90 Prozent der weltweit durch Windkraft erzeugten Energie an die Kunden zweier kalifornischer Elektrizitätsversorgungsunternehmen verkauft. Ausgehend von 144 Windkraftanlagen mit einer Gesamtkapazität von 7 MW im Jahr 1981, besaß Kalifornien am Ende des Jahres 1987 16 769 Kraftwerke mit einer installierten Leistung von 1463 MW *(Tab. 3.5)*. Diese Turbinen wurden in kürzerer Zeit gebaut als konventionelle Kraftwerke, und – jedenfalls die neueren – auch zu einem geringeren Preis.[58]

Die meisten der in den Vereinigten Staaten errichteten Windturbinen befinden sich in der Gegend von drei Gebirgspässen in Kalifornien: in Altamont, San Gorgonio und Tehachapi. In Altamont und San Gor-

3. Erneuerbare Energien

gonio sind die Windgeschwindigkeiten, im Gegensatz zu anderen Gebieten, im Sommer am höchsten, wodurch der sommerliche Spitzenbedarf der Versorgungsunternehmen in den Sun Belt-Staaten ohne weiteres gedeckt werden kann. Jahreszeitliche Schwankungen und maximale Windgeschwindigkeiten sind wichtige Faktoren für das Windkraftpotential eines Standortes, da die zur Verfügung stehende Energie unter anderem von der mittleren Windgeschwindigkeit abhängt. Verdoppelt sich diese, so vergrößert sich die Energieausbeute um das Achtfache. Die meisten Systeme sind dafür ausgelegt, bei einer Windgeschwindigkeit von 4–30 m pro Sekunde zu arbeiten.[59]

Die potentielle Energieausbeute ist außerdem proportional zu der Kreisfläche, die die Rotorblätter mit jeder Umdrehung beschreiben: Verdoppelt sich diese Fläche, so verdoppelt sich auch die Energieausbeute. Durch Konstruktionsverbesserungen an den Turbinen konnten die Rotorblätter der kalifornischen Anlagen im Jahre 1984 auf einen Durchmesser von 17 Metern vergrößert werden. Dadurch wuchs auch das Energiepotential im Vergleich zu den Anlagemodellen von 1982 um 50 Prozent an. Größere Rotoren senken effektiv die Kapitalkosten von Windanlagen, da mit weniger Anlagen mehr Elektrizität erzeugt werden kann.[60, 61]

Die durchschnittliche Größe der in Kalifornien installierten Turbinen wuchs von 49 kW im Jahr 1981 auf 120 kW im Jahr 1987 an. Viele der neuesten Modelle haben eine Leistung von 150–750 kW. In den von der Regierung subventionierten Programmen wurden dagegen große Turbinen gefördert. Elf Windanlagen mit 1000 kW und darüber wurden ab 1985 gebaut: Sieben in den Vereinigten Staaten, zwei in Schweden und eine jeweils in Dänemark und in der Bundesrepublik Deutschland. Trotz der äußerst schlechten Betriebseigenschaften einiger großer Anlagen wurden in Kanada, Dänemark, in den Niederlanden, Schweden, England und in der Bundesrepublik Deutschland weitere Anlagen gebaut.[62] Die Zurücknahme der US-amerikanischen Steuervergünstigungen für Windenergieanlagen gegen Ende des Jahres 1985 machte sich bei den Lieferanten der Windkraftanlagen in der ganzen Welt bemerkbar. Der Export von Windturbinen, einer der wichtigsten Exportsektoren Dänemarks, schrumpfte im Jahr 1986 auf die Hälfte. Auch US-amerikanische Hersteller erlitten Rückschläge, und nur wenige blieben konkurrenzfähig.[63] Der internationale Windturbinenmarkt erreichte im

Tab. 3.5: Kalifornische Windfarmen, 1981–87

Jahr	Installierte Anlagen	Installierte Kapazität	Durchschnittliche Leistung	Durchschnittliche Kosten	Erzeugte Energie[1]
	(Anzahl)	(MW)	(kW)	(Dollar pro Kilowatt)	(Mio Kilowattstunden)
1981	114	7	49	3100	1
1982	1145	64	56	2175	6
1983	2493	172	69	1900	49
1984	4687	366	78	1860	195
1985	3922	398	101	1887	670
1986	2878	276	96	1250[2]	1218
1987[2]	1500	180	120	k. A.	1600
Gesamt 16769		1463	87		3739

1 Die meisten Windanlagen wurden in der zweiten Jahreshälfte des angegebenen Jahres installiert und produzierten bis zum darauffolgenden Jahr nur unwesentliche Energiemengen.
2 voraussichtlich.

Quelle: Vor 1985: Paul Gipe, An Overview of the U.S. Wind Industry, Alternative Sources of Energy September/Oktober 1985: basierend auf Daten der California Energy Commission (CEC).
Daten von 1985 und hauptsächlich 1986 von Sam Rashkin, CEC, Sacramento, Kalifornien, persönliche Mitteilungen vom 6. Oktober 1987. Voraussichtliche Schätzungen von Paul Gipe, American Wind Energy Association, Tehactiapi, Kalifornien, 5. November, 1987.

3. Erneuerbare Energien

Jahr 1985 seinen Höhepunkt. Es ist unwahrscheinlich, daß die Verkaufszahlen in den neunziger Jahren noch einmal einen solchen Stand erreichen werden. Doch ungeachtet der Einbußen auf dem kalifornischen Markt steigt das Interesse an Windenergie in anderen Gebieten der Erde sehr rasch. Aller Voraussicht nach wird der nordamerikanische Markt allmählich an Bedeutung verlieren und bis zu Beginn der neunziger Jahre nur noch ca. 50 Prozent des Weltmarktes ausmachen. Der europäische Markt wird dann, mit einer Mindestproduktion von 100 MW jährlich, ungefähr 25 Prozent des Weltmarktes einnehmen. Die verbleibenden Anteile – rund ein Viertel des Marktes – werden sich über die ganze Welt verteilen.[64]

»Die Zurücknahme der US-amerikanischen Steuervergünstigungen für Windenergieanlagen gegen Ende des Jahres 1985 machte sich bei den Lieferanten der Windkraftanlagen in der ganzen Welt bemerkbar.«

Dänemark ist nicht nur führend auf dem internationalen Markt mittelgroßer Windkraftanlagen – 7 der 10 weltweit führenden Firmen befinden sich in Dänemark –, sondern hat sich auch einen Binnenmarkt geschaffen. Mitte 1987 wies Dänemark eine Gesamtkapazität von 100 MW auf. Obwohl die frühere Entwicklung der Windkraft in Dänemark ausschließlich auf einzelnen Windfarmen mit 55 kW-Turbinen basierte, die an ein zentrales Netz angeschlossen waren, werden für die Zukunft ganze Gruppen von Anlagen geplant, von denen jede einzelne größer als 200 kW sein wird. Bis zum Jahr 1991 sollen Windanlagen mit einer zusätzlichen Leistung von 100 MW installiert werden.[65]

Die chinesische Regierung drängt darauf, daß zwischen 1990 und 1996 Windfarmen mit einer Gesamtkapazität von mindestens 100 MW gebaut werden.

In den Niederlanden wurde ein Fünfjahresplan verabschiedet, der die Installation von 150 MW bis zum Jahr 1992 zum Ziel hat. Bis zum Ende des Jahrhunderts soll die Kapazität auf 1000 MW ausgebaut sein. Spanien plant bis 1993 über 45 MW bereitzustellen, und in Griechenland soll eine Gesamtkapazität von 80 MW, auf die Inseln verteilt, installiert werden. Kleinere Windfarmen sind auch in Australien, Belgien, Israel, Italien, der Sowjetunion, England und der Bundesrepublik Deutschland gebaut oder in Planung.[66]

»**Die durchschnittlichen Kosten für im Betrieb befindliche mittelgroße Windkraftanlagen sind seit 1981 um über die Hälfte, bis auf ca. 800–1200 US-$ pro kW, gesunken.**«

Das bei weitem ehrgeizigste Programm wird vom indischen Energieministerium verfolgt. Angestrebtes Ziel ist, bis zum Jahr 2000 Windkraftwerke mit einer Kapazität von 5000 MW durch öffentliche und private Unternehmen in Betrieb zu nehmen. Dieses Land, das bis 1985 praktisch keine Windkraftanlagen besaß, kann sich nun rühmen, die gleiche Kapazität aufzuweisen, wie sie Kalifornien im Jahr 1981 hatte, und aller Voraussicht nach einer der am schnellsten wachsenden Märkte der Welt zu sein. Sollte die Regierung ihr Ziel erreichen, würde bis zum Ende des Jahrhunderts durch Windkraft mehr Energie bereitgestellt als durch das optimistische Atomkraftprogramm des Landes.[67]

»**Am Beispiel Brasilien wird beides deutlich: die Gefahren und die Verheißungen, die der Einsatz von erneuerbaren Energiequellen birgt.**«

Die durchschnittlichen Kosten für im Betrieb befindliche mittelgroße Windkraftanlagen sind seit 1981 um über die Hälfte, bis auf ca. 800–1200 US-$ pro

3. Erneuerbare Energien 113

kW, gesunken. Auf vielen Märkten sind diese Kraftwerke bereits gegenüber konventionellen Energieerzeugungstechnologien wettbewerbsfähig. Die Kosten werden wohl noch weiter reduziert werden, wenn mehr Hersteller dazu übergehen, Windkraftanlagen serienmäßig herzustellen.[68]

Einen Beitrag leisten

Ein größeres Engagement im Bereich der Energieeinsparung und der verstärkte Einsatz von erneuerbaren Energieträgern sind die wirksamsten Schritte, um mit den Problemen der Energieverschwendung, der Luftverschmutzung und der schwindenden Ressourcen fertig zu werden. Leider blicken jedoch viele Energiepolitiker nicht in die Zukunft, sondern ruhen sich auf dem gegenwärtigen Verfall der Ölpreise aus. Nur wenige Länder scheinen mit der Einführung erneuerbarer Energieträger den richtigen Weg eingeschlagen zu haben. Brasilien zum Beispiel gewinnt beinahe 60 Prozent seiner Energie aus verschiedenen erneuerbaren Energiequellen. 1986 war es weltweit der größte Produzent von Biosprit, der zweitgrößte Brennholzproduzent und verfügte über die viertgrößte installierte Wasserkraftkapazität.[69]
Am Beispiel Brasilien wird beides deutlich: die Gefahren und die Verheißungen, die der Einsatz von erneuerbaren Energiequellen birgt. Viele der großen Wasserkraftanlagen des Landes wurden ohne genauere Untersuchung der Umweltfaktoren genehmigt und ohne daß zuvor Maßnahmen zur Energieeinsparung getroffen worden wären. In manchen Fällen wurde umgesiedelt und einzigartige Pflanzen- und Tierarten ausgerottet, um neue Kraftwerkskapazitäten zu installieren, die dann keine Verwendung

fanden. Andere Programme wiederum haben echte Fortschritte gebracht. Bei einem Drittel der Stahlproduktion findet die Verhüttung auf der Basis von Holzkohle statt. Plantagen mit schnellwachsendem Eukalyptus liefern dafür das meiste Holz. Durch größere Biomasseerträge und effizientere Holzkohlegewinnungs- und Verhüttungsverfahren wird, verglichen mit den 70er Jahren, nur noch ein Fünftel der Anbaugebiete gebraucht werden, um die Stahlproduktion aufrecht zu erhalten.[70]

»**Insgesamt wurden die Mittel für erneuerbare Energiequellen in allen Mitgliedsländern der Internationalen Energieagentur seit dem Höchstwert im Jahr 1980 um 64 Prozent gekürzt.**«

In Indien wird fast die Hälfte des gesamten Energieangebots durch erneuerbare Energieträger bereitgestellt. Das zuständige indische Ministerium hat einen Plan entwickelt, um den Beitrag der erneuerbaren Energieträger zu vergrößern. Bis zum Jahr 2000 soll eine elektrische Leistung von 15 000 MW aus erneuerbaren Energiequellen gewonnen werden. Windkraftanlagen und Anlagen zur Biomassenutzung sollen dabei den größten Beitrag leisten, gefolgt von Kleinwasserkraftanlagen und thermischen Solarkraftwerken, in noch kleinerem Ausmaß sind Biogas und städtische Müllverwertungsanlagen vorgesehen.[71] Das amtliche Engagement für die Erforschung und Entwicklung erneuerbarer Energiequellen kann auf verschiedene Art und Weise gemessen werden. An den Dollarbeträgen läßt sich ablesen, wieviel für die technische Weiterentwicklung ausgegeben wurde. Die Vereinigten Staaten sind immer noch führend in diesem Bereich. 1980 erreichten die Gelder für die Erforschung und Entwicklung von erneuerbarer Energie die bislang höchste Summe von 900 Mio US-$ (bezogen auf den Dollarkurs 1986). Diese Zuwendungen sind seither um 80 Prozent ge-

3. Erneuerbare Energien

Tab. 3.6: Anteil des gesamten Primärenergiebedarfs, der durch erneuerbare Energiequellen gedeckt wurde, für einige ausgewählte Länder, 1984, 1985 und Prognosen für das Jahr 2000

Land	1984/85	2000
	(Prozent)	
Brasilien[1]	59,0	64,3
Norwegen	61,1	63,0
Japan	5,1	13,5
Australien	9,4	12,6
Israel	2,3	12,0
Dänemark	2,0	10,0
Griechenland	5,9	8,9
USA	7,4	8,7
BR Deutschland	2,5	5,5

1 Werte für 1983 und 1993.

Quelle: Ministry of Mines and Energy, Energy Self-Sufficiency: A Scenario Developed as an Extension of the Brazilian Energy Model. Brasilianische Regierung, Brasilien 1984; Strategies Unlimited, International Energy and Trade Policies of California's Export Commission, Sacramento, Calif., 1987; Scott Sklar, International Trade Policy for the Renewable Energy Industry: An Assessment. *Solar Today*, März/April 1987; IEA, Energy Policies and Programmes of IEA Countries: 1986 Review, Paris: Organisation for Economic Co-operation and Development, 1987.

sunken, und es hat nicht den Anschein, daß sich dieser Trend in absehbarer Zeit ändern könnte.[72]

Insgesamt wurden die Mittel für erneuerbare Energiequellen in allen Mitgliedsländern der Internationalen Energieagentur seit dem Höchstwert im Jahr 1980 um 64 Prozent gekürzt. Griechenland und Portugal sind die einzigen Länder, deren Budget sich vergrößert hat. In Japan, in der Schweiz und in der Türkei betrug die Kürzung annähernd 25 Prozent; in Schweden, in der Bundesrepublik Deutschland und in England nicht ganz die Hälfte.[73]

Die starken Schwankungen bei der Unterstützung der Forschung und Entwicklung von neuen Technolo-

gien behindern allerdings deren Weiterentwicklung.
Ohne zuverlässige finanzielle Unterstützung ist die
Planung der erforderlichen Langzeitprogramme nur
schwer möglich und deren Durchführung äußerst kompliziert. Das soll jedoch nicht heißen, daß Finanzierungsprogramme überhaupt nicht korrigiert werden
dürfen. Der Lernprozeß muß darin bestehen, daß
sich die Forschungs- und Entwicklungsprogramme
neuen Erkenntnissen anpassen. Doch plötzliche Streichungen können laufende Forschungsprojekte und
daran beteiligte Mitarbeiter erheblich belasten.
Der Anteil der gesamten Mittel für Forschung und
Entwicklung im Energiebereich, der den erneuerbaren Energiequellen zukommt, gibt Aufschluß über
die entsprechende politische Unterstützung und vielleicht auch über ihren zukünftigen Beitrag zur Energieversorgung. In Griechenland zum Beispiel haben
erneuerbare Energiequellen einen starken politischen Rückhalt. Dort sind 63 Prozent der Mittel für
Forschung und Entwicklung im Energiebereich für
erneuerbare Energiequellen bestimmt. Ein Atomprogramm existiert nicht. Japan, das ein umfassendes Atomprogramm hat, verwendet nur 4 Prozent
der Mittel zur Forschung und Entwicklung für erneuerbare Energiequellen. Dennoch übersteigt dieser
Betrag das griechische Budget für erneuerbare Energiequellen um das Zehnfache. Japan hat zwölfmal so
viele Einwohner wie Griechenland und ein siebzehnmal größeres Bruttosozialprodukt.[74]
Am besten kann man die jeweilige staatliche Unterstützung für erneuerbare Energiequellen in den
verschiedenen Ländern an den Pro-Kopf-Ausgaben
miteinander vergleichen. Schweden konzentriert
seine Bemühungen auf Biomasse: Holz, Energiepflanzen und Restbiomasse aus der Landwirtschaft.
Aufgrund eines Volksentscheides müssen in Schweden bis zum Jahr 2010 alle Atomkraftwerke abgeschaltet sein.[75]

3. Erneuerbare Energien

Tab. 3.7: Staatliche Gelder für Forschung und Entwicklung (F + E) der erneuerbaren Energien in ausgewählten Ländern, 1986

Land	Ausgaben F + E Erneuerbare Energie	Anteil an den Gesamt- ausgaben F + E Energie	Ausgaben pro Kopf
	(in Mio. Dollar)	(in Prozent)	(in Dollar)
Schweden	17,3	21,8	2,06
Schweiz	10,2	14,7	1,57
Niederlande	17,0	10,6	1,17
BR Deutschland	65,9	11,6	1,09
Griechenland	9,7	63,2	0,97
Japan	99,2	4,3	0,82
USA	177,2	7,8	0,73
Italien	29,5	3,9	0,52
Dänemark	2,6	17,8	0,51
Spanien	19,4	27,6	0,50
England	16,6	4,4	0,29

Quelle: International Energy Agency, Energy Policies and Programmes in IEA Countries, Rückblick 1986 (Paris: Organisation for Economic Cooperation and Development, 1987); Population Reference Bureau, 1986 World Population Data Sheet (Washington, D.C.; 1986).

Nach dem Atomunfall in Tschernobyl nahm die staatliche Unterstützung für die Nutzung erneuerbarer Energiequellen – insbesondere für die Solartechnik – in Italien, Japan, Spanien und der Bundesrepublik Deutschland merklich zu. In Schweden soll das Budget für Solartechnik bis zum Jahr 1990 verdreifacht werden. Dänemark und die Niederlande treiben die Windenergietechnik voran, und Griechenland und Indien starten ein breit angelegtes Programm zur Förderung verschiedener erneuerbarer Energiequellen.[76,77]

Mit weltweit ungefähr 5000 MW installierter Leistung, wovon über die Hälfte nach 1980 installiert wurde, sind die Aussichten für die geothermische Energie günstig. Nahezu die Hälfte der Kapazität ist in den Vereinigten Staaten installiert, gefolgt von den Philippinen, Mexiko, Italien und Japan. In mindestens einem Dutzend weiterer Länder befinden sich ebenfalls solche Anlagen. Mehr als 2000 MW zusätzlicher Leistung sollen bis 1991 zur Verfügung stehen. Einem neueren Bericht des Electric Power Research Institute zufolge könnte bis zum Jahr 2000 die Leistung an geothermischer Energie allein in Nordamerika zwischen 4200 MW und 18 700 MW betragen.[78]

Einige der relativ jungen Technologien zur Nutzung erneuerbarer Energiequellen sind die weiterentwickelten Solarkollektoren, Windkraftanlagen und die Photovoltaik. Solarkollektoren und Windturbinen sind in jüngster Zeit in vielen Anwendungsbereichen wirtschaftlich geworden, aber institutionelle Hemmnisse und Finanzierungsprogramme, die der technischen Weiterentwicklung um einige Jahre hinterherhinken, erschweren ihren Zugang zum Energiemarkt. In den kommenden Jahrzehnten wird die Photovoltaiktechnik wahrscheinlich eine größere Rolle spielen.

»**Wie schnell die Weiterentwicklung vieler Technologien zur Nutzung erneuerbarer Energiequellen vonstatten geht und in welchem Maß Energieeinsparmaßnahmen getroffen werden, wird von der Höhe der staatlichen und privaten Forschungs- und Entwicklungsgelder und von institutionellen Veränderungen im Energiesektor abhängen.**«

Wie schnell die Weiterentwicklung vieler Technologien zur Nutzung erneuerbarer Energiequellen vonstatten geht und in welchem Maß Energieeinsparmaßnahmen getroffen werden, wird von der Höhe der staatlichen und privaten Forschungs- und Entwicklungsgelder und von institutionellen Verände-

3. Erneuerbare Energien

rungen im Energiesektor abhängen. Durch Erhöhung der Energiewirkung können heute größere Mengen an Energie eingespart werden. Einige Technologien zur Nutzung regenerativer Energiequellen, vor allem der Wasserkraft und der Biomasse, sind fast überall auf dem Markt. Windkraftanlagen werden vor der Jahrhundertwende in der ganzen Welt verbreitet sein, gefolgt von der Photovoltaiktechnik.

Anmerkungen zu Kapitel 3

1 Gesamtbeitrag der erneuerbaren Energieträger von: World Commission on Environment and Development. Our Common Future (New York, Oxford University Press, 1987); Graphik über die Biomassenutzung in der 3. Welt von D. O. Hall et al., Biomass for Energy in Developing Countries (Elmsford, N.Y.; Pergamon Press, 1982).
2 Die Zahlen zu den Investitionen stellen eine grobe Schätzung des Worldwatch Institute dar, die Investitionen von 20 Mrd Dollar in Wasserkraft, 6 Mrd Dollar in Biomasse, 25 Mrd Dollar in geothermische Energie, 550 Mio Dollar in Solarkollektoren, 500 Mio in Forschung und Entwicklung, 400 Mio Dollar in Photovoltaiktechnik.
3 Information über den Guri-Damm aus: Price Decline is Harmful For Development of Energy Resources, *OPEC Bulletin,* Mai 1987; Peter T. Kilborn, Brazils Hydro electric Projekt, *New York Times,* 14. November 1983; Catherine Caulfield, The Yangtze Beckons the Yankee Dollar, *New Scientist,* 5. Dezember 1985; Strategies Unlimited, International Market Evaluations: Small-Scale Hydropower Prospekts, California Energy Commission (CEC), Sacramento, 1987.
4 Angaben zur Abhängigkeit der 3. Welt von Ölimporten aus: U.S. Agency for International Development (AID), Decentralized Hydropower in AID's Development Assistance Programm (Washington D.C.; 1986).
5 T. W. Mermel, Major Dams of the World – 1986, *Water Power & Dam Construction,* Juli 1986; Weltenergie-Konferenz, Survey of Energy Resources, 1980 (München, 1980).
6 The World's Hydro Resources, *Water Power & Dam Construction,* Oktober 1986; Gary Aderman, China

Turns to Hydropower, *Journal of Commerce*, 1. Oktober 1987; Ministry of Mines and Energy, Energie Self-Sufficiency: A Scenario Developed as an Extension of the Brazilian Energy Model, Brasilianische Regierung, Brasilien, 1984.

7 Marlise Simons, Dam's Threat to Rain Forest Spurs Quarrels in the Amozon. *New York Times*, 6. September 1987; Philip M. Fearnside, National Institute for Research in the Amozon, Manaus, Brasilien, persönliche Mitteilungen vom 29. Mai 1987; Catherine Caulfield, Dam the Amazon. Full Steam Ahead, *Natural History*, Juli 1983.

8 Kilborn, Brazil's Hydroelectric Project; Weltbank, A Survey of the Future Role of Hydroelectric Power in 100 Developing Countries. (Washington, D.C.: 1984); Don Winston, U.S. Council on Energy Awareness, Washington D.C., persönliche Mitteilungen vom 7. Oktober 1987.

9 Donald Worsler, An End to Ecstasy: What Will the Dam Builders Do Now?, Wilderness, 1987; Philip Shabecoff, U.S. Bureau for Water Projects Shifts Focus to Conservation, *New York Times*, 2. Oktober 1987.

10 Canadian National Energy Bord Rejects H-Q Hydroelectric Sale to New England, *International Solar Energy Intelligence Report*, 23. Juni 1987; Canadians Size Up U.S. Hydro Export Market, *Alternative Sources of Energy*, Juli/August 1987; Bill Rankin, Manitoba Hydro Plans large Exports of Electricity to the U.S., *Energy Daily*, 8. Januar 1986.

11 Catherine Caulfied, Environmentalists Warn of Damage from Planned Dam in China, *Christian Science Monitor*, 9. Dezember 1985; Claude Alvares und Ramesh Billorey, Damming the Narmada: The Politics Behind the Destruction, *The Ecologist*, Mai/Juni 1987. Für nähere Informationen siehe: Bruce Rich, Environmental Defense Fund, Testimony in Hearings on Environmental Performance of the Multilateral Development Banks. Subcommittee on International Development Institutions and Finance. U.S. House of Representatives, 8. April 1987.

12 Edward Goldsmith und Nicholas Hilvard, The Social and Environmental Effects of Large Dams (San Francisco, Calif.: Sierra Club Books, 1987); Philip B. Williams, Damming the World, *Not Man Apart*, Oktober 1983; Caulfield, Environmentalists Warn of Dammage; Robert Goodland, Environmental Assessment of the Tucurni Hydroproject (Brasilien, Electronorte, 1978).

13 International Task Force, Tropical Forests: A Call for Action, Part I: The Plan (Washington D.C.: World Resources Institute, 1985).

3. Erneuerbare Energien

14 Frost & Sullivan, zitiert nach Don Best, Remote Power Market is Predicted to Swell, *Renewables Energy News*, Juli, 1985.
15 Welt Bank, Survey of Hydroelectric Power, Strategies Unlimited, Small-Scode Hydropower Prospects; Larry N. Stoiaken, The Chinese Hydro Imports: Testing the North American Marketplace, *Alternative Sources of Energy*, Juli/August 1983.
16 Edison Electric Institute, 1985 Capacity & Generation. Non-Utility Sources of Energy, Washington, D.C., April 1987; Dougts Cogan und Susan Williams, *Generating Energy Alternatives*, Ausgabe von 1987, Washington D.C.: Investor Responsibility Research Center, 1987; Donald Marier und Larry N. Stoiaken, An Industry in Transition: The Hydropower Industry Looks Ahead, *Alternative Sources of Energy*, Juli/August 1987: Poland Restarts Small Hydro Plants, *European Energy Report*, 24. Juli 1987; Jan Lewis, Small Hydro Playing Key Role in Ontario's Economy, *Alternative Sources of Energy*, Oktober 1986.
17 AID, Decentralized Hydropower, Strategies Unlimited, Small-Scale Hydropower Prospects; Maria Elena Hurtado, Hydro Power: China's Marriage of Convenience, *South*, Januar 1983.
18 Worster, An End to Ecstasy.
19 International Energy Agency (IEA), Renewable Sources of Energy (Paris: Organisation for Economic Co-operation and Development (OECD), 1987); World Commission on Environment and Development. Our Common Future.
20 Gordon T. Goodman, Biomasse Energy in Developing Countries: Problems and Challenges, *Ambio*, Band 16, Nr. 2–3, 1987; United Nations, 1985 Energy Statistics Yearbook (New York, 1987).
21 IEA, Renewable Sources.
22 Goodmann, Biomass Energy; U.N. Food and Agriculture Organization, Fuelwood Supplies in the Developing Countries, Forestry Paper 42 (Rom, 1983).
23 National Wood Energy Association, Wood Energy-America's Renewable Source, Informationspapier, Washington, D.C., September 1987; American Paper Institute, U.S. Pulp. Paper and Paperboard Industry Estimated Fuel & Energy use. Full Year 1986, 1985 and 1984, New York, April 1987; Robert P. Kennel, Biomasse for Cogeneration (A Better Option Than You Expected), vorgestellt anläßlich der Co-energy 86, Boston, Mass., 3.–4. September 1986; Solar Energy Industries Association, Energy Innova-

tion: Development and Status of the Renewable Energy Industries, Band 2 (Washington, D.C., 1985).
24 Meridian Coporation, Electric Power From Biofuels: Planned and Existing Projects in the United States (Washington, D.C.: U.S. Department of Energy (DOE) 1985); Everett Jordan, Eugene Water & Electric, Eugene, Ore., persönliche Mitteilungen vom 3. September 1987; Thomas Carr, Burlington Electric Department, Burlington, Vt., persönliche Mitteilungen vom 12. August 1987; Gerry Anderson, Northern States Power Company, Minneapolis Minn., persönliche Mitteilungen vom 2. September 1987: George Parks, Washington Water & Power, Kettle Falls, Wash., persönliche Mitteilungen vom September 1987; CEC, Relative Cost of Electricity Production, Sacramento, California, April 1987; Robert P. Kennel, Comments of the National Wood Energy Association on Cogeneration and Small Power Production, vorgetragen vor der U.S. Federal Energy Regulatory Commission, am 30. April 1987.
25 Dean Mahin, Wood-Fuel Users Report Cost Savings in Virginia, *Renewable Energy News*, Oktober 1985.
26 Frank H. Denton, Wood for Energy and Rural Development: The Philippines Experience (Manila: Frank H. Denton, 1983); Christopher Flavin, Bio-Energy in the Philippines, Worldwatch Institute, unveröffentlichte Aufzeichnungen, Dezember 1985.
27 IEA, Renewable Sources.
28 Al Binger, Präsident des Biomass Users Network, Washington, D.C., persönliche Mitteilungen vom 1. Oktober 1987; Bill Belleville, Renewable Energy Promises Much As Caribbeans Look to the Future, *Renewable Energy News*, Oktober 1985; Eric Larson, Center for Energy and Environmental Studies, Princeton University, Princeton, N. J., persönliche Mitteilungen vom 12. November 1987; RONCO Consulting Corp., The Sugar Industry in the Philippines, Arlington, Va., Dezember 1986.
29 Informationen über Hawaii von Charles Kinoshita, Hawaiian Sugar Planters Association, Honolulu, Hawaii, persönliche Mitteilungen vom 24. November 1987, und RONCO, Sugar Industry in the Philippines: Information über die Kapazität auf dem Festland von Michael D. Devine et al., Cogeneration and Decentralized Electricity Production (Boulder, Colo; Westview Press, 1987).
30 Eric D. Larson et al., Steam-Injected Gas-Turbine Cogeneration for the Cane Sugar Industry; Optimization Through Improvements in Sugar-Processing Efficiencies, Center for

3. Erneuerbare Energien

Energy and Environmental Studies, Princeton University, Princeton N. J., September 1987.
31 AID, Power From Rice Husks, *Bioenergy Systems Report*, April 1986.
32 Ibid: Bob Schwieger, Rice-hull-fired Powerplant Burns a Nuisance Waste, Sells Electricity, Ash, *Power*, Juli 1985.
33 AID, Power From Rice Husks.
34 Per Johan Svenningsson, Cotton Stalks as an Energy Source for Nicaragua, *Ambio*, Band 14, Nr. 4–5, 1985; Amory B. Lovins et al., Energy and Agriculture, in: Wes Jackson et al. (Hrsg.), Meeting the Expectations of the Land (San Francisco, Calif.; North Point Press, 1984).
35 IEA, Renewable Sources.
36 Dr. Marcos M. Soares, Technical Assistant, National Executive Commission of Alcohol, Government of Brazil, Brasilien, persönliche Mitteilungen vom 25. Juni 1987; Fuel Consumption High Despite Price Hike, *Gazeta Mercantil*, 26. Januar 1987; National Executive Commission of Alcohol, The National Alcohol Program, Ministerium für Industrie und Handel, Brasilien 1984.
37 Robert H. Williams, Potential Roles for Bioenergy in an Energy-Efficient World, *Ambio*, Band 14, Nr. 4–5, 1985; Howard S. Geller, Ethanol Fuel From Sugar Cane in Brazil, in: *Annual Review of Energy*, Band 10 (Palo Alto, Calif.; 1985).
38 Information Resources, Inc., information packet, Washington D.C., 1987; A. Barry Carr, Congressional Research Service. Aufzeichnungen eines Hearings über die möglichen Auswirkungen einer Gesetzgebung, die die Beimischung von Äthanol in Benzin vorschreibt. Subcommittee on Energy and Power, U.S. House of Representatives, 24. Juni 1987; Richard B. Schmitt, Gasohol Backers See Ban on Lead Boosting Sales, *Wall Street Journal*, 26. September 1987; Sarah McKinley, Ethanol Enjoys Good Times, But Is There A Hangover Ahead?, *Energy Daily*, 21. August 1985.
39 Städte, die die U.S.-amerikanischen Emissions-Richtlinien nicht einhalten, von Brock Nicholson, U.S. Environmental Protection Agency, Research Traingle Park, N.C., persönliche Mitteilungen vom 9. November 1987; Mark Ivey und Ronald Grover, Alcohol Fuels Move Off the Back Burner, *Business Week*, 29. Juli 1987.
40 Meridian Corporation, Worldwide Review of Biomass Based Ethanol Activities, Falls Church, Va., 1985; Information Resources Inc., *Alcohol Outlook,* verschiedene Ausgaben; Alan Friedman und George Graham, Ferruzzi

Plans to Produce Ethanol at Plant in Northern France, *Financial Times*, 10. Juli 1987; David Lindahl, U.S. Department of Energy, Washington, D.C., persönliche Mitteilungen vom 27. August 1987; Alcoholic Problems in Italy, *European Energy Report*, 21. August 1987.

41 IEA, Renewable Sources, Ross Pumfrey und Thomas Hoffmann, Incentives for the Use of Renewable Energy; The Experience in Brazil, Cyprus, India, the Philippines, and California, International Institute for Environment and Development, Washington, D.C., 1985; D. Groues und I. Segal, Solar Energy in Israel (Jerusalem: Ministry of Energy & Infrastructure, 1984).

42 IEA, Renewable Sources, Strategies Unlimited, International Market Evaluations; Solar Thermal Energy Prospects, CEC, Sacramento, Calif., 1987.

43 U.S. Department of Energy, Solar Colector Manufacturing Activity 1986 (Washington, D.C.; 1987); U.S. Department of Energy, Solar Collector Manufacturing Activity 1984 (Washington, D.C., 1985); Scott Sklar, Solar Energy Industries Association, Aufzeichnungen eines Hearings, Subcommittee on Energy Research and Development, Committee on Science, Space and Technology, U.S. House of Representatives, 11. März 1987.

44 IEA, Renewable Sources.

45 Michael Edesedd, On Solar Ponds, Salty Fare for the World's Energy Appetite, *Technology Review*, Dezember 1982; Bet Ha'Arava Solar Pond Power Plant Inaugurated, *Sun World*, Band 8, Nr. 1, 1985; Solar Ponds Performing Well, Several Countries Advance Plans, *Solar Energy Intelligence Report*, 28. April 1987; Robert L. Reid und Andrew H. P. Swift, El Paso Solar Pond First in U.S. to Generate Electricity, *Solar Today*, Januar/Februar 1987; California Looks to Salt Water and the Sun, *New Scientist*, 3. Juli 1986.

46 Luz International Limited, Information packet, Los Angeles, Calif.; Trudy Self, Luz International Limited, persönliche Mitteilungen vom 23. Juli 1987; Solar Energy Strikes Gold in California, *International Power Generation*, Dezember 1986/Januar 1987; David W. Kearney und Henry W. Price, Overview of the SEGS Plants, Vortrag anläßlich der Solar 87 Conference, Portland, Ore., Juli 1987.

47 Christopher Flavin, Electricity from Sunlight; The Emergence of Photovoltaics, U.S. Department of Energy, Washington, D.C., Dezember 1984; R. I. Watts und S. A. Smith, Photovoltaic Industry Progress from 1980 through 1986, Pacific Northwest Laboratory, Battelle Memorial

3. Erneuerbare Energien 125

Institute, Richland, Wash., Juni 1987; IEA Renewable Sources.
48 Vertriebs- und Preisangaben von vor 1981 von Strategies Unlimited. 1980–81 *Market Review* (Mountain View, Calif., 1981); Versandzahlen nach 1980 von Watts und Smith, Photovoltaic Industry Progress; Preisangaben für die Zeit nach 1980 von Paul Maycock, PV Technology, Performance, Cost, and Market Forecast to 1995, PV Energy Systems, Casanova, Va., November 1986.
49 Watts und Smith, Photovoltaic Industry Progress; Communication Systems: Photovoltaics is Preferred Power Source, *ARCO News*, Sommer 1986.
50 Herbert Wade, U.N. Pacific Energy Development Programme, Fiji, The Socio-Economic Benefits of PV Applications in the Pacific, Photovoltaics: Investing in Development Conference, des U.S. Department of Energy, New Orleans, La., 4.–6. Mai 1987; French Polynesia-World's Largest market for Small PV Systems?, *PV News*, Mai 1987; William Meade, Caribbean Project Opportunities, Renewable Energy Institute, Washington, D.C., Mai 1987; Richard Hansen, Enersol Associates, Sommerville, Mass., persönliche Mitteilung vom 23. September 1987; IEA, Renewable Sources.
51 Solarex Wins U.S. Coast Guard Contract, *Photovoltaic Insider's Report*, Juli 1987; Paul Maycock, presentation to Society for International Development Energy Luncheon, Washington, D.C., 2. Juli 1987.
52 Paul Maycock, Consumer products – PV's Fastest Growing Segment, *PV International*, November 1987; Watts und Smith, Photovoltaic Industry Progress.
53 Watts und Smith, Photovoltaic Industry Progress.
54 The Bad News and Good News for Photovoltaics, *Solar Today*, Mai/Juni 1987.
55 Solarex, ARCO Solar Sue Each Other, Charging Thin Film Technology Patent Intringement, *Photovoltaic Insider's Report*, Juni 1987; Chronar, pension Fund Sign Letter of Intent on 10-MWp a-Si PV Plant, *International Solar Energy Intelligence Report*, 20. Oktober 1987.
56 IEA, Renewable Sources; Thomas Jaras, Wind Energy 1987. Wind Turbine Shipments and Applications (Great Falls, Va.; Stadia. Inc., 1987).
57 Jaras, Wind Energy 1987.
58 Ibid.: IEA, Renewable Sources; R. Lynette & Assoc., Inc., The Lessons of the California Wind Farms: How Developing Countries Can Learn From the American Experience, Redmond, Wash., 1987.

59 IEA, Renewable Sources.
60 Strategies Unlimitied, International Market Evaluations: Wind Energy Prospects, CEC. Sacramento, Calif., 1987; IEA, Renewable Sources.
61 Lynette & Assoc., Lessons of California; Tom Gray, American Wind Energy Association, Aufzeichnungen aus Hearings, Subcommittee on Energy Research and Development, Committee on Science, Space and Technology, U.S. House of Representatives, 11. 3. 1987; Renewable Sources.
62 Die durchschnittliche Größe von Windkraftanlagen wurde ermittelt anhand von Informationen von Sam Rashkin, CEC, Sacramento, Calif., persönliche Mitteilungen vom 6. Oktober 1987, und aus: Paul Gipe, An Overview of the U.S. Wind Industry, *Alternative Sources of Energy*, September/Oktober 1985; Lynette & Assoc., Lessons of California; IEA, Renewable Sources; Strategies Unlimited, Wind Energy Prospects; Kevin Porter, Renewable Energy Institute, Washington, D.C., persönliche Mitteilungen vom 22. Oktober 1987.
63 Strategies Unlimited, Wind Energy Prospects, Strategies Unlimited, International Energy and Trade Policies of California's Export Competitors, CEC, Sacramento, Calif., 1987.
64 Jaras, Wind Energy 1987.
65 Informationen über dänische Hersteller von Thomas Jaras, aufgelistet in: Top Ten Listings prove Third World Growth, *Windpower Monthly*, September 1987; Torgny Møller (Herausgeber *Windpower Monthly*); Knebel, Dänemark, persönliche Mitteilung vom 9. September 1987; Cathy Kramer, The Ebeltoft Sea-Based Wind Project. Alternative Sources of Energy, Dezember 1985; Strategies Unlimited, International Energy and Trade Policies.
66 Strategies Unlimited, Wind Energy Prospects; IEA, Renewable Sources; Jaras, *Wind Energy 1987;* Costis Sta molis, Danwin Snares Large Export Contract to Supply Windmills to Soviet Union. *International Solar Energy Intelligence Report*, 22. September 1987; International Roundup, *International Solar Energy Intelligence Report*, 22. September 1987.
67 Strategies Unlimited, Wind Energy Prospects, Jaras, *Wind Energy 1987;* Gipe, Overview of U.S. Wind Industry; World List for Nuclear Power Plants, *Nuclear News*, Februar 1986.
68 Gipe, Overview of U.S. Industry; Lynette & Assoc., Lessons of California; Philip C. Cruver, Windpower: Electrical Power Source for the Future, *Sun World*, Band 11, Nr. 3 1987.

3. Erneuerbare Energien

69 Ministry of Mines and Energy, Energy Self-Sufficiency: Ein am brasilianischen Energiemodell entwickeltes Szenario; United Nations, 1985 Energy Statistics; DOE Energy Information Administration, Internationales Energie-Jahrbuch 1986 (Washington, D.C.; 1987); José Goldemberg et al., Energy for Development (Washington, D.C.; World Resources Institute, 1987).

70 Goldemberg et al., Energy for Development.

71 Ross Pumfrey et al., India Trade and Investment Laws Relating to Renewable Energy, Renewable Energy Institute, Washington, D.C., März 1987; Judith Perera, Indian Government Draws Up Plants to Exploit Renewable Energy, *Solar Energy Intelligence Report*, 11. August 1987.

72 IEA, Energy Policies and Programmes of IEA Countries, 1986 Review (Paris: OECD, 1987).

73 Ibid.

74 Population Reference Bureau, 1986 World population Data Sheet (Washington, D.C.; 1986); Welt Bank, World Development Report 1987 (New York: Oxford University Press, 1987).

75 Zahlen über Schwedens F + E pro-Kopf-Ausgaben aus: IEA, Policies and Programmes, und vom Population Reference Bureau, 1986 World Population Data Sheet; Informationen über das Schwedische Biomasseprogramm aus: IEA, Policies and Programmes, from Green Power: Biofuels are a Growing Concern. *Scientific American*, August 1984, und von Allerd Stikker, Präsident der Transform Foundation, London, persönliche Mitteilungen vom 28. September 1987; Informationen über Schwedens Nuklearpolitik aus: Swedish Plan for Nuclear Phase-out, *European Energy Report*, 29. Mai 1987.

76 Strategies Unlimited, International Energy and Trade Policies: Swiss Program Reflects Interest in Indigenous. Non-Pollutin Energy, *Solar Update*, Mai 1987; Strategies Unlimited, Wind Energy Prospects; IEA, Policies and Programmes; Perera, Indian Government Draws Up Plans.

77 Strategies Unlimited, International Energy and Trade Policies.

78 IEA Renewable Sources; Ronald DiPippo, Southeastern Massachusetts University, persönliche Mitteilung vom 29. Juni 1987; Ronald DiPippo, Geothermal Power Plants, Worldwide Status 1986, *Geothermal Resources Council Bulletin*, Dezember 1986.

Sandra Postel/Lori Heise
4. Wiederaufforstung: Die Welt braucht Wälder

Vor den ersten Anfängen der Landwirtschaft, vor ungefähr 10 000 Jahren also, war die Erde üppig bewaldet – Wälder und andere baumbestandene Flächen bedeckten etwa 6,2 Milliarden Hektar. Im Laufe der Jahrhunderte haben landwirtschaftliche Rodungen, kommerzieller Holzeinschlag und die Nutzung der Wälder als Brennholzquelle die Waldfläche der Erde auf ca. 4,2 Milliarden Hektar schrumpfen lassen – um ein Drittel, verglichen mit der voragrarischen Zeit.[1] Die Ausweitung der Nahrungsmittelproduktion, die durch diese Rodungen möglich wurde, und die Nutzung der Produkte des Waldes waren notwendige Voraussetzungen für die wirtschaftliche und gesellschaftliche Entwicklung. In jüngster Zeit aber beginnt sich der andauernde Verlust von Waldflächen verhängnisvoll auf das wirtschaftliche und ökologische Wohl vieler Nationen auszuwirken – besonders in der Dritten Welt. Groß angelegte Wiederaufforstungen und intensive Bemühungen, die verbliebenen Wälder zu erhalten, werden heute als Voraussetzungen für eine gesichertere Zukunft der Menschheit erkannt. Dies scheint auf einem Planeten, der immer noch zu 40 Prozent bewaldet ist, eine Ungereimtheit zu sein.

In den letzten Jahrzehnten waren die meisten Neuanpflanzungen vorwiegend auf ökonomischen Nutzen ausgerichtet: die Gewinnung von Nutzhölzern,

von Holz als Rohstoff für die Papierherstellung und
von Brennholz vor allem für die großen Städte. Im
Gegensatz dazu sind Wiederaufforstungen aus anderen als (geld-)wirtschaftlichen Gründen weitgehend
unterblieben. Mit der unerbittlichen Ausbreitung
der Entwaldung geht in vielen Gebieten der Zerfall
der Ökosysteme einher: Sie verursacht Bodenverlust
und Störungen im Wasserhaushalt, verschlimmert
Trockenheiten und Überschwemmungen und vermindert die Produktivität der Böden.
Bäume bilden aber auch eine wichtige Überlebenshilfe für die arme Landbevölkerung. Hunderte Millionen Menschen müssen Holz sammeln, um ihr
Essen kochen und ihre Wohnungen heizen zu können. Holzmangel bedeutet für sie einen schlechteren
Lebensstandard und, im schlimmsten Fall, Unterernährung. Dazu kommt, daß Bäume und Böden im
globalen Kohlenstoffkreislauf eine entscheidende
Rolle spielen, deren Bedeutung durch die kohlendioxidbedingten Klimaveränderungen noch gesteigert wird. Sie stellen das wohl bedrohlichste Umweltproblem der Gegenwart dar.

»Selbst wenn alle Rodungen heute eingestellt würden, müßten immer noch Millionen Hektar neu bepflanzt werden, um den zukünftigen Bedarf an Brennholz zu decken und die Böden und Wasservorräte zu stabilisieren.«

Es steht außer Frage, daß man sich verstärkt darum
bemühen muß, die Entwaldung zu bremsen. Selbst
wenn alle Rodungen heute eingestellt würden, müßten immer noch Millionen Hektar neu bepflanzt werden, um den zukünftigen Bedarf an Brennholz zu
decken und die Böden und Wasservorräte zu stabilisieren. Auch die steigende Nachfrage nach Papier,
Bauholz und anderen Holzprodukten – ein Problem,
das im Rahmen dieses Kapitels nicht behandelt werden kann – erfordert vermehrte Neuanpflanzungen.

4. Wiederaufforstung

Wenn die Waldfläche für diese Nutzungsarten vergrößert wird, nimmt der Druck auf die bestehenden unberührten Wälder ab, was wiederum dazu beiträgt, Lebensräume zu erhalten und die biologische Vielfalt der Erde zu sichern *(Kapitel 5)*. Gleichzeitig mildert sich dadurch die Ansammlung von Kohlendioxid in der Atmosphäre – ein guter Grund für die Industrieländer, die Wiederaufforstung in der Dritten Welt zu fördern.

Die erfolgreiche Wiederaufforstung großer verödeter Gebiete verlangt allerdings mehr als den nur finanziellen Einsatz von Regierungen oder internationalen Kreditorganisationen; sie verlangt eine neue Gewichtung in der Politik der Regierungen.

Die Entwicklung des Waldbestandes

An dramatischen Veränderungen im Waldbestand einer Region lassen sich bedeutsame gesellschaftliche Verschiebungen erkennen: Der wachsende landwirtschaftliche und industrielle Bedarf hat seit dem sechzehnten Jahrhundert die Rodung großer Waldgebiete in Westeuropa beschleunigt. In Frankreich, einst zu 80 Prozent mit Wald bedeckt, ging der Bestand bis 1789 auf 14 Prozent zurück. Sowohl Frankreich als auch England hatten ihre heimischen Waldreserven soweit aufgebraucht, daß sie von der Mitte des siebzehnten Jahrhunderts an gezwungen waren, weltweit nach Bauholz für ihre Flotten zu suchen. In dem Gebiet, das heute die Vereinigten Staaten (ohne Alaska und Hawaii) umfaßt, war es ähnlich. 1630 waren 385 Millionen Hektar bewaldet. Als sich dann die Kolonisierung über die Ostküste und später nach Westen ausbreitete, nahm der Waldbestand ab. 1920 standen Bäume nur noch auf 249

Millionen Hektar – über ein Drittel weniger als zum Beginn der Besiedelung durch die Europäer.[2] Über die Bedeutung der Wälder für das wirtschaftliche und ökologische Wohlergehen weiß man viel, über ihren aktuellen Zustand dagegen kaum etwas. In vielen Ländern gibt es keine umfassende Waldbestandsaufnahme, und die Daten, die wir haben, sind in ihrer Qualität sehr unterschiedlich. Die beste Information über die tropischen Wälder bietet immer noch eine Untersuchung der Welternährungsorganisation (FAO) aus dem Jahr 1982 – auch wenn die dafür verwendeten Daten älter als ein Jahrzehnt sind. Wenn man die Schätzungen der FAO mit den Bewertungen der UN-Wirtschaftskommission für Europa aus dem Jahr 1985 und den Berichten aus einzelnen Ländern zusammennimmt, ergibt sich ein grobes Bild von der Lage der Ressource Wald. *(Tab. 4.1)*

Dichte Wälder bedecken weltweit eine Fläche von etwa 3 Milliarden Hektar. Weitere 1,3 Milliarden

Tab. 4.1: Bewaldete Flächen um 1980

Region	Dichter Wald	Offener Wald	Wald insgesamt	Brachwald und Buschwerk	Gesamt
Asien (außer China)	237	61	298	62	360
Afrika	236	508	744	608	1352
Lateinamerika	739	248	987	313	1300
Nordamerika	459	275	734	–	734
Europa	137	22	159	–	159
UdSSR	792	137	929	–	929
China	122	15	137	–	137
Ozeanien	223	76	299	47	346
Weltweit	2945	1342	4287	1030	5317

Quellen: U.N. Food and Agriculture Organization/Economic Commission: World Forest Resources 1980. Rom 1985. Die Daten für China aus: China Scientific and Technological Research Institute: China in the year 2000. Beijing. Science and Technology Documents Publishers 1984.

4. Wiederaufforstung

Hektar nimmt offenes Waldland ein, wie zum Beispiel in der afrikanischen Savanne. Insgesamt ist die bewaldete Fläche mit 4,3 Milliarden Hektar fast dreimal so groß wie die landwirtschaftlich genutzte. Buschwerk und Wälder, die auf vorübergehend brachliegenden Feldern nachwachsen, erhöhen den Anteil des Holzbestandes weltweit auf 40 Prozent der Fläche.[3]

»Die beunruhigendste Feststellung der FAO war, daß in den tropischen Gebieten die Wälder wesentlich schneller gerodet werden, als Wiederaufforstung oder die Natur es wettmachen können.«

Die beunruhigendste Feststellung der FAO war, daß in den tropischen Gebieten die Wälder wesentlich schneller gerodet werden, als Wiederaufforstung oder die Natur es wettmachen können. So gingen dort am Anfang der achtziger Jahre jedes Jahr 11,3 Millionen Hektar Wald verloren, während nur 1,1 Millionen Hektar neu angelegt wurden; ein Verhältnis von 10:1 zugunsten der Rodungen – in Afrika betrug es sogar 29:1 und in Asien 5:1. Selbst diese alarmierenden Zahlen verniedlichen wahrscheinlich noch das Ausmaß der Waldverluste in bestimmten Regionen, da Neuanpflanzungen häufig sehr konzentriert vorgenommen werden, der Einschlag dagegen große Flächen erfaßt.[4]
Jüngere Daten aus einzelnen Ländern deuten an, daß die Aussichten für den Waldbestand in einigen Regionen noch trüber sind, als aus den an sich schon ernüchternden Feststellungen der FAO hervorgeht. Satellitenbilder von fünf Bundesstaaten Brasiliens zeigen zum Beispiel, daß die Entwaldung in einigen Gebieten am Amazonas wesentlich schneller vorangeschritten ist, als die Schätzungen für die gesamte Region es erwarten ließen. Ebenso stellte sich heraus, daß der Waldbestand in Indien von den frühen siebziger bis zu den frühen achtziger Jahren von 16,9

Prozent auf 14,1 Prozent zurückgegangen ist – ein durchschnittlicher Verlust von 1,3 Millionen Hektar im Jahr. Die FAO dagegen hatte für 1980 einen Bestand von 17,4 Prozent angenommen, dabei um ungefähr 11 Millionen Hektar zu hoch gegriffen und das Tempo der Entwaldung fast um das Neunfache unterschätzt.[5] Glücklicherweise eilt aber auch die Aufforstung den offiziellen Schätzungen etwas voraus. Oft werden nämlich spontane Pflanzungen, als Windschutz um Felder herum angelegt oder am Straßenrand, gar nicht erfaßt. Tatsächlich nimmt die offizielle Statistik normalerweise die »Bäume außerhalb von Wäldern« gar nicht zur Kenntnis, obwohl gerade diese vielfach die Hauptquelle für Brennholz, Futter und Baumaterial sind. In Kenia zum Beispiel übertrifft die Zahl der Bäume, die von Dorfbewohnern gepflanzt worden sind, die Anzahl derer, die in von der Regierung angelegten Anpflanzungen stehen; und in Ruanda nehmen die Bäume, die verstreut von der Landbevölkerung gepflanzt worden sind, ca. 200 000 Hektar ein – mehr als die übrige Fläche des Waldes und aller staatlichen sowie kommunalen Aufforstungen.[6]

»Nichtsdestoweniger geht der Waldverlust in den tropischen Ländern ungebremst weiter, und die Umwandlung von Wald in Ackerland ist dafür mit Abstand die Hauptursache.«

Nichtsdestoweniger geht der Waldverlust in den tropischen Ländern ungebremst weiter, und die Umwandlung von Wald in Ackerland ist dafür mit Abstand die Hauptursache. Bevölkerungswachstum, ungerechte Landverteilung und die Ausweitung der Agrarexporte haben dazu geführt, daß die Fläche, die für die direkte Versorgung der Bevölkerung zur Verfügung steht, immer kleiner wurde und daß viele Bauern Wälder roden mußten, um Nahrungsmittel produzieren zu können. Die so vertriebenen Land-

4. Wiederaufforstung

wirte halten sich oft an traditionelle Fruchtfolgen, die an die empfindlichen Waldböden nicht angepaßt sind und sie so auslaugen, daß die Bauern noch mehr Wald roden müssen, um überhaupt zu überleben.

>»Die FAO schätzt, daß der Zusammenbruch der traditionellen Wanderlandwirtschaft die Ursache für 70 Prozent der Rodungen geschlossener Wälder in den tropischen Gebieten Afrikas ist, für 50 Prozent in denen Asiens und für 35 Prozent in den entsprechenden amerikanischen Regionen.«

Eigentlich gehört es zur Wirtschaftsweise der »Wanderbauern«, daß sie neu angelegte Felder nach einigen Jahren wieder verlassen, um so – durch neuen Waldbewuchs – die Bodenfruchtbarkeit wiederherzustellen, bevor sie sie dann einige Jahre später wieder roden und bearbeiten. Aber diese umweltverträgliche und früher den Lebensunterhalt sichernde Methode wird jetzt außer Kraft gesetzt, da der Bevölkerungsdruck die Bauern zwingt, das Land wieder zu bewirtschaften, bevor es sich erholt hat. Die FAO schätzt, daß der Zusammenbruch der traditionellen Wanderlandwirtschaft die Ursache für 70 Prozent der Rodungen geschlossener Wälder in den tropischen Gebieten Afrikas ist, für 50 Prozent in denen Asiens und für 35 Prozent in den entsprechenden amerikanischen Regionen.[7]

Der Bevölkerungsdruck hat auch dazu geführt, daß die Brennholzgewinnung kontraproduktiv geworden ist. Wenn die Dorfbewohner die Wahl haben, benutzen sie totes Holz als Brennstoff; lebendes Holz schneiden sie nur, wenn nichts anderes zu haben ist oder wenn sie Holzkohle für den städtischen Markt herstellen. Die Brennholzgewinnung trägt so hauptsächlich in den trockenen Gebieten Afrikas zur Waldzerstörung bei, wo die Bevölkerungsdichte hoch und das natürliche Wachstum der Vegetation gering ist; und in der Umgebung großer Städte in

Afrika und Asien, wo die geballte Nachfrage die vorhandenen Holzvorräte bei weitem übersteigt: Die Waldfläche im Umkreis von 100 Kilometern um die größten Städte Indiens ist in weniger als einem Jahrzehnt um 15 Prozent oder mehr zurückgegangen; Delhi verzeichnet einen erschreckenden Verlust von 60 Prozent.[8]
Ebenso wird die Zerstörung der tropischen Wälder aber auch durch die Nachfrage in den Industrieländern gefördert. So hat der Hunger der Industrieländer nach tropischen Harthölzern viele Länder der Dritten Welt dazu veranlaßt, ihre Wälder wie Minen auszubeuten, um die lebensnotwendigen Devisen zu verdienen. Dabei werden nur die kommerziell wertvollen Baumarten gefällt, die oft weniger als 5 Prozent der Fläche bedecken; tatsächlich aber werden auch 30 bis 50 Prozent der dafür nicht vorgesehenen Bäume mit zerstört. Nach groben Schätzungen entfallen zwei Drittel des Holzeinschlages auf Südostasien; es muß allerdings damit gerechnet werden, daß er auch in Lateinamerika zunimmt, wenn erst einmal die Wälder in Asien leergeräumt sind.[9]
In Lateinamerika gibt es ein weiteres Motiv für die Zerstörung der Wälder: die Rinderhaltung. Zwischen 1961 und 1978 wurden die Weideflächen in Mittelamerika um 53 Prozent ausgedehnt, während die mit Bäumen oder Sträuchern bestandene Fläche um 39 Prozent zurückging. Diese Umwandlung geht im wesentlichen auf die große Nachfrage aus den USA nach billigem Rindfleisch zurück. Inzwischen sind allerdings die Rindfleischexporte aus Mittelamerika wegen der nachlassenden Nachfrage in den USA (was zur Verschärfung der Spannungen in El Salvador geführt hat) und wegen des US-Handelsembargos gegen Nicaragua zurückgegangen. Ähnlich ist es in Brasilien, wo bis zum Ende der siebziger Jahre etwa 1,5 Millionen Hektar Land im Amazonasgebiet in Weideland umgewandelt wurden.

4. Wiederaufforstung

Einige der Anreize, die diese Entwicklung begünstigt hatten, wurden zwar 1979 abgeschafft; trotzdem wird aber auf dem hochspekulativen Bodenmarkt Brasiliens weiterhin gerodet.[10] Der Druck auf die Wälder in den gemäßigten Zonen hat dagegen nach mehreren Jahrhunderten landwirtschaftlich bedingter Rodungen erheblich abgenommen. In den meisten europäischen Ländern ist der Waldanteil einigermaßen stabil – in einigen Ländern ist er sogar gestiegen, indem einerseits unwirtschaftlich gewordenes Land wieder aufgeforstet wurde, und andererseits dadurch, daß man bewußt dazu übergeht, neue Bäume zu pflanzen. In Großbritannien wächst die bewaldete Fläche durch staatliche und private Anpflanzungen seit dem Beginn der sechziger Jahre um 30 000 bis 40 000 Hektar im Jahr; auch in Frankreich ist die Waldfläche seit dem historischen Tiefstand von 14 Prozent (1789) wesentlich größer geworden: heute ist etwa ein Viertel des Landes mit Wald bedeckt.[11]

»**Die Bäume auf einer Fläche von 31 Millionen Hektar in Mittel- und Nordeuropa zeigen Schäden, die auf belastende Stoffe zurückzuführen sind.**«

Inzwischen gefährden die chemischen Belastungen der Luftverschmutzung und des sauren Regens einen nennenswerten Teil der europäischen Wälder. Die Bäume auf einer Fläche von 31 Millionen Hektar in Mittel- und Nordeuropa zeigen Schäden, die auf belastende Stoffe zurückzuführen sind. Noch ist nicht geklärt, wie weit diese Schäden sich auswirken werden, aber sie können einen erheblichen Rückschlag für alle Versuche bedeuten, die Waldfläche dieses Kontinents zu vergrößern.[12]
Nach dem Verlust von 136 Millionen Hektar zwischen 1630 und 1920 war, wie in Europa, auch auf dem Gebiet der Vereinigten Staaten zwischen Ka-

nada und Mexiko die bewaldete Fläche in diesem Jahrhundert die meiste Zeit verhältnismäßig stabil. In den letzten zwanzig Jahren ist sie allerdings noch einmal zurückgegangen – auf 233 Millionen Hektar. Das ist weniger als 1920, zum Zeitpunkt des vorherigen Tiefstandes.[13]

Wie läßt sich der Brennholzbedarf decken?

Die Herausforderungen, mit denen es Energieplaner in den Entwicklungsländern über die nächsten Jahrzehnte hin zu tun haben werden, unterscheiden sich deutlich von denen in den industrialisierten Ländern. Große Teile der Dritten Welt werden auf Holz als primäre Energiequelle angewiesen bleiben, sei es im Rohzustand oder als Holzkohle. Da die Vorräte auf dem Land und in der Umgebung der Großstädte schwinden, werden immer mehr Menschen mit einer immer schärferen Energiekrise konfrontiert. Obwohl man das Problem seit mehr als einem Jahrzehnt immer deutlicher sieht, sind die Schritte auf dem Weg zur Deckung des künftigen Energiebedarfs sehr schleppend.

»Mehr als zwei Drittel aller Menschen in der Dritten Welt brauchen Holz zum Kochen und Heizen – Landbewohner fast ausschließlich, sogar im ölreichen Nigeria.«

Mehr als zwei Drittel aller Menschen in der Dritten Welt brauchen Holz zum Kochen und Heizen – Landbewohner fast ausschließlich, sogar im ölreichen Nigeria. In vielen Ländern – die meisten afrikanischen eingeschlossen – ist Holz der vorherrschende Energieträger nicht nur in den Haushalten; mehr als 70 Prozent des gesamten Energiebedarfs werden damit gedeckt. *(Tab. 4.2)*[14]

4. Wiederaufforstung

Tab. 4.2: Anteil von Holz am gesamten Energieverbrauch in ausgewählten Ländern (Anfang der achtziger Jahre)

Land	Holzanteil in % am gesamten Energieverbrauch
Afrika:	
Burkina Faso	96
Kenia	71
Malawi	93
Nigeria	82
Sudan	74
Tansania	92
Asien:	
China	>25[1]
Indien	33
Indonesien	50
Nepal	94
Lateinamerika:	
Brasilien	20
Costa Rica	33
Nicaragua	50
Paraguay	64

1 Einschließlich landwirtschaftlicher Abfälle und Dung zusätzlich zu Holz und Holzkohle.

Quelle: Worldwatch Institute, verschiedene Quellen.

Die Daten über die Lücke in der Brennholzversorgung sind leider genauso veraltet wie die über die Entwicklung der tropischen Wälder. Laut FAO waren es 1980 in der Dritten Welt annähernd 1,2 Milliarden Menschen, die ihr Brennholz ausschließlich dadurch gewannen, daß sie mehr abholzten, als nachwachsen konnte; und fast 100 Millionen – die Hälfte davon in den tropischen Gebieten Afrikas – konnten ihren Mindestbedarf nicht einmal dadurch decken, daß sie die Holzvorräte in ihrer näheren Umgebung übermäßig ausbeuteten. Nach der Prognose der FAO wird bis zum Jahr 2000 die Zahl derer, die kein Holz haben oder die Vorräte aufbrauchen müssen, auf fast 2,4 Milliarden anwachsen – das

ist mehr als die Hälfte der dann zu erwartenden Bevölkerung in den Entwicklungsländern.[15]
Schon heute sind die menschlichen und ökologischen Kosten der Holzknappheit hoch. So verbringen Frauen und Kinder in den ländlichen Gebieten des Himalaja und in der Sahelzone jährlich zwischen 200 und 300 Tagen damit, Brennholz zu sammeln. Kochendes Wasser wird zum unerschwinglichen Luxus, schnell garendes Getreide muß nahrhaftere Speisen mit längeren Garzeiten, wie zum Beispiel Bohnen, ersetzen. Wenn der Vorrat an Brennholz knapp wird, bleibt den Menschen oft nichts anderes übrig, als Dung und andere Reste nicht mehr auf die Felder zu bringen, sondern sie zum Kochen zu benutzen – dies mindert wiederum die Bodenfruchtbarkeit und senkt die Ernteerträge. In Nepal führt diese Praxis schätzungsweise zu Mindererträgen um 15 Prozent.[16]
Das hohe Tempo, in dem sich die Verstädterung vollzieht, verschlimmert die ökologischen Folgen der Brennholzknappheit zusätzlich, denn die Stadtbewohner ziehen Holzkohle dem Brennholz vor; sie wiegt weniger und ist daher preisgünstiger vom Land in die Stadt zu transportieren. Bei der Herstellung von Holzkohle in den traditionellen Erdgruben gehen aber 50 Prozent der Primärenergie des Holzes verloren, so daß jeder Dorfbewohner, der in die Stadt zieht und dann von Holz auf Holzkohle umsteigt, Energie für zwei verbraucht. Wenn die Ballungsgebiete bisher auch weniger vom Brennstoff Holz abhängig waren, kann die Verstädterung ihnen in absehbarer Zeit doch eine zentrale Rolle beim Umgang mit den Brennholzreserven zuweisen. Tatsächlich schätzt die Weltbank, daß die Versorgung der Stadtregionen in Westafrika bis zum Jahr 2000 fünfzig bis siebzig Prozent des regionalen Brennholzverbrauchs ausmachen wird.[17]
Die Experten sind sich allgemein darüber einig, daß eine erfolgreiche Strategie zur Bewältigung des

4. Wiederaufforstung

Brennholzbedarfs der Dritten Welt auch darauf angelegt sein muß, die Produktivität der natürlichen Wälder zu erhöhen. Dazu gehören die sinnvollere Verwendung des Holzes, das zur Zeit noch verschwendet wird: so zum Beispiel Rückstände aus dem Holzeinschlag und Bäume, die zur Gewinnung von Ackerland gefällt werden; ebenso ein besserer Wirkungsgrad der Verbrennung und schließlich die vermehrte Anpflanzung neuer Bäume. Nach den Berechnungen der Weltbank läßt sich mit dem Einsatz anderer Brennstoffe sowie energiesparender Brennöfen und Herde der Brennholzbedarf im Jahr 2000 um ungefähr ein Viertel senken. Um die dann noch verbleibende Lücke zwischen Angebot und Nachfrage zu schließen, müßte man 55 Millionen Hektar sehr ertragreiche Brennholzplantagen errichten; das sind, von 1980 an gerechnet, 2,7 Millionen Hektar im Jahr. Würde hingegen die entsprechende Anzahl an Bäumen weniger dicht angepflanzt, wie zum Beispiel in Siedlungen, auf Bauernhöfen oder in kleinen Waldparzellen, dann müßten die Anpflanzungen eine viermal größere Fläche umfassen. Tatsächlich werden aber im Durchschnitt nur 550 000 Hektar jährlich bepflanzt – das ist ein Fünftel des Bedarfs.[18]

»**Nach den Berechnungen der Weltbank läßt sich mit dem Einsatz anderer Brennstoffe sowie energiesparender Brennöfen und Herde der Brennholzbedarf im Jahr 2000 um ungefähr ein Viertel senken.**«

Kombinierte Land- und Forstwirtschaftsprogramme bieten dagegen bei der Bewältigung der Brennholzkrise eine Anzahl von Vorteilen. Sie kosten normalerweise nur 10–20 Prozent des Aufwands für die von den Regierungen angelegten Plantagen. Die Holzproduktion pro Baum ist in diesen Projekten höher, während der Ertrag pro Hektar in den Plantagen größer ist. Durch besondere Beschneidungstechniken kann ein einzelner Baum im Laufe der Zeit 5–10mal mehr Holz geben als ein Plantagenbaum, wenn er gefällt wird.[19]

In Indien hat die Regierung von Westbengalen Familien ohne Landbesitz mehr als 50 000 Hektar abgeholztes Waldland zur kommerziellen Aufforstung überlassen. Obwohl die Familien an dem Land kein Eigentum erhielten, gingen die Bäume in ihren Besitz über. Das Forstministerium stellte kostenlos Setzlinge, Dünger, Insektizide und technische Hilfe zur Verfügung. Darüber hinaus bot es kleine Summen Bargeld an, gestaffelt nach der Zahl der Bäume, die nach drei Jahren überlebt hatten. Nach fünf Jahren ernteten und verkauften die Familien das Holz, und mit dem Erlös erwarben sie kleine Parzellen, die sie bewirtschaften konnten. Während die Bäume heranwuchsen, konnten die Dorfbewohner Zweige und Äste zum Verbrennen sammeln. Mit diesem Verfahren läßt sich überall da, wo es einen großen Markt für Holz und genügend brachliegende Waldgebiete gibt, dieses Land wieder nutzbar machen. Gleichzeitig verhilft es den Menschen ohne Landbesitz zu Feuerholz und einem zusätzlichen Einkommen.[20]

Vieles wird davon abhängen, ob es gelingt, die Nachfrage zu steuern und das Angebot zu vergrößern. Eine Politik, die die Nachfrage merklich senken soll, muß an den wirtschaftlichen und sozialen Bedingungen ansetzen, die der Brennholzknappheit zugrunde liegen. Wenn zum Beispiel die Geburtenrate in Afrika heute nicht höher wäre als in Südasien, verminderte sich die Nachfrage nach Brennholz in Afrika in den nächsten 40 Jahren um 30 Prozent.[21]

Besonders vielversprechend sind die Aussichten, den Holzverbrauch in den Städten zu senken, überall dort, wo steigende Holz- und Holzkohlepreise einen starken Anreiz für Investitionen in Energiesparmaßnahmen bieten. Ein verbessertes Modell des herkömmlichen Holzkohlenherdes (Jiko) in Kenia kann

4. Wiederaufforstung

den Brennstoffverbrauch halbieren. Für eine Durchschnittsfamilie in Nairobi, die im Monat 170 Shilling (ca. 13,– DM) für Holzkohle ausgibt, macht sich der Ofen in nur zwei Monaten bezahlt.[22]

»›Was bringen die Wälder zur Welt? Boden, Wasser und reine Luft.‹ So lautet ein Wahlspruch der Chipko-Bewegung in Indien, die in den frühen siebziger Jahren einen gewaltlosen Kampf für die Rettung der Bäume im Himalaja begann.«

Im Gegensatz dazu gibt es in ländlichen Haushalten, in denen das Holz gesammelt und nicht gekauft wird, keine direkten wirtschaftlichen Vorteile durch den wirksameren Einsatz des Brennstoffs Holz. Trotzdem haben die Frauen, die viel Zeit mit dem Holzsammeln verbringen, ein Interesse daran, bessere Herde zu bauen, solange sie dies mit kostenlosen, am Ort erhältlichen Mitteln tun können. In Burkina Faso gibt es ein Programm, mit dem die Verbreitung einer moderneren Version des traditionellen Drei-Stein-Kochherds gefördert wird. Dieses Modell ist mit einem zylindrischen Schirm aus Schlamm, Dung und Spreu versehen, spart 35–70 Prozent Holz, ist an einem halben Tag gebaut und kostet buchstäblich nichts. Bis April 1986 waren schon 83 500 Stück davon im Gebrauch.[23]

Die Stabilisierung der Boden- und Wasserreserven

»What do the forests bear? Soil, water, and pure air.« (Was bringen die Wälder zur Welt? Boden, Wasser und reine Luft.) So lautet ein Wahlspruch der Chipko-Bewegung in Indien, die in den frühen siebziger Jahren einen gewaltlosen Kampf für die Rettung der Bäume im Himalaja begann. In diesem Motto spiegelt sich das wachsende Bewußtsein von

der Rolle wider, die die Wälder bei lebenswichtigen ökologischen Vorgängen spielen: Sie stabilisieren die Böden, erhalten die Nährstoffe und regeln den Wasserhaushalt. Diese Hilfsfunktionen werden leider sehr schnell durch die Entwaldung und durch unzureichende landwirtschaftliche Methoden ruiniert.[24] Das Ausmaß der Rodungsschäden hängt von einer ganzen Anzahl verschiedener Faktoren ab, wie der Topographie, der Niederschlagsmenge, der Bodencharakteristik, von geologischen Bedingungen und davon, wie das Land nach der Rodung genutzt und behandelt wird. Wälder geben dem Boden Halt; ist die Baumbedeckung erst einmal entfernt, kommt es – besonders an steilen Hängen – zu großen Bodenverlusten. Abgesehen davon, daß diese Art von Erosion im Hochland die Bodenproduktivität mindert, spült sie Sedimente in die Flußbetten, verschlimmert damit die Hochwasserprobleme und kann das vorzeitige Verschlammen flußabwärts gelegener Reservoirs mit sich bringen.[25]
Wie sich Rodungen auf den Wasservorrat auswirken, erscheint dagegen viel variabler und ungewisser. In den meisten Fällen vergrößern sich die Wasservorräte der Gebiete, in denen Bäume entfernt wurden, weil weniger Wasser verdunstet. Wenn allerdings das Gebiet nach der Rodung überweidet oder schlecht bewirtschaftet wird, wird der Boden verdichtet und verliert einen Teil seiner Fähigkeit, Regenwasser zu speichern. In diesem Fall fließt das Wasser über die Oberfläche ab, anstatt einzusickern, gespeichert und allmählich wieder freigesetzt zu werden. Messungen auf kultivierten und kahlen Böden in Westafrika haben zum Beispiel ergeben, daß das Wasser dort zwanzigmal schneller abläuft als in den Wäldern. Je nach Intensität und Dauer der Niederschläge kann der Verlust an Speicherfähigkeit auch vermehrte Überschwemmungen mit sich bringen.[26]
Wohl nirgends sind die zerstörerischen Auswirkun-

4. Wiederaufforstung

gen von Überschwemmungen und Verschlammung so auffällig wie in Südasien, besonders in den dicht besiedelten Ebenen des Ganges und des Brahmaputra. In Gebieten wie diesen sind die natürlichen und die von Menschen verursachten Gefahrenquellen nur schwer auseinanderzuhalten. Der Himalaja, in dem die Flüsse entspringen, ist eine geologisch junge und aktive Bergkette, die ohnehin durch häufige Erdrutsche und starke Erosion gekennzeichnet ist. Selbst wenn die Anhöhen gänzlich mit unberührten Wäldern bedeckt wären, würde der heftige Monsunregen in den Ebenen ohne jeden Zweifel schwere Überschwemmungen verursachen.[27]

»Wir haben es nicht mehr mit Katastrophenereignissen zu tun, sondern mit Katastrophenprozessen.«

Trotzdem glauben einige Beobachter, daß die Überschwemmungen mit der Waldzerstörung auf dem gesamten Subkontinent schlimmer geworden sind. Indische Wissenschaftler schätzen die überschwemmungsgefährdete Fläche Indiens heute auf 59 Millionen Hektar – mehr als das Doppelte im Vergleich mit einer Schätzung der Regierung aus den späten sechziger Jahren, die sich auf 25 Millionen Hektar belief. Der Hochwasserstand des Brahmaputra ist an einem ausgewählten Pegel zwischen 1913 und 1978 im Durchschnitt alle zehn Jahre um 30,5 Zentimeter gestiegen; das sind in dem gesamten Zeitraum mehr als zwei Meter. Diese Wissenschaftler formulieren es so: »Wir haben es nicht mehr mit Katastrophenereignissen zu tun, sondern mit Katastrophenprozessen.«[28]

Auch die Verschlammung der Flüsse läßt sich zum Teil mit der natürlichen Erosion erklären; aber das Problem kann sich verschärfen, wenn auf den höhergelegenen Wasserscheiden rücksichtslos Bäume gefällt oder Wälder gerodet werden. Auf den Philippi-

Tab. 4.3: Sedimentierungsrate in zwei größeren Kraftwerken auf den Philippinen 1967 und 1980

	Jährliche Sedimentierungsrate		
Reservoir	1967	1980	Veränderung
	(Kubikmeter pro Quadratkilometer)		(Prozent)
Ambuklao	3647	8071	+ 121
Binga	2857	5844	+ 105

Quelle: Nicomedes D. Briones und José P. Castro: Effective Management of a Tropical Watershed. The Case of the Angat River Watershed in the Philippines. In: *Water International*, Dezember 1985.

nen, so wird geschätzt, sind an den höhergelegenen Wasserscheiden 1,4 Millionen Hektar kahlgeschlagen worden, vorwiegend durch unkontrollierten Holzabbau und ökologisch unverträgliche Wanderlandwirtschaft. Echolotmessungen weisen nach, daß die Sedimentierungsraten der Flüsse Ambuklan und Binga sich zwischen 1967 und 1980 mehr als verdoppelt haben. *(Tab. 4.3)* Schon Ende der siebziger Jahre haben offizielle Stellen geschätzt, daß die Verschlammung die nützlichen Lebewesen im Ambuklan-Projekt halbieren würde.[29] Auch in Mittelamerika, wo die Waldbedeckung von 60 Prozent im Jahre 1960 auf 40 Prozent im Jahre 1980 zurückgegangen ist, nimmt die Erosion an vielen höhergelegenen Wasserscheiden weiter zu. Die starke Verschlammung hat die Staubecken von Wasserkraftwerken, Bewässerungskanäle und Häfen verstopft. Die Einnahmeverluste durch die Schlammablagerungen hinter dem Damm des 23 Jahre alten Wasserkraftwerks Cachi in Costa Rica bewegen sich zwischen 131 Millionen und 274 Millionen Dollar.[30]

Der Forstwissenschaftler Alan Grainger nimmt an, daß 87 Millionen Hektar tropischer Gebirgswasserscheiden entwaldet sind, ein Drittel der geschätzten

4. Wiederaufforstung 147

ursprünglich von Bergwald bedeckten Fläche. Eine internationale Gruppe von Forstexperten kam 1985 zu dem Ergebnis, daß 160 Millionen Hektar Land an den tropischen Wasserscheiden stark beeinträchtigt sind, sei es durch Rodung, Überweidung, falsche Bewirtschaftung oder andere unverträgliche Nutzungsarten.[31] Keine dieser Studien befaßt sich allerdings mit den Gegenden, in denen Bäume gepflanzt werden müßten, um die Böden gegen die Winderosion zu sichern, die in einigen trockeneren Regionen einer der Hauptfaktoren für den Verfall der Böden ist. Allein in Indien sind davon ungefähr 13 Millionen Hektar betroffen, und in China und Afrika ist es noch einmal mindestens dieselbe Fläche. Da die Pflanzungen, die das Land vor dem Wind schützen sollen, oft die Form von Schutzgürteln haben, muß nur etwa ein Zehntel bis ein Zwanzigstel der Fläche tatsächlich bepflanzt werden; die restliche Fläche ist damit ausreichend geschützt.[32]

Auch mit anderen Maßnahmen läßt sich manches zur ökologischen Stabilisierung beitragen: In einigen Gegenden kann man durch die Anlage von Terrassen oder die Aussaat von Gras das Land gegen Erosion schützen. Nichtsdestoweniger scheint es aber unabwendbar, weltweit mindestens 100 Millionen Hektar aufzuforsten, wenn die Bodenproduktivität und die Funktionsfähigkeit des Wasserhaushaltes wiederhergestellt und bewahrt werden sollen.

Die Wiederaufforstung einer so großen Fläche – sie entspricht der Größe Ägyptens – ist in vieler Hinsicht eine Herausforderung. Meistens ist es nicht leicht, die Vorteile ökologisch begründeter Aufforstungen zu quantifizieren, so daß die Verzinsung des in solche Projekte investierten Kapitals eher unattraktiv erscheint. So leben zum Beispiel viele direkte Nutznießer der Sanierung der Wasserscheiden flußabwärts – wer also sollte die Aufforstung bezahlen und durchführen? Zu allem Überfluß finden sich die schlimmsten Schädigungen der Wasserscheiden in Regionen mit hohem Bevölkerungswachstum, so daß Aufforstungsprogramme, selbst bei angemessener Ausstattung, zum Scheitern verurteilt sind, wenn sie nicht auch die Bedürfnisse derer berücksichtigen, für die es keine Alternative zur Ausbeutung dieser Problemgebiete gibt.[33]

»Zu allem Überfluß finden sich die schlimmsten Schädigungen der Wasserscheiden in Regionen mit hohem Bevölkerungswachstum, so daß Aufforstungsprogramme, selbst bei angemessener Ausstattung, zum Scheitern verurteilt sind, wenn sie nicht auch die Bedürfnisse derer berücksichtigen, für die es keine Alternative zur Ausbeutung dieser Problemgebiete gibt.«

Wie schon angedeutet, braucht die ortsansässige Bevölkerung wirtschaftliche Anreize und die Aussicht auf kurzfristige Gewinne, wenn sie die Projekte tragen soll. In Nepal zum Beispiel war ein Verfahren zur Sanierung des Hochlandes erfolgreich, bei dem die Überwachung der Forstgebiete von der Regierung auf lokale Organisationen übertragen wurde. Die Einheimischen erhielten Prämien dafür, daß sie Futtergras anbauten und Bäume pflanzten, um ihnen so einen Anreiz zu bieten, sich am Projekt zu beteiligen. Außerdem wurde das Vieh in Ställen gehalten, so daß die Abhänge sich erholen konnten. Dieses Programm half also nicht nur, die kahlen Abhänge zu befestigen, sondern es berücksichtigte auch die Grundbedürfnisse der Dorfeinwohner. Diese Strategie hat sich in jeder Hinsicht bewährt: Die Einkommen stiegen, Futter gab es im Überfluß, und innerhalb weniger Jahre lieferten die schnell wachsenden Bäume Brennholz.[34]
Ein Projekt in Kolumbien verfolgt einen neuen An-

4. Wiederaufforstung

satz, um die ungleiche Verteilung von Kosten und Nutzen vieler Wasserscheidensanierungen aufzuheben, indem die Einnahmen aus einer Steuer auf Strom aus Wasserkraftwerken zu deren Finanzierung genutzt werden. Die Bewohner der tiefer gelegenen Regionen profitieren so von der geminderten Überschwemmungsgefahr und der Sicherung ihrer Stromversorgung, während die Bauern im Hochland ihren Nutzen aus einem stabileren und produktiveren Ökosystem ziehen.[35]
Dieselben Gründe, die für eine Kombination aus Land- und Forstwirtschaft sprechen, wenn es darum geht, die Brennholzvorräte zu vergrößern, gelten auch für deren Rolle bei der Stabilisierung der Boden- und Wasserreserven. In einem System werden zum Beispiel zur Bindung von Stickstoff Bäume an den Rändern steiler Abhänge gepflanzt und dazwischen Nutzpflanzen, die die Oberflächenerosion mindern. Dadurch sammelt sich Erde hinter den Baumreihen und bildet an diesen Konturen natürliche Terrassen. Bei den Bauern im Hochland von Indonesien gibt es eine lange Tradition, schnellwachsende Hülsenfrüchte auf diese Art anzubauen. Dadurch, daß sie die Bodenerosion verringern und das Einsickern des Regenwassers begünstigen, erhöhen solche Verfahren die Bodenproduktivität und helfen so den Bauern, ihren Bedarf an Holz, Nahrung und Futter umweltverträglich zu decken.[36]

»Seit 1860 hat die Zerstörung der Wälder 90–180 Milliarden Tonnen Kohlenstoff in die Atmosphäre freigesetzt, die Verbrennung von Kohle, Öl und Erdgas 150–190 Milliarden Tonnen.«

In wasserarmen Regionen können Bäume, die als Schutzgürtel um die Felder gepflanzt werden, die Winderosion wesentlich reduzieren, die Bodenfeuchtigkeit erhöhen und die Ernteerträge um jede Größenordnung zwischen 3 und 35 Prozent vergrößern. Eines der bemerkenswertesten Windschutzprojekte ist das im Majjiatal in Niger. Einst dicht bewachsen, waren die Berge um das Tal in der Mitte der siebziger Jahre fast kahl. In der Trockenzeit wehte der Wind dort mit einer Geschwindigkeit von 60 Kilometern in der Stunde über die Abhänge, und der jährliche Bodenverlust belief sich auf 20 Tonnen pro Hektar. 1974 baten die Dorfeinwohner die Regierung um Hilfe bei der Anlage einer Baumschule mit einem tiefwurzelnden asiatischen Baum (Neem), dessen Holz sowohl als Brennstoff wie auch als Baumaterial zu verwenden ist, aus dem sich Öl für Lampen gewinnen läßt und der auch als natürliches Insektizid die Nutzpflanzen schützt.[37,38]

Um Millionen Hektar zerstörtes Land zu sanieren, müssen sich die Erfolge solcher Projekte wie in Nepal und Niger vervielfachen. Sie zeigen aber auch, daß zur Wiederaufforstung mehr gehört als die Anlage von Plantagen, wenn sie den betroffenen Menschen kurzfristig Nutzen bringen und die Lebensgrundlagen langfristig sichern soll; und sie zeigen, daß Bäume mehr sind als Holzlieferanten.

Wälder und Kohlendioxid

Die Wälder spielen im weltweiten Kohlenstoffkreislauf eine zentrale Rolle. In der Vegetation der Erde sind ungefähr 2 Milliarden Tonnen Kohlenstoff gespeichert, annähernd dreimal soviel wie in der Atmosphäre. Wenn Bäume gerodet oder ausgeholzt werden, oxidiert der in ihnen und auch der im Boden enthaltene Kohlenstoff, um dann freigesetzt zu werden und den Kohlendioxid-(CO_2-)Anteil in der Atmosphäre zu erhöhen. Dies geht schnell vor sich, wenn die Bäume verbrannt werden, und langsamer, wenn sie verfaulen.[39]

4. Wiederaufforstung

Seit 1860 hat die Zerstörung der Wälder 90–180 Milliarden Tonnen Kohlenstoff in die Atmosphäre freigesetzt, die Verbrennung von Kohle, Öl und Erdgas 150–190 Milliarden Tonnen. Bis zur Mitte dieses Jahrhunderts überstieg die Kohlenstoffemission durch den Verlust von Wäldern den Ausstoß aus der Verbrennung fossiler Energieträger; danach ließ die beschleunigte Industrialisierung den Ölverbrauch rapide ansteigen. Zu diesem Zeitpunkt waren auch die landwirtschaftlich bedingten Rodungen in Europa und Nordamerika zum Stillstand gekommen. Heute stammt der größte Teil des CO_2, das bei Veränderungen der Bodennutzung freigesetzt wird, aus den Tropen.[40]

»**Die Schätzungen der Kohlenstoffmenge, die durch die Entwaldung freigesetzt wird, haben in jüngster Zeit erheblich geschwankt. Gegenwärtig bewegen sie sich zwischen 1,0 und 2,6 Millionen Tonnen jährlich bzw. zwischen 20 und 50 Prozent der Emissionen aus der Verbrennung fossiler Brennstoffe.**«

Die Schätzungen der Kohlenstoffmenge, die durch die Entwaldung freigesetzt wird, haben in jüngster Zeit erheblich geschwankt. Gegenwärtig bewegen sie sich zwischen 1,0 und 2,6 Millionen Tonnen jährlich bzw. zwischen 20 und 50 Prozent der Emissionen aus der Verbrennung fossiler Brennstoffe. Diese Ungenauigkeiten ergeben sich aus einer Reihe von Ungewißheiten hinsichtlich des Tempos der Rodungen, der Geschwindigkeit, mit der Wälder nachwachsen, und des Kohlenstoffgehalts in der Vegetation und den Böden verschiedener Arten von Wäldern. Von der gesamten Menge stammen nur 100 Millionen Tonnen aus gemäßigten oder nördlichen Zonen, der Rest aus den Tropen.[41]

Auf der Grundlage der verfügbaren Daten haben Richard Houghton und seine Kollegen ein sehr infor-

Tab. 4.4: Geschätzte Nettokohlenstoffemissionen durch die Zerstörung tropischer Wälder nach Regionen (1980)

Region	Waldfläche (Millionen Hektar)	Kohlenstoffemission (Millionen Tonnen)	Anteil an der Gesamtmenge (Prozent)
Amerika	1212	665	40
Asien	445	621	37
Afrika	1312	373	23
Summe	2969	1659	100

Quellen: R. A. Houghton et al.: The Flux of Carbon from Terrestrial Ecosystems to the Atmosphere in 1980 Due to Changes in Land Use: Geographic Distribution of the Global Flux. In: *Tellus*, Februar/April 1987; U. N. Food and Agriculture Organization: Tropical Forest Resources. *Forestry Paper* 30, Rom 1982.

matives Bild von der geographischen Verteilung der Kohlenstoffemissionen durch Änderungen der Bodennutzung gezeichnet. *(Tab. 4.4)* Berechnet nach den Mittelwerten der verschiedenen Schätzungen, stammen 40 Prozent dieser Emissionen aus den tropischen Gebieten Amerikas, 37 Prozent aus denen Asiens und aus Afrika 23 Prozent. Die Hälfte dieser Emissionen entsteht in nur fünf Ländern; allein in Brasilien ist es ein Fünftel der Gesamtmenge. *(Tab. 4.5)*

Dadurch, daß Wälder abgeholzt und verbrannt werden, entstehen zwar Kohlendioxidemissionen in erheblichem Ausmaß; viel größere Auswirkungen auf das Weltklima könnte aber die Reaktion der Wälder auf den erhöhten Anteil von CO_2 in der Atmosphäre und die dadurch hervorgerufene Erwärmung haben. Das Wachstum der Bäume könnte sich beschleunigen, die dann der Atmosphäre mehr Kohlenstoff entziehen und die Erwärmung mildern würden. In Treibhäusern macht man sich diesen Effekt zunutze, um die Produktion zu steigern; der CO_2-Gehalt ist dort zwei- bis dreimal höher als in der Atmosphäre. Bislang gibt es allerdings keine Hinweise darauf, daß die natürlichen Wälder so reagieren würden.[42] Eine andere mögliche Reaktion wäre verhängnisvoller: Der Ökologe George Woodwell nimmt an, daß sich mit den steigenden Temperaturen, die durch die erhöhte Konzentration von CO_2 und anderen Treibhausgasen entstehen, die Atmung der Bäume beschleunigt, und zwar vor allem in den höheren Brei-

Tab. 4.5: Geschätzte Nettokohlenstoffemissionen durch Waldzerstörung in den Tropen, nach Ländern (1980)

Land	Kohlenstoffemission (netto)[1]	Anteil an der Gesamtmenge
	(Millionen Tonnen)	(Prozent)
Brasilien	336	20
Indonesien	192	12
Kolumbien	123	7
Elfenbeinküste	101	6
Thailand	95	6
Laos	85	5
Nigeria	60	4
Philippinen	57	3
Burma	51	3
Peru	45	3
Ecuador	40	3
Vietnam	36	2
Zaire	35	2
Mexiko	33	2
Indien	33	2
Andere	337	20
Summe	1659	100

1 Die Zahlen stellen Mittelwerte dar. Die Schätzungen der gesamten Emissionen reichen von 900 Millionen bis zu 2,5 Milliarden Tonnen.

Quelle: R. A. Houghton et al.: The Flux of Carbon from Terrestrial Ecosystems to the Atmosphere in 1980 Due to Changes in Land Use: Geographic Distribution of the Global Flux. In: *Tellus*, Februar/April 1987.

tengraden, wo sich der Temperaturanstieg am deutlichsten bemerkbar macht. Wenn aber die Atmung schneller vor sich geht als die Photosynthese, setzen Bäume mehr Kohlendioxid frei, als sie der Atmosphäre entziehen. Dies geschieht zum Beispiel, wenn die Bäume im Herbst und Winter ihre Blätter verlieren. Diese Reaktion hätte eine erhebliche zusätzliche CO_2-Emission zur Folge und würde so den Prozeß der Erwärmung noch weiter beschleunigen.[43] Die Bäume würden dann aufhören zu wachsen und schließlich absterben, wenn Atmung und Photosynthese über einen längeren Zeitraum nicht im Gleichgewicht sind. Danach würden neue Arten, die den veränderten Klimabedingungen besser angepaßt sind, die alten ersetzen; einige Jahrzehnte lang gäbe es aber erst einmal kaum Ersatz. Ferner sagt Woodwell, daß ein weiteres Waldsterben ungeheure Mengen Kohlenstoff freisetzen würde – möglicherweise Hunderte Milliarden Tonnen, je nachdem, wie schnell die Erwärmung fortschreitet:»Das plötzliche Waldsterben als Folge der Luftverschmutzung, das wir heute in Nord- und Mitteleuropa, aber auch in den Gebirgen im Osten Amerikas erleben, ist nur ein Vorgeschmack dessen, was da vermutlich auf uns zukommt.«[44]

»**Das plötzliche Waldsterben als Folge der Luftverschmutzung, das wir heute in Nord- und Mitteleuropa, aber auch in den Gebirgen im Osten Amerikas erleben, ist nur ein Vorgeschmack dessen, was da vermutlich auf uns zukommt.**«

Vielleicht wird Woodwells Szenario nie Realität. Die Ökologen sind sich jedenfalls noch nicht darüber einig, wie die Wälder auf die Klimaveränderungen reagieren werden, bzw. darüber, ob dabei CO_2 freigesetzt oder entzogen wird. Es ist nämlich auch denkbar, daß die höheren Temperaturen die Zersetzungsvorgänge und damit die Nährstoffzufuhr in den

4. Wiederaufforstung

Boden erheblich beschleunigen. Die Bäume wüchsen dann schneller und entzögen auf diese Art und Weise der Atmosphäre mehr CO_2. Man sieht also – es herrscht große Ungewißheit. Klar ist nur, daß es starke Wechselwirkungen gibt, unklar ist, ob es positive oder negative sein werden.[45] Bisher haben wir in diesem Kapitel Schätzungen präsentiert, die für die Wiederaufforstung zur Brennholzgewinnung von einem Flächenbedarf von 55 Millionen Hektar ausgingen und für die ökologische Sanierung von 100 Millionen Hektar. Tatsächlich geht es aber um größere Flächen, da viele Bäume im Rahmen von kombinierten land/forstwirtschaftlichen Projekten gepflanzt werden und nicht konzentriert in Plantagen. Bei der Brennholzgewinnung fiele wohl auch einiges für die Ökologie ab, aber das genaue Ausmaß der möglichen Überschneidung läßt sich zu diesem Zeitpunkt noch nicht absehen. Wenn man dafür 30 Millionen Hektar veranschlagt, bleiben immer noch 120 Millionen Hektar übrig.

Zur richtigen Bewertung des Bedarfs ist eine weitere Korrektur nötig: Ein Teil der als Brennholz verwendeten Bäume trägt wenig zur Verbesserung der Kohlenstoffbilanz bei, weil der Kohlenstoff, den sie im Laufe ihres Wachstums angesammelt haben, bei der Verbrennung sehr schnell wieder freigesetzt wird. Anderseits soll ein Großteil der zu bepflanzenden 55 Millionen Hektar dazu dienen, die Versorgung mit Brennholz auf eine dauerhafte Basis zu stellen, indem sichergestellt wird, daß weniger Holz geschnitten werden muß als nachwächst. Wenn man die Zahlen der FAO aus dem Jahre 1980 fortschreibt, erscheint es plausibel, daß 20 Prozent (etwa 10 Millionen Hektar) kurzfristig verbrannt werden, daß aber 80 Prozent (etwa 45 Millionen Hektar) das Fundament der Versorgung verbreitern und so größere Mengen Kohlenstoff speichern werden. Die ökologisch bepflanzte Fläche würde dagegen insgesamt die Kohlenstoffbilanz verbessern, der somit insgesamt 110 Millionen Hektar zugute kämen.[46] Auf die Frage, wieviel diese Fläche dazu beitragen kann, die Kohlenstoffemissionen zu verringern, läßt sich keine genaue Antwort geben. Einige vorläufige Berechnungen geben jedoch erste Hinweise.

»Wenn es gelänge, den CO_2-Eintrag aus Brasilien, Indonesien, Kolumbien und der Elfenbeinküste zu halbieren, wäre die Gesamtmenge der Emissionen aus den tropischen Wäldern schon um mehr als ein Fünftel reduziert.«

Eine einigermaßen schnell wachsende tropische Hartholzart produziert – abhängig vom Alter und der Intensität des Einschlags – 10 bis 14 Tonnen Biomasse pro Hektar und Jahr. Davon ist die Hälfte, ungefähr 6 Tonnen pro Hektar, durch Photosynthese assimilierter Kohlenstoff. Auch der Kohlenstoffgehalt des Bodens steigt, wenn wiederaufgeforstet wird, wie bei den verschiedenen Arten der Wanderlandwirtschaft im tropischen Afrika zu beobachten ist. Dort erhöht sich dieser Anteil pro Jahr etwa um 1 Tonne je Hektar in der Zeit, in der das Land nicht bewirtschaftet wird. Bei ökologischen oder Brennholzanpflanzungen ist es ähnlich; allerdings muß dabei berücksichtigt werden, daß die Menge kleiner wird, wenn Abfallholz als Futter oder zum Verfeuern gesammelt wird. Unter der vorsichtigen Annahme, daß wiederaufgeforstetes Land ungefähr eine halbe Tonne pro Hektar und Jahr speichern kann, ist somit von einer Gesamtmenge von 6,5 Tonnen gebundenen Kohlenstoffs pro Hektar und Jahr auszugehen.[47]
Bei dieser Relation würden 100 Millionen Hektar Bäume also der Atmosphäre ungefähr 700 Millionen Tonnen Kohlenstoff zusätzlich entziehen und die Emissionen aus den Tropen um 41 Prozent verrin-

gern – bei einer angenommenen Nettoemission von 1,7 Milliarden Tonnen. Dies berührt natürlich in keiner Weise die Notwendigkeit, die Entwaldung der Tropen zu bremsen. Wenn es gelänge, den CO_2-Eintrag aus Brasilien, Indonesien, Kolumbien und der Elfenbeinküste zu halbieren, wäre die Gesamtmenge der Emissionen aus den tropischen Wäldern schon um mehr als ein Fünftel reduziert. Alle diese Faktoren können also zusammengenommen die Kohlenstoffemissionen aus den Tropen um fast zwei Drittel senken. Vermehrte Anpflanzungen für den industriellen Bedarf würden diesen Effekt noch zusätzlich verstärken.

Houghton und seine Kollegen nehmen an, daß die einzigen Regionen, in denen die Ökosysteme mehr Kohlenstoff aufnehmen als verbrauchen, Europa, möglicherweise auch Japan und Südkorea sind. Die Aufgabe eines wesentlichen Teils der landwirtschaftlichen Nutzfläche sowie Wiederaufforstungen und Neuanpflanzungen haben dazu geführt, daß Europa auf der Habenseite der Kohlenstoffbilanz erscheint. Die Kohlenstoffaufnahme dort hat 1980 die Emissionen durch die Entwaldung in Indien fast ausgeglichen. Dies kann sich allerdings wieder ändern, wenn sich das von der Luftverschmutzung hervorgerufene Waldsterben fortsetzt.[48]

In den Vereinigten Staaten sollten die Maßnahmen, die aufgrund gesetzlicher Regelungen (Food Security Act) aus dem Jahre 1985 ergriffen werden, zur vermehrten Speicherung von Kohlenstoff führen. Dieses Gesetz sieht die Schaffung nationaler Schutzgebiete vor, in denen zwischen 1986 und 1990 ca. 16 Millionen Hektar aus der Produktion genommen und mit Gras und Bäumen bepflanzt werden sollen. Ein Hektar Wald oder Grasland speichert ungefähr 40 bis 45 Tonnen mehr Kohlenstoff als ein Hektar Ackerfläche. Diese 16 Millionen Hektar können also in den nächsten Jahrzehnten jährlich 32 Millionen

Tonnen Kohlenstoff speichern. Da andererseits der Ausstoß der USA und Kanadas bei 25 Millionen Tonnen Kohlenstoff jährlich liegt, kann Nordamerika durch diese Schutzgebiete zum Auffangbecken für Kohlenstoff werden.[49] Diese Zahlen sind, wegen der unzureichenden Kenntnis des Kohlenstoffkreislaufs, eher illustrativ als definitiv. Trotzdem legen sie den Schluß nahe, daß Neuanpflanzungen und der Schutz bestehender tropischer Wälder – Maßnahmen, die aus anderen Gründen ohnehin sinnvoll sind – einen Beitrag dazu leisten können, daß die Ansammlung von CO_2 in der Atmosphäre in Grenzen gehalten wird.

Strategien für die Wiederaufforstung

Wiederaufforstungsprogramme sind dann am erfolgreichsten, wenn die Betroffenen an der Planung und Umsetzung beteiligt sind und sehen, daß der Erfolg in ihrem eigenen Interesse liegt. Ein Projekt, das den Anbau von nicht verfütterbaren Pflanzen, wie zum Beispiel Eukalyptus, fördert, erfährt keine Unterstützung, wenn in dem Gebiet Futtermangel herrscht. Genauso wichtig ist es zu wissen, wie weit die Dorfbewohner Zugang zu Geld haben, ihre Arbeitsverteilung im Verlauf der Jahreszeiten und ihre Vorlieben für bestimmte Baumarten zu kennen.

Es ist nicht überraschend, daß internationale nichtstaatliche Organisationen, mit ihrer starken Betonung der Beteiligung Betroffener, einige der bislang erfolgreichsten Wiederaufforstungsprogramme in Gang gesetzt haben. Die Erfolgsaussichten solcher Programme wären sicherlich noch größer, wenn man öfter auf diese Organisationen zurückgriffe anstatt auf staatliche Stellen. Sie sind, wie CARE in den Vereinigten Staaten und Oxfam in Großbritannien,

4. Wiederaufforstung

flexibel und im Umgang mit der örtlichen Bevölkerung erfahren genug, um bei Wiederaufforstungsprogrammen hilfreich zu sein – was man von Forstministerien nicht immer sagen kann.[50]

»**Wiederaufforstungsprogramme sind dann am erfolgreichsten, wenn die Betroffenen an der Planung und Umsetzung beteiligt sind und sehen, daß der Erfolg in ihrem eigenen Interesse liegt.**«

Vieles ließe sich auch dadurch erreichen, daß man lokale nichtstaatliche Organisationen in ihren Bemühungen unterstützt. Überall auf der Welt haben Frauenvereinigungen, landwirtschaftliche Kollektive und kirchliche Gruppen damit begonnen, Bäume zu pflanzen; allein in Kerala, Indien, haben sich 7300 Gruppen dieser Aufgabe angenommen. Die örtlichen Gruppen sind deshalb so erfolgreich, weil sich in ihnen das Wissen um die tatsächlichen Bedürfnisse, die Fähigkeiten und Grenzen ihrer Gemeinschaften wiederfindet. Voraussetzung ist allerdings, daß sie materielle und technische Hilfe erhalten. So hat die Greenbelt-Bewegung in Kenia, unterstützt vom nationalen Frauenrat, mehr als 15 000 Bauern und eine halbe Million Schulkinder dazu gebracht, an der Einrichtung 650 kommunaler Baumschulen mitzuwirken und mehr als 2 Millionen Bäume zu pflanzen.[51,52]

Die Erfahrungen aus Indien zeigen, daß Dorf»animateure« oder am Ort schon bekannte Landwirtschaftsberater die geeigneten Vermittler für land/forstwirtschaftliche Projekte sind. In Kenia, Indien und Malawi sind zur Zeit Forstfachleute dabei, im Rahmen einiger Projekte der Weltbank Landarbeiter im Umgang mit vielfach nutzbaren Baumarten zu unterweisen. In Thailand hat die AID mit dem Einsatz von Verbindungsteams Pionierarbeit geleistet. Das sind Dreiergruppen mit je einer Frau und einem Angehörigen einer ethnischen Minderheit, die als

Organisatoren in den Dörfern leben. Die Beteiligung von Frauen ist ein wesentlicher, bisher jedoch zu wenig beachteter Aspekt bei der Durchführung von Forstprojekten.[53]

Solange die Wiederaufforstung keine Priorität bei der Entwicklung erhält, können auch die durchdachtesten Projekte keinen schnellen Fortschritt erwarten lassen. Das Forstwesen ist seit Jahrzehnten das Stiefkind der Entwicklungspolitik, die ihre Schwerpunkte in der Landwirtschaft und bei kapitalintensiven Energiekonzepten hat. Die Entwicklungsländer selbst schätzen ihren Forstbestand zu gering, weil sie den ökologischen und sozialen Nutzen ihrer Wälder übersehen. Eine Studie der Weltbank über mehr als 60 Länder belegt, daß die Ausgaben für das Forstwesen weniger als zwei Prozent des Budgets für Energie und Landwirtschaft ausmachen. Genauso haben die internationalen Geldgeber Investitionen in das Forstwesen gescheut und Projekte mit schnellem, sicherem und leicht auszurechnendem Nutzen bevorzugt. Die großen Entwicklungsbanken haben von 1980 bis 1984 weniger als ein Prozent ihrer jährlichen Kredite für Forstprojekte vergeben und das Entwicklungsprogramm der Vereinten Nationen (UNDP) nur zwei Prozent.[54]

»Das Forstwesen ist seit Jahrzehnten das Stiefkind der Entwicklungspolitik, die ihre Schwerpunkte in der Landwirtschaft und bei kapitalintensiven Energiekonzepten hat.«

Der Aktionsplan Tropenwald (Tropical Forest Action Plan), der Ende 1985 in Kraft getreten ist, verspricht, dem Forstwesen zu seinem rechtmäßigen Platz bei den Entwicklungsprioritäten zu verhelfen. Gemeinsam getragen von der FAO, der UNDP, dem World Resources Institute und der Weltbank sieht der Plan für fünf Jahre Investitionen von 8 Milliarden Dollar in Neuanpflanzungen und Maßnahmen

4. Wiederaufforstung

gegen die Entwaldung vor. Die Finanzierung sollen sich zur einen Hälfte Entwicklungshilfeorganisationen und zur anderen Regierungen und private Geldgeber teilen.[55] Dieser Plan hat schon zu einer verbesserten Zusammenarbeit der Entwicklungsorganisationen beigetragen und dazu, daß weltweit die Mittel für Forstprogramme erhöht wurden. Die Weltbank, die Asian Development Bank und mehrere bilaterale Hilfsorganisationen planen, ihre jährliche Unterstützung mehr als zu verdoppeln. Weltweit wird sich der Betrag wahrscheinlich von 600 Millionen Dollar im Jahr 1984 auf eine Milliarde für 1988 erhöhen.[56]
Nach der offiziellen Statistik hat die Waldfläche Chinas zwischen 1948 und 1978 von 8,6 auf 12,7 Prozent der Gesamtfläche zugenommen. In den achtziger Jahren scheint diese Entwicklung aber an Boden verloren zu haben, denn zwischen 1979 und 1983 nahm sie wieder um 5 Millionen Hektar ab. Die jährliche Bepflanzung von 4 Millionen Hektar reichte offenbar nicht aus, die zunehmende Nachfrage nach Bauholz zu decken, die die Wirtschaftsreformen des Jahres 1979 ausgelöst hatten. Zum ersten Mal war es der Landbevölkerung erlaubt, ihre Häuser selbst zu bauen, was dann auch mehr als die Hälfte aller Haushalte tat. Von 1981 bis 1985 sind allein für den Hausbau 195 Millionen Kubikmeter Holz verbraucht worden; das entspricht etwa der Menge, die in allen chinesischen Wäldern in einem Jahr wächst.[57]
Daß sich die wiederaufgeforstete Fläche in China 1985 auf 8 Millionen Hektar verdoppelte, gibt aber wieder Anlaß zu Optimismus. Auch die Überlebensrate der Bäume, die bisher bei 30 Prozent lag, kann jetzt größer werden, da die Regierung den Bauern das Eigentum an den von ihnen gepflanzten Bäumen zugestanden hat. Zwar ist es unwahrscheinlich, daß China sein ehrgeiziges Ziel erreicht,

die Waldfläche bis zum Jahr 2000 auf 20 Prozent
auszudehnen; die Verbindung von vermehrter Aufforstung und besserer Pflege könnte aber, wenn sie
beibehalten wird, wieder einen Aufwärtstrend mit
sich bringen.[58]
In der Erkenntnis, daß die Entwaldung seine Nation
»an den Rand einer ökologischen und sozio-ökonomischen Krise« gebracht hat, hat Rajiv Gandhi ihr in
seinem Entwicklungsplan 1985–90 einen zentralen
Platz eingeräumt und die Mittel dafür fast verdreifacht, seine Ministerien umorganisiert und eine Behörde für die Entwicklung des Ödlandes gegründet,
die die Führung einer »Volksbewegung für die Aufforstung« übernehmen soll. Das soll unter anderem
dadurch erreicht werden, daß die Behörde ihre Mittel direkt an Schulen, Frauengruppen und andere
nichtstaatliche Organisationen und Institutionen verteilt.[59]

»In der Erkenntnis, daß die Entwaldung seine Nation ›an den Rand
einer ökologischen und sozio-ökonomischen Krise‹ gebracht hat, hat
Rajiv Gandhi ihr in seinem Entwicklungsplan 1985–90 einen zentralen Platz eingeräumt und die Mittel dafür fast verdreifacht.«

Solche politischen Initiativen müssen aber durch verstärkte Grundlagenforschung ergänzt werden. Fortschritte ergeben sich nämlich nicht aus dem bloßen
Pflanzen von Bäumen, sondern auch aus deren gesteigerter Produktivität, vielfältigerer Nutzung und
durch eine höhere Überlebensrate. Wenn es gelingt,
Bäume zu züchten, die Trockenheiten überstehen
und auch unter schwierigen Bedingungen wachsen,
verbessern sich die Aussichten auf eine erfolgreiche
Aufforstung erheblich. Leider ist die Forschung
in der Dritten Welt gegenwärtig unterentwickelt,
schlecht ausgestattet und vorwiegend auf die Verbesserung der Produkte aus der Holzverarbeitung ausgerichtet. Der Schutz der Wälder, die Stabilisierung

des Ökosystems und die Aufzucht von Bäumen kommen dabei zu kurz.[60]

Was im nächsten Jahrzehnt wirklich gebraucht wird, ist etwas, das der »Grünen Revolution« der sechziger Jahre vergleichbar ist: konzentrierte Arbeit an genetisch verbesserten Baumarten und an der Ausweitung der technischen sowie der finanziellen Ressourcen der Wiederaufforstung. Die »Grüne Revolution« des Waldes muß aber auch einheimische Baumarten und eine breit angelegte Land/Forstwirtschaft fördern; sie muß danach streben, benachteiligte Gruppen der Bevölkerung, einschließlich der, die kein Land besitzen, zu begünstigen. Eine Aufforstung, die den Armen nicht hilft, kann Erfolg nur vortäuschen.

Anmerkungen zu Kapitel 4

1 Die Angabe für die voragrarische Zeit ist aus E. Matthews, Global Vegetation and Land Use, *Journal of Climate and Applied Meteorology*, 22, 1983, S. 174–487; die aktuellen Daten aus einem unveröffentlichten Bericht von R. Persson für die schwedische Internationale Entwicklungsbehörde aus dem Jahr 1985, zitiert nach World Resources Institute / International Institute for Environment and Development, World Resources 1986. New York 1986.

2 John F. Richardson, World Environmental History and Economic Development, in: William C. Clark und R. E. Munn, Hrsg., Sustainable Development of the Biosphere. New York 1986; International Institute for Environmental Studies, European Environmental Yearbook 1987. London 1987; Robert G. Albion, Forests and Sea Power: The Timber Problem of the Royal Navy 1652–1862. Cambridge, Mass. 1926; U.S. Forest Service, U.S. Department of Agriculture (USDA), Timber Resources for America's Future. Forest Resources Report No. 14, Washington, D.C., 1958.

3 Die Landfläche der Erde entspricht 13,081 Milliarden Hektar (ohne die Antarktis, die grönländische Tundra und Binnengewässer) und die gesamte Ackerfläche 1,477 Mil-

liarden Hektar. (Nach den Angaben der Welternährungsorganisation in: 1985 Production Yearbook, Rom 1986.)
4 FAO, Tropical Forest Resources. *Forestry Paper* 30. Rom 1982.
5 Philip Fearnside, Special Concentration of Deforestation in the Brazilian Amazon. *Ambio* 15, No. 2, 1986; Philip Fearnside, Deforestation in the Brazilian Amazon: How Fast Is It Occurring? *Intersciencia* 7, No. 2, 1982; Centre for Science and Environment, The state of India's Environment 1984–85. New Delhi 1985; FAO, Tropical Forest Resources.
6 Das Beispiel aus Kenia: Persönliche Mitteilung von Peter A. Dewees, Nairobi, vom 7. Juli 1987; das aus Ruanda in R. Winterbottom, Rwanda Integrated Forestry and Livestock Project. Report of the Rural Forestry Preparation. (Phase III.) FAO / World Bank. Washington, D.C. 1985.
7 FAO, Tropical Forest Resources.
8 B. Bowander, Deforestation around Urban Centres in India. *Environmental Conservation* 14, No. 1, 1987.
9 Sandra Postel, Protecting Forests, in: Lester R. Brown et al., State of the World 1984. New York 1984; eine Aufstellung der Untersuchungen, die sich mit den Folgeschäden des selektiven Holzeinschlags beschäftigen, findet sich in Norman Myers, The Primary Source: Tropical Forests and Our Future. New York 1984; Robert O. Blake, Moist Forests of the Tropics – A Plea for Protection and Development. *Journal* 84. World Resources Institute. Washington D.C. 1984.
10 Norman Myers, The Hamburger Connection: How Central America's Forests Become North America's Hamburgers. *Ambio* 10, No. 1, 1981; H. Jefferey Leonard, Natural Resources and Economic Development in Central America. Washington D.C. 1987.
11 F. C. Hummel, In the Forests of the EEC. *Unasylva* No. 138, 1982; International Institute for Environmental Studies, European Environmental Yearbook 1987.
12 International Co-operative Programme on Assessment and Monitoring of Air Pollution Effects on Forests, Forest Damage and Air Pollution: Report on the 1986 Forest Damage Survey in Europe. Global Environment Monitoring System. United Nations Environment Programme, Nairobi, vervielfältigt 1987.
13 Zu den Verlusten von 1630 bis 1920 s. U.S. Forest Service, Timber Resources for America's Future; zur Waldfläche 1982 s. U.S. Forest Service, America's Renewable Resources: A Supplement to the 1979 Assessment of Forest and

Rangeland in the U.S. Washington, D.C. 1984. Die gesamte Waldfläche der Vereinigten Staaten mit Hawaii und Alaska betrug nach Angaben der USDA 1963 ungefähr 307 Millionen Hektar. U.S. Forest Service, Timber Trends in the U.S. Forest Resources Report 17, 1965. Die Waldfläche im Jahr 1963 wurde berechnet, indem die 48 Millionen Hektar Wald in Alaska und die 804000 Hektar in Hawaii abgezogen wurden. Zur Schilderung der Entwicklungen der Waldfläche in den USA s. The Evolving Use and Management of Our Forests, Grassland, and Croplands, in Council on Environmental Quality, Environmental Quality 1985. Washington, D.C. 1987.

14 Gordon T. Goodman, Biomass Energy in Developing Countries: Problems and Challenges. *Ambio* 16, No. 2–3, 1987.

15 FAO, Fuelwood Supplies in the Developing Countries. *Forestry Paper* 42. Rom 1983.

16 Bina Agarwal, Cold Hearths and Barren Slopes: The Woodfuel Crisis in the Third World. Riverdale, Md. 1986; zu den Zahlen für Nepal s. Robert Winterbottom und Peter T. Hazelwood, Agroforestry and Sustainable Development: Making the Connection. *Ambio* 16, No. 2–3, 1987.

17 Der Wirkungsgrad des herkömmlichen Herstellungsprozesses der Holzkohle liegt bei etwa 30 Prozent. Zwar bessert sich der Wirkungsgrad ein wenig, weil die Ausbeute von Holzkohleherden etwas höher (25 Prozent) ist als die von Holzöfen (18 Prozent); im großen und ganzen bleibt der Wirkungsgrad aber bei ca. 30 Prozent. S. dazu Gerald Foley, Charcoal Making in Developing Countries. Washington, D.C. 1986, und Goodman, Biomass Energy. Zu den Angaben über die westafrikanischen Städte s. William Floor, A Strategy for Household Energy in West Africa. (Entwurf). World Bank, Washington, D.C. 1987.

18 Persönliche Mitteilung von John Spears, Weltbank, Washington, vom 24. September 1987.

19 Dennis Anderson und Robert Fishwick, Fuelwood Consumption and Deforestation in West African Countries. Staff Working Paper No. 704. Washington, D.C., World Bank, 1984; John Spears, Replenishing the World's Forests: Tropical Reforestation. An Achievable Goal. *Commonwealth Forestry Review* 14, No. 2, 1987.

20 Gerald Foley und Geoffrey Barnard, Farm and Community Forestry. Washington, D.C. 1984; Dr. Kamla Chowdry, Wastelands and the Rural Poor Essentials of a Policy Framework. *Forest News* 14, No. 2, 1987.

21 Paul Harrison, The Greening of Africa, New York 1987.

22 Ebd.
23 Paul Harrison, A Tale of Two Stoves. *New Scientist*, 28. 5. 1987.
24 Javanta Bandvopadhvav und Vandana Shiva, Chipko: Rekindling India's Forest Culture. *The Ecologist* Januar/Februar 1987.
25 Lawrence S. Hamilton und Peter N. King, Tropical Forested Watersheds: Hydrologic and Soils Response to Major Uses or Conversions. Boulder, Colorado 1983.
26 Zu der Angabe für Westafrika s. Eneas Salati et al., Amazon Rainfall. Potential Effects of Deforestation and Plans for Future Research, in: Gillean T. Prance, Hrsg., Tropical Rain Forests and the World Atmosphere. Boulder, Colorado 1980.
27 Jack D. Ives, The Theory of Himalayan Environmental Degradation: Its Validity and Application Challenged by Recent Research, und K. G. Tejwani, Sedimentation of Reservoirs in the Himalayan Region – India. *Mountain Research and Development* 7, No. 3, 1987.
28 Centre for Science and Environment, The Wrath of Nature: The Impact of Environmental Destruction on Floods and Droughts. New Delhi 1987.
29 Nicomedes D. Briones und José P. Castro, Effective Management of a Tropical Watershed: The Case of the Angat Watershed in the Philippines. *Water International*, Dezember 1986; National Environmental Protection Council, Philippine Environmental Quality 1977. Manila 1977.
30 James Nations und H. Jefferey Leonard, Grounds of Conflict in Central America, in: Andrew Maguire und Janet Welsh Brown, Hrsg., Bordering on Trouble: Resources and Politics in Latin America. Bethesda, Md. 1986.
31 Alan Grainger, Estimated Areas of Degraded Tropical Lands Requiring Replenishing of Forest Cover. *International Tree Crops Journal* 5, No. 1/2, 1987; International Task Force (ITF), Tropical Forests: A Call for Action. Part I: The Plan. Washington, D.C. 1985.
32 Die Angaben über Indien stammen von D. R. Bhumbla und Arvind Khare, Estimate of Wastelands in India. Society for Promotion of Wastelands Development, New Delhi o.J.
33 U.S. Congress. Office of Technology Assessment (OTA), Technologies to Sustain Tropical Forest Resources. Washington, D.C. 1984.
34 ITF, Tropical Forests: A Call for Action. Part II: Case Studies. Washington, D.C. 1985.
35 ITF, Tropical Forests. Part I.

4. Wiederaufforstung

36 OTA, Technologies to Sustain Tropical Forest Resources; P. K. K. Nair, Soil Productivity Aspects of Agroforestry. Nairobi 1984.
37 Zum Anstieg der Ernteerträge s. ITF, Tropical Forests. Part II; Harrison, Greening of Africa.
38 Ebd.
39 A. M. Solomon et al., The Global Cycle of Carbon, in: John R. Trabalka et al., Atmospheric Carbon Dioxide and the Global Carbon Cycle. Washington D.C. 1985.
40 Ebd., und Richard A. Houghton, Estimating Changes in the Carbon Content of Terrestrial Ecosystems from Historical Data, in: John R. Trabalka und David E. Reichle, Hrsg., The Changing Carbon Cycle. A Global Analysis. New York 1986.
41 R. A. Houghton et al., The Flux of Carbon from Terrestrial Ecosystems to the Atmosphere in 1980 Due to Changes in Land Use. Geographic Distribution of the Global Flux. *Tellus*, Februar/April 1987.
42 Sylvan H. Wittwer, Rising Atmospheric CO_2 and Crop Productivity. *Hortscience*, Oktober 1983; A. M. Solomon und D. C. West, Potential Responses of Forests to CO_2 Induced Climate Change, in: Margaret R. White, Characterizations of Information Requirements for Studies of CO_2 Effects: Water Resources, Agriculture, Fisheries, Forestry and Human Health. Washington D.C. 1985.
43 George M. Woodwell, Forestry and Climate Surprises in Store. *Oceanus*, Winter 1986/87.
44 Ebd.
45 R. A. Houghton et al., Carbon Dioxide Exchange Between the Atmosphere and Terrestrial Ecosystems, in: Trabalka et al., Atmospheric Carbon Dioxide, und persönliche Mitteilungen von Richard Houghton, Woods Hole, Mass., im September 1987, und Sandra Brown, Champaign-Urbana, im Oktober 1987.
46 Nach FAO, Fuelwood Supplies in Developing Countries, war es für 8 Prozent von denen, deren Brennholzverbrauch ohnehin schon über die natürlichen Reserven hinausging, selbst dann nicht möglich, ihren Bedarf zu decken, wenn sie noch mehr Holz schnitten. Die anderen fanden zwar genug Holz, aber nur um den Preis der Zerstörung ihrer Ressourcen. In diesem Kapitel gehen wir davon aus, daß der Prozentsatz derer, die akuten Mangel leiden, bis zum Jahr 2000 auf 20 Prozent steigen kann. Deshalb würden 20 Prozent des neuangepflanzten Holzes sofort verbrannt, um den unmittelbaren Bedarf zu decken; die restlichen 80 Pro-

zent würden dann in die Ressourcen eingehen und für den weiteren Bedarf zur Verfügung stehen.
47 Zu der Angabe über schnellwachsende Harthölzer s. Sandra Brown et al., Biomass of Tropical Tree Plantations and its Implications for the Global Carbon Budget. *Canadian Journal of Forest Research* 16, No. 2, 1986. Zum Anteil von Kohlenstoff an der Biomasse s. Houghton et al., Carbon Dioxide Exchange. Zur Zunahme des Kohlenstoffs im Boden s. Houghton et al., The Flux of Carbon from Terrestrial Ecosystems. Persönliche Mitteilung von Sandra Brown, Champaign-Urbana, am 7. November 1987 über die Beseitigung des Abfallholzes.
48 Houghton et al., The Flux of Carbon from Terrestrial Ecosystems.
49 Unterartikel D »Conservation Reserve« des U.S. Food Security Act. Congressional Record-House. 17. Dezember 1985. Zu den Annahmen s. Houghton et al., The Flux of Carbon From Terrestrial Ecosystems.
50 Zur Rolle nichtstaatlicher Organisationen in der Entwicklungshilfe s. OTA, Continuing the Commitment: Agricultural Development in the Sahel – Special Report. Washington, D.C. 1986; Winterbottom und Hazelwood, Agroforestry and Sustainable Development.
51 A Vulnerable Seedling: India's Movement for Social Forestry. *Development International*, März/April 1987; Louis Sweeny, The Greening of Kenya. *Christian Science Monitor*, 7. Oktober 1987.
52 Jodi Jacobson, Agroforestry: An Old Idea Shows New Promise. *VITA News*, April 1985.
53 Cynthia Mackie, Forestry in Asia: U.S. AID's Experience. Division of Energy and Natural Resources. U.S. Agency for International Development. Unveröffentlicht, November 1986: World Bank Financed Forestry Activity in the Decade 1977–86: A Review of Key Policy Issues and Implications of Past Experience to Future Project Design. Agriculture and Rural Development Department. World Bank. Washington D.C. Dezember 1986.
54 Zur Untersuchung der Weltbank s. Harrison, Greening of Africa; zur Finanzstatistik s. ITF, Tropical Forests. Part I.
55 Im Jahr 1985 haben zwei Gruppen, eine im Auftrag des World Resources Institute (WRI) und eine im Auftrag der FAO, zwei voneinander unabhängige, aber ähnliche Dokumentationen veröffentlicht, in denen sie eine weltweite Initiative zum Kampf gegen die Entwaldung und für Wiederaufforstung fordern. Im Juni 1987 wurden diese Bemühungen im Tropical Forestry Action Plan zusammengefaßt,

4. Wiederaufforstung

der von der FAO, vom WRI, vom Entwicklungsprogramm der Vereinten Nationen und der Weltbank finanziert wird. Die Arbeiten im Rahmen des Plans haben 1985 begonnen, obwohl die letzte gemeinsame Dokumentation erst im Juni 1987 erschienen ist.

56 The Tropical Forestry Action Plan: Background Information and Update. World Resources Institute, Washington D.C., vervielfältigt September 1987.

57 China Scientific and Technological Information Research Institute, China in the Year 2000. Beijing 1984. Zu den Erhebungen über die Waldfläche in China s. Zhongguo Tongji Jian Nian (Statistisches Jahrbuch der Volksrepublik China). Beijing 1981, 1983, 1984, 1985 und 1986. Zur Wohnungsstatistik und den Angaben über Neuanpflanzungen s. USDA Economic Research Service, China Situation and Outlook Report. Washington, D.C. 1987. Die Berechnung der für den Hausbau verwendeten Holzmenge beruht auf der Annahme, daß für eine Grundfläche von 100 Quadratmetern 50–70 Festmeter Holz verbraucht werden. (Nach Vaclav Smil, Deforestation in China. *Ambio* 12, No. 5, 1983.) Nach den Angaben der USDA in China Situation and Outlook Report sind in China von 1981 bis 1985 3,2 Milliarden Quadratmeter umbaut worden. Das jährliche Durchschnittswachstum der chinesischen Wälder beträgt laut China in the Year 2000 187 Millionen Festmeter.

58 Zur Planungsstatistik für 1985 s. China Situation and Outlook Report; zu den angestrebten Ergebnissen der Anpflanzungen s. State Bids to Increase Forests. *China Daily*, 31. März 1987.

59 Die Rede Gandhis wurde am 3. Januar 1985 gesendet und zitiert in: Government of India, Strategies, Structures, Policies: National Wastelands Development Board. New-Delhi, vervielfältigt 1986. Nach einer persönlichen Mitteilung von Glen Morgan, Washington D.C., vom 26. Oktober 1987 stiegen die Mittel von 6,925 Millionen Rupien im sechsten Plan (1980–1985) auf 18,593 Millionen im siebten Plan. Persönliche Mitteilung von Sunita Narain, Neu-Delhi, vom 7. Oktober 1987 über die Verteilung der Gelder.

60 François Mergen et al., Forestry Research: A Provisional Global Inventory. Center Discussion Paper No. 503. Economic Growth Center, Yale University, New Haven, Conn., 1986.

Edward C. Wolf
5. Artenverlust: Die Vernichtung von Arten muß aufgehalten werden

In den letzten 600 Millionen Jahren hat sich der biologische Charakter der Erde mehrmals sehr abrupt gewandelt. Fossilienfunde belegen, daß viele Tierarten in diesen Perioden der »Massenvernichtung« aus dem weiteren Verlauf der Evolution ausgeschieden sind. Für diese prähistorischen Massenvernichtungen hat man die verschiedensten Ursachen angenommen, von klimatischen Veränderungen bis hin zu Meteoriteneinschlägen von katastrophalen Ausmaßen. Seit dem letzten weltweiten Aussterben von Meeresorganismen sind 14 Millionen Jahre vergangen, und die jüngste Welle, der Säugetiere wie Mammuts und Säbelzahnkatzen zum Opfer fielen, lag Jahrtausende vor den ersten Anfängen der menschlichen Zivilisation.[1]

Heute steht die Welt wieder vor einer Vernichtungswelle; dieses Mal aber vor einer, die von Menschen ausgelöst wird. Ein Grund dafür ist die Tatsache, daß die Weltbevölkerung sich in den nächsten vier Jahrzehnten verdoppeln und daß sich der größte Teil dieses Zuwachses auf 10 Milliarden oder mehr sich in den Entwicklungsländern abspielen wird.

Die Befürchtungen im Hinblick auf eine mögliche Artenvernichtung konzentrieren sich heute auf die tropischen Wälder, die einen überdurchschnittlich hohen Anteil der biologischen Vielfalt der Erde beherbergen. Unzählbar viele Arten werden vernichtet, wenn erst Straßen, Dämme und andere Erschließungsmaßnahmen solche Wildnisse wie das Amazonasgebiet in Brasilien oder das riesige Einzugsgebiet des Zaireflusses zerschneiden. Die Zerstückelung von Lebensräumen ist eine indirekte, aber sehr häufige Ursache für das Aussterben von Arten, weil dadurch kleine Populationen von Pflanzen und Tieren isoliert werden und Inzucht und andere genetische Schädigungen um sich greifen. Der schleichende Verfall von Wäldern und Böden, der in den industrialisierten Ländern schon weit verbreitet und in Teilen der Dritten Welt eine immer größer werdende Gefahr ist, erhöht die Gefährdung der Arten und verdüstert die Aussichten für den Fortbestand der biologischen Vielfalt.

»**Viele Wissenschaftler glauben, daß die jetzt lebenden Generationen das Aussterben einer noch größeren Zahl von Pflanzen und Tieren erleben werden, als in dem Massensterben vor 65 Millionen Jahren verlorengingen, dem auch die Dinosaurier zum Opfer fielen.**«

Viele Wissenschaftler glauben, daß die jetzt lebenden Generationen das Aussterben einer noch größeren Zahl von Pflanzen und Tieren erleben werden, als in dem Massensterben vor 65 Millionen Jahren verlorengingen, dem auch die Dinosaurier zum Opfer fielen. Wahrscheinlich wird es zum ersten Mal im Verlauf der Evolution dazu kommen, daß auch Pflanzengemeinschaften, die ganze Ökosysteme zusammenhalten und die Grundlage für die Bewohnbarkeit der Erde bilden, zerstört werden.[2]

Lange Zeit galt die Schaffung von Naturparks und Naturschutzgebieten als Patentlösung für die Erhaltung von Tieren und Pflanzen. Heute unterliegen 3500 Gebiete mit einer Fläche von insgesamt 425 Millionen Hektar mehr oder weniger strengen Schutzbestimmungen. In dem UNESCO-Programm »Mensch und Biosphäre« sind 252 Schutzgebiete in

5. Artenverlust

66 Ländern zu einem weltumspannenden Netzwerk zusammengefaßt.[3]

Naturparks – die statische Lösung eines dynamischen Problems – reichen nicht mehr aus, um das Massensterben abzuwenden. Bis zu 1,3 Milliarden Hektar müßten unter Schutz gestellt werden, wollte man repräsentative Exemplare aller Ökosysteme der Welt erhalten. Es ist zwar sinnvoll, weitere Flächen zu schützen; auf der anderen Seite muß aber auch die Erforschung der noch vorhandenen Wildnisse verstärkt werden, um herauszufinden, welche Arten weiterhin in Gefahr sind. Zerstörtes Land muß renaturiert werden, damit die Vielfalt, die dort verlorengegangen ist, wieder ihren Platz findet. Wir brauchen neue Strategien für den Naturschutz und die Renaturierung von Ökosystemen, wenn wir die Krise des weltweiten Artensterbens nicht ausufern lassen wollen.[4]

Das schwächer werdende Netz des Lebens

Ökologen sind sich einig, daß es einen direkten Zusammenhang zwischen der Größe eines natürlichen Lebensraums und der Zahl der Arten gibt, die in ihm leben können. Das Verhältnis von Zahl der Arten zur vorhandenen Fläche ist eine Schlüsselgröße in der »Gleichgewichtstheorie biogeographischer Inseln«. Untersuchungen zeigen, daß das Risiko für die Arten steigt, je kleiner ihr Lebensraum wird. Die biogeographische Theorie erlaubt es daher, aus den Daten über Verteilung und Menge bestimmter Arten Vorhersagen über deren Aussterben als Folge des schwindenden Lebensraums zu treffen.[5]
Daniel Simberloff (Florida State University) hat einmal untersucht, ob wir in den tropischen Regenwäldern mit einer Massenvernichtung von Arten rech-

Tab. 5.1: Voraussichtlicher Verlust an Pflanzenarten in den Lateinamerikanischen Regenwäldern

Szenario	Geschätzte Waldfläche	Zahl der Arten bei biologischem Gleichgewicht	Anteil am Artenverlust
	Millionen Hektar		Prozent
Urwald	693,0	92 128	–
Ende des Jahrhunderts	366,0	78 534	15
Schlimmster Fall[1]	9,7	31 662	66

1 Nur solche Gebiete bleiben intakt, die zur Zeit als Parks oder Naturschutzgebiete ausgewiesen sind.

Quelle: Daniel Simberloff, Are We on the Verge of a Mass Extinction in Tropical Rain Forests? in: David K. Elliott, Hrsg., Dynamics of Extinction. New York 1986.

nen müssen. Seine Untersuchung bezog sich nur auf solche Pflanzen und Tiere in den Tropen Lateinamerikas, von denen es einigermaßen zuverlässige Artenverzeichnisse gibt. Dabei hat er festgestellt, daß 15 Prozent der Waldpflanzenarten, etwa 13 600 verschiedene Pflanzen, zugrundegehen werden, bevor es wieder ein biologisches Gleichgewicht gibt. Dies wird der Fall sein, wenn sich die Wälder bis zum Ende dieses Jahrhunderts auf 52 Prozent ihrer ursprünglichen Fläche verkleinern werden, wie es den gängigen Annahmen zum Bevölkerungswachstum und zum Umfang der Rodungen entspricht. *(Tab. 5.1)*

Im Amazonasbecken werden bis dahin 12 Prozent weniger Vogelarten leben. Wenn der schlimmste Fall eintritt und nur die Wälder in den jetzt schon ausgewiesenen Parks und Naturschutzgebieten übrig bleiben, werden sogar 66 Prozent der Pflanzenarten in

5. Artenverlust

den Regenwäldern und 70 Prozent der Vogelarten im Amazonasgebiet aussterben.[6]
Bisher sind die Wälder in Lateinamerika, und besonders die im Amazonasbecken, geringeren Belastungen ausgesetzt als die in anderen Regionen. In Teilen Mittelamerikas, Südostasiens und Westafrikas sind die Urwälder schon zu mehr als 90 Prozent abgeholzt. Tausende der dort heimischen Pflanzen-, Insekten- und anderen Tierarten sind auf jeden Fall schon verloren; Zehntausende weitere sind unmittelbar gefährdet.[7] In klimatisch gemäßigten Gebieten gelten dieselben Gesetze.
Wie die Urwaldreste in den tropischen Gebieten gehen auch in den gemäßigten Zonen selbst dann Pflanzen- und Tierarten verloren, wenn sie gegen direkte Störungen wie die Jagd oder Wilderei geschützt sind. Viele Naturparks sind einfach zu klein,

Tab. 5.2: Größe des Lebensraums und Verluste wichtiger Tierarten in nordamerikanischen Nationalparks, 1986

Park	Fläche	Ausgestorbene Arten
	Quadratkilometer	Prozent
Bryce Canyon	144	36
Lassen Volcano	426	43
Zion	588	36
Crater Lake	641	31
Mount Rainier	976	32
Rocky Mountain	1 049	31
Yosemite	2 083	25
Sequoia-Kings Canyon	3 389	23
Glacier-Waterton	4 627	7
Grand Teton-Yellowstone	10 328	4
Kootenay-Banff-Jasper-Yoho	20 736	0

Quelle: William D. Newmark, A Land-Bridge Island Perspective on Mammalian Extinction in Western North American Parks. *Nature*, 29. Januar 1987.

um Populationen aufnehmen zu können, die groß
genug wären, um das Überleben der Art zu sichern.
Entsprechend den Voraussagen haben die kleinsten
Parks den größten Teil ihrer ursprünglichen Säuge-
tierarten verloren; selbst in sehr großen Parks wie
Rocky Mountain und Yosemite liegt die Verlustrate
zwischen einem Viertel und einem Drittel der dort
heimischen Säugetiere.[8] »Die große Frage ist jetzt,
wie viele Arten aussterben werden, und in welchem
Zeitraum das geschieht.«[9]

Weltweite Zählung der Gattungen

Als Charles Darwin und seine Begleiter 1831 in der
Nähe von Bahia in Brasilien an Land gingen, hinter-
ließ der Regenwald, den sie an der Küste vorfanden,
bei ihnen einen nachhaltigen Eindruck. Darwin no-
tierte in seinem Tagebuch: »Freude... ist ein schwa-
cher Ausdruck für die Gefühle eines Naturforschers,
der zum ersten Mal durch einen brasilianischen Wald
streift. Die Eleganz der Gräser, die eigentümlichen
Schmarotzerpflanzen, das glänzende Grün der Blätter, vor allem aber der Reichtum der Vegetation er-
füllten mich mit Bewunderung.«[10]

»**Weil so viele der vom Aussterben bedrohten Arten vollkommen
unbekannt sind, bleiben ihre biologische Bedeutung und ihr möglicher Nutzen für die menschliche Gesellschaft ein Geheimnis.**«

Darwins Nachfolger haben viel dazu getan, diese
Ehrfurcht mit wissenschaftlichen Fakten noch zu
steigern. Und doch ist vieles unbekannt geblieben.
Von den bekannten 1,4 Millionen Arten von Pflanzen, Tieren und anderen Organismen sind zum Beispiel nur 500 000 in den Tropen beheimatet; unter
Wissenschaftlern ist man sich aber sicher, daß allein

in den Tropen mindestens 3 Millionen Arten leben. Nur ein Sechsel davon kennen wir.[11] Noch überraschender ist, wie wenig wir über den Gesamtumfang aller Formen des Lebens wissen. Noch bis vor einigen Jahren waren sich die Biologen sicher, daß es

Tab. 5.3: Bekannte und vermutete Vielfalt der Lebensformen

Lebensform	Bekannte Arten	Vermutete Gesamtzahl der Arten
Insekten und andere Wirbellose	989 761	30 Millionen Insektenarten, hochgerechnet aus Untersuchungen panamaischer Wälder; die meisten vermutlich beschränkt auf tropische Wälder
Gefäßpflanzen	248 400	Mindestens 10–15 Prozent aller Pflanzen sind wahrscheinlich noch nicht entdeckt
Pilze und Algen	73 900	Unbekannt
Mikroorganismen	36 600	Unbekannt
Fische	19 056	21 000, wenn man annimmt, daß 10 Prozent der Fische unentdeckt bleiben: allein im Amazonas und Orinoco gibt es möglicherweise noch 2000 Arten
Vögel	9 040	Die bekannten Arten machen wahrscheinlich 98 Prozent aller Vögel aus
Reptilien und Amphibien	8 962	Die bekannten Arten von Reptilien, Amphibien und Säugetieren stehen wahrscheinlich für 95 Prozent aller Arten
Säugetiere	4 000	
Verschiedene Chordaten[1]	1 273	Unbekannt
Insgesamt	1 390 992	10 Millionen nach vorsichtiger Schätzung; wenn die anzunehmende Zahl der Insektenarten richtig ist, liegt die Gesamtzahl über 30 Millionen

1 Tiere mit Rückenmark, aber ohne Wirbelsäule.

Quellen: Persönliche Mitteilungen von Edward O. Wilson, 22. Februar, 19. und 20. März 1987; Peter H. Raven, The Significance of Biological Diversity (unveröffentlicht), Missouri Botanical Garden, St. Louis, Mo. 1987; persönliche Mitteilung am 13. Februar 1987 von Terry Erwin. Washington D.C.

etwa 3 bis 5 Millionen Arten lebender Organismen
gibt. Neuere Untersuchungen zeigen aber, daß es
möglicherweise allein 30 Millionen Insektenarten
gibt.[12] Weil so viele der vom Aussterben bedrohten Arten
vollkommen unbekannt sind, bleiben ihre biologische Bedeutung und ihr möglicher Nutzen für die
menschliche Gesellschaft ein Geheimnis. So wurden auf einer isolierten Fläche von nur 20 Quadratkilometern im Vorgebirge der Anden von Westecuador 90 einzigartige Pflanzenarten vernichtet,
als dort der letzte Wald abgeholzt wurde, um eine
landwirtschaftliche Nutzung zu ermöglichen. Man
wird nie erfahren, welche Heil- oder Nahrungsmittel mit ihnen verlorengegangen sind. Die unbeabsichtigte Zerstörung ist die Regel, nicht die Ausnahme.[13]

»**Zehn Prozent aller Blütenpflanzen und Fische sind noch zu entdecken und zu beschreiben.**«

Vier von fünf bis heute entdeckten Arten sind Insekten oder Pflanzen. *(Tab. 5.3)* Trotzdem sind die Insekten immer noch die am ungenauesten erfaßte
Gruppe. Die sehr genau erfaßten Säugetiere machen
dagegen gerade 0,3 Prozent aller bekannten Organismen aus, alle bekannten Wirbeltiere weniger als 3
Prozent. Trotz der intensiven Erforschung all jener
Organismen, die für die Menschheit von unmittelbarem Nutzen sind, bleiben auch dort noch erhebliche
Lücken. Zehn Prozent aller Blütenpflanzen und Fische sind noch zu entdecken und zu beschreiben.
Diese Wissenslücke in bezug auf das biologische Gefüge der Erde ist auch der Grund dafür, daß wir die
Konsequenzen der Verluste an biologischer Vielfalt
nicht mit Bestimmtheit voraussagen können.
Nur mit umfangreichen Forschungsvorhaben läßt
sich die Aufgabe lösen, tropische Arten in ihrer na-

türlichen Umgebung zu bestimmen und zu beschreiben. Ein Beispiel: der Entomologe Terry Erwin hat bei seinen Forschungsarbeiten in den Regenwäldern Mittelamerikas und des Amazonas bis zu 14 000 Arten auf einem Hektar gefunden, mehr als ein Viertel davon Käfer.[14] Weitere Studien in den Tropenwäldern des Tieflandes von Panama haben ihn zu dem Ergebnis gebracht, daß es in allen tropischen Wäldern zusammen bis zu 30 Millionen Insektenarten geben muß. Vier von fünf der dort gesammelten Spezies leben nur in ganz bestimmten Arten von Wäldern, und 13 Prozent beschränken sich sogar nur auf eine Baumart. Diese Spezialisierung macht die tropischen Insekten so empfindlich gegen Störungen.[15]
Das ehrgeizigste Vorhaben in der Insektenforschung wurde vor kurzem auf der indonesischen Insel Sulawesi an der Dumoga-Bone-Wasserscheide durchgeführt.[16] Es wurden komplizierte ökologische Zusammenhänge zwischen Landwirtschaft und Wald deutlich, die auf die Zukunft der Landwirtschaft in Sulawesi einen ebenso nachhaltigen Einfluß ausüben können wie die Wasservorräte.[17]
Der Wert solcher örtlich begrenzten Erhebungen liegt auf der Hand – was fehlt, ist jedoch eine weltweit angelegte Aufnahme des biologischen Inventars, wie zum Beispiel der Wälder oder Böden, mit der sich die Lücken in unserem Verständnis von der Biosphäre schließen lassen.[18]
1980 hat der zuständige Ausschuß der Nationalen Akademie der Wissenschaften der USA ein Intensivprogramm zur Ausbildung von Biologen angeregt, verstärkte finanzielle Förderung der Bestandsaufnahmen vorgeschlagen und elf Gebiete in den Tropen als Forschungsschwerpunkte benannt. Diese Überlegungen zu ersten, bescheidenen Schritten in Richtung auf eine weltweite Artenzählung sind seitdem in Vergessenheit geraten; man sollte ihnen wieder mehr Aufmerksamkeit widmen.[19]

Erforschung tropischer Ökosysteme

Diese »Wissenschaft von der Seltenheit und Vielfalt« ist eine Mischung aus Genetik, Ökologie und Methoden zur Bewirtschaftung der natürlichen Ressourcen; sie soll die Entscheidungsfindung bei notwendigen Naturschutzmaßnahmen erleichtern.[20] In der Nähe von Manaus haben der World Wildlife Fund und das brasilianische Institut für Amazonasforschung 1979 ein Projekt zur Erkundung der kritischen Mindestgröße von Ökosystemen ins Leben gerufen. In Brasilien gibt es eine gesetzliche Vorschrift, nach der das Gebiet einer Rinderfarm zur Hälfte bewaldet bleiben muß; Forscher und Viehzüchter haben bei einer Reihe von Rodungen zusammengearbeitet und dabei einige Waldschutzgebiete eingerichtet, deren Umfang von einem Hektar bis zu 10 000 Hektar reicht. Dieses Großprojekt erlaubt es den Wissenschaftlern, den Prozeß des Artensterbens und -wandels zu beobachten.[21]

Das Projekt zur kritischen Mindestgröße wird zum ersten Mal die Geschwindigkeit und die verschiedenen Verlaufsmuster des Artenverlustes sichtbar machen, die auf dem Weg zu einem neuen Gleichgewicht der Pflanzen- und Tierpopulationen auftreten. Die Untersuchungen in den einzelnen Schutzgebieten konzentrieren sich auf zwei Schlüsselfragen: Erstens, sterben die Arten in einer bestimmten Reihenfolge aus? Und zweitens, haben Teilstücke von derselben Größe am Ende auch denselben Artenbestand? In den kleineren Schutzgebieten hat es schon meßbare Veränderungen gegeben; wenn die Beobachtungen aus den größeren Gebieten erst das Bild ergänzen, werden Wissenschaftler und Politiker in der Lage sein, über Art und Ort weiterer Schutzgebiete so zu entscheiden, daß die imposante Vielfalt des Amazonas so weit wie möglich erhalten bleibt.[22, 23]

5. Artenverlust

Edward O. Wilson hat die Vereinigten Staaten, die immer noch der größte Geldgeber für die Tropenforschung sind, aufgefordert, ein Internationales Jahrzehnt zur Erforschung der Lebensformen auszurufen, um die wissenschaftlichen und finanziellen Mittel auf die drängenden Probleme der biologischen Vielfalt zu konzentrieren.[24] Inzwischen erhält das ehrgeizige Forschungsprogramm »Jahrzehnt der Tropen« bereits breite internationale Unterstützung. Dieses Projekt wurde 1982 ohne großen publizistischen Aufwand von der in Paris ansässigen »International Union of Biological Sciences« (IUBS) ins Leben gerufen und wird von 47 Wissenschaftsakademien und 66 wissenschaftlichen Vereinigungen getragen.[25]

1980 wurden etwa 35 Millionen Dollar für die Erforschung der Tropenbiologie ausgegeben, nicht gerechnet die Aufwendungen für angewandte Forschung in der Land- und Forstwirtschaft. Bis 1986 hat sich die Gesamtsumme möglicherweise schon auf 50 bis 75 Millionen Dollar erhöht, nachdem die Umweltprobleme der Tropen bei den Geldgebern immer mehr Aufmerksamkeit finden.[26]

Die Zukunft einer der wichtigsten Finanzquellen – der amerikanischen Entwicklungshilfe für Forschungszwecke – ist ungewiß. Forschungs- und Technologieprogramme sind im Haushaltsjahr 1986/1987 um mehr als 22 Prozent oder 63 Millionen Dollar gekürzt worden, weil mit der Entwicklungshilfe einerseits politische Ziele verfolgt werden sollen, und weil es andererseits Kürzungen wegen des Haushaltsdefizits gibt.[27] 1987 hat das Amt für Technologiefolgenabschätzung (OTA) dem amerikanischen Kongreß empfohlen, er möge die National Science Foundation (NSF) anweisen, ein Forschungsprogramm »Naturschutzbiologie« aufzulegen.[28]

Ökologische Wiederinstandsetzung

Keine andere Veränderung auf der Erde hat so dramatische Ausmaße angenommen wie die menschlichen Eingriffe in das Ökosystem des Waldes. Von den Küstenwäldern Brasiliens, die Darwin so bewunderte, sind gerade noch zehn Prozent erhalten. Knapp zwei Prozent des tropischen Trockenwaldes, der einst die Pazifikküste von Mittelamerika bis zum Golf von Kalifornien bedeckte, stehen noch. Je mehr die leichter zugänglichen Wälder abgeholzt wurden, desto mehr hat sich der Druck auf die tropischen Regenwälder verlagert. Im Amazonas- und Zairebecken, im Küstengebiet Westafrikas, in Mittelamerika und in der Inselwelt Südostasiens sind die geschlossenen tropischen Wälder schätzungsweise schon um 44 Prozent ihrer ursprünglichen Fläche von 1,6 Milliarden Hektar reduziert worden.[29]

»Viele Biologen sind der Ansicht, daß die amtlichen Statistiken das Ausmaß der Abholzungen bei weitem unterschätzen.«

Viele Biologen sind der Ansicht, daß die amtlichen Statistiken das Ausmaß der Abholzungen bei weitem unterschätzen. Nach einer neueren Schätzung der UN-Kommission für Umwelt und Entwicklung werden, zusätzlich zu der totalen Abholzung von 7,6 bis 10 Millionen Hektar tropischen Regenwaldes, jährlich weitere 10 Millionen Hektar »äußerst schwer geschädigt«.[30]

Im Gegensatz zu anderen Waldarten hat sich der Nutzen gerodeter Tropenwälder oft als kurzlebig und illusorisch erwiesen. Von den 15 bis 17 Millionen Hektar, die am Amazonas in Weide- oder Akkerland umgewandelt wurden, ist inzwischen mindestens die Hälfte aufgegeben. Es hat sich nämlich gezeigt, daß der Boden unter den Amazonaswäldern Ackerbau oder Viehzucht oft nicht länger als vier bis acht Jahre zuläßt. Dieses Land, wertlos für die konventionelle Landwirtschaft, steht heute nicht mehr als Vorratsfläche für die biologische Vielfalt zur Verfügung.[31]

Selbst so hochgradig ausgebeutetes Land muß aber nicht als biologischer Totalverlust abgeschrieben werden. Der Biologe Christopher Uhl (Pennsylvania State University) meint, daß die gesamte bisher im Amazonasgebiet entwaldete Fläche sich wieder erholen kann.[32] Die Frage nach den Möglichkeiten menschlich geleiteter Renaturierung läßt sich aus den Untersuchungen der Selbstheilungskräfte von Ökosystemen beantworten. Uhl hat den Erholungsprozeß tropischer Wälder im Süden Venezuelas, im Bundesstaat Par in Brasilien und im Amazonasbekken mehr als zehn Jahre lang beobachtet. Dabei kam er zu dem Ergebnis, daß es 150 Jahre dauern würde, bis ein Wald vollkommen wiederhergestellt ist.[33] Jede längere Störung zieht den Wiederherstellungsprozeß in die Länge, da »wohl an die tausend Jahre vergehen werden, bis die Biomasse wieder die Menge eines reifen Waldes erreicht hat«.[34] Zur Zeit entwickelt sich eine neue Disziplin: die der ökologischen Sanierung oder Renaturierung, die auf den Untersuchungen der natürlichen Erholung von Ökosystemen aufbaut. Ziel der Sanierung ist die Wiederherstellung der heimischen Tier- und Pflanzengemeinschaften.[35]

Die groß angelegte Umwandlung tropischer Ökosysteme hat ihren Vorläufer in der Entwicklung, die sich auf den riesigen Graslandgebieten Nordamerikas vor gerade hundert Jahren abspielte. Die 300 Millionen Hektar Hochgrasprärie, die früher den Mittleren Westen der Vereinigten Staaten bedeckten, sind heute durch Ackerbau, Weidewirtschaft und die Invasion exotischer Pflanzen auf weniger als ein Zehntel Prozent ihrer ursprünglichen Ausdehnung geschrumpft. Dieser kleine Rest war die

Grundlage für die ersten gezielten Experimente auf dem Gebiet der ökologischen Sanierung.

1934 begann der Ökologe Aldo Leopold, Pläne zur Sanierung der Prärie zu entwerfen. Er versuchte, die heimischen Pflanzengemeinschaften so wiederherzustellen, wie die ersten Siedler sie in Wisconsin vorgefunden hatten. Wie er vermutet hatte, war es nicht damit getan, Samen auszustreuen und dann auf das Beste zu hoffen. Um natürliche Folgewirkungen auszulösen, müssen die einheimischen Pflanzen nach bestimmten Mustern und in einer bestimmten Reihenfolge neu eingeführt werden. »Man bekommt heutzutage nicht dadurch eine Prärie, daß man ein Stück Land einzäunt und darauf wartet, daß das Gras wieder anfängt zu wachsen«, schreibt Walter Truett Anderson. »Wenn man das tut, bekommt man eine interessante Sammlung von Unkräutern aus aller Welt.«[36]

»Man bekommt heutzutage nicht dadurch eine Prärie, daß man ein Stück Land einzäunt und darauf wartet, daß das Gras wieder anfängt zu wachsen.«

Leopolds Arbeiten werden an den verschiedensten Ökosystemen fortgeführt, eine Reihe anderer Sanierungsprojekte ist in den letzten Jahren neu in Angriff genommen worden.[37] In der 3500 Hektar großen Konza-Prärie bei Manhattan, Kansas, haben Forscher festgestellt, daß die Vielfalt der Präriepflanzen und -tiere davon abhängt, daß es in regelmäßigen Abständen brennt. Ein Präriebrand alle vier bis sechs Jahre bringt mehr Gräser, größere Blütenpflanzen und mehr Insekten als jedes andere Verfahren.

In einigen Teilen der Prärie haben die Wissenschaftler Bison, Elch und Gabelantilope wieder eingeführt, um die Auswirkungen ihres Weideverhaltens mit der des dort gehaltenen Viehs zu vergleichen.

5. Artenverlust

Obwohl Konza selbst keine sanierte Prärie ist, werden die dort gesammelten Erfahrungen bei der Renaturierung anderer Gebiete hilfreich sein.[38] Insbesondere an der Ostküste der USA werden auch Salz- und Süßwasserfeuchtgebiete saniert. Marschen, Sümpfe und Seegrasgebiete spielen, obwohl sie eine geringere Vielfalt aufzuweisen haben als andere heimische Pflanzengemeinschaften, eine entscheidende Rolle als Laich- und Nahrungsgründe für viele Fischarten, aber auch als lebender Abwasserfilter. Diese Feuchtgebiete sind häufig durch industrielle oder Siedlungsbebauung verschmutzt, trockengelegt oder überbaut worden.[39]

»Die schwierigsten Sanierungsaufgaben stellen sich in den Tropen, wo Wälder der verschiedensten Art in Äcker oder Weiden umgewandelt werden und der Holzeinschlag nur sehr nachlässig kontrolliert wird.«

Die schwierigsten Sanierungsaufgaben stellen sich in den Tropen, wo Wälder der verschiedensten Art in Äcker oder Weiden umgewandelt werden und der Holzeinschlag nur sehr nachlässig kontrolliert wird. Man schätzt, daß dort je Hektar aufgeforsteten Waldes 10 Hektar gerodet werden. Dazu kommt, daß man dort für alle Aufforstungen jeweils nur eine Baumart verwendet, anstatt sich an der natürlichen Artenvielfalt zu orientieren.[40]
Das bisher ehrgeizigste Sanierungsprojekt in den Tropen wird im Trockenwald von Nordwest-Costa Rica durchgeführt. Der Trockenwald ist dort, wie der Regenwald, reich an verschiedenen Arten; im Gegensatz zum Regenwald verlieren seine Bäume aber während der trockenen Jahreszeit ihre Blätter. Als die spanischen Eroberer zum ersten Mal Mittelamerika betraten, bedeckte er die Pazifikküste von Panama bis Nordmexiko. Heute ist von dem damals vorhandenen Urwald nur noch ein Fünfzigstel übrig-

geblieben. Die Böden des früheren Trockenwaldes sind allerdings, im Unterschied zu denen des Regenwaldes, als Acker- und Weideland hervorragend geeignet: Mais, Baumwolle und Rinder haben die üppige Vielfalt von Pflanzen, Tieren und Mikroorganismen verdrängt.

Der Biologe David Janzen (University of Pennsylvania) glaubt, daß sich der Trockenwald »aus dem Nichts« wiederbeleben läßt. Sein Arbeitsgebiet ist der 10 500 Hektar große Guanacaste-Nationalpark im nordwestlichen Costa Rica. Er will die wenigen intakten Trockenwaldbestände in Guanacaste, die größten noch vorhandenen in Mittelamerika, als Grundstock für die Wiederherstellung des alten, ökologisch gesunden Zustands benutzen.[41, 42]

Amerikanische Wissenschaftler planen ein ehrgeiziges Sanierungsprojekt in der Karibik, das 1992 begonnen werden soll, zum 500. Jahrestag der ersten Landung von Columbus auf den Westindischen Inseln. Hauptziel des Projekts ist die Wiederherstellung des für die Karibik typischen Trockenwaldes. Zu diesem Zweck sollen die einzelnen Arten, die jetzt nur noch an verstreuten Standorten zu finden sind, wieder in ihre ursprünglichen Zusammenhänge gebracht werden.[43]

In vielen Tropenländern gibt es einheimische Traditionen bei der Regeneration von Wäldern, die als Beispiele für die Sanierung der Tropenwälder dienen können. Ein mexikanisches Wissenschaftlerteam hat festgestellt, daß die Nachkommen der Mayas auf der Halbinsel Yucatan nützliche Bäume in Schonungen schützen und pflegen. Mit ihrer Mischung aus Obst- und Nußbäumen ähneln sie den sie umgebenden Regenwäldern in Struktur und Aussehen so sehr, daß sie »in vielen Fällen nicht voneinander zu unterscheiden sind«.[44]

Diese Schutzmethode beschränkt sich nicht auf Yucatan. Ähnliche Verfahren hat man in Brasilien, Ko-

5. Artenverlust

lumbien, Indonesien, Tanzania und Venezuela vorgefunden und dokumentiert. An manchen Orten belegen sie, wie man den Wald wirtschaftlich nutzen kann, ohne ihn dabei zu beschädigen. In Brasilien zum Beispiel haben Kautschuk- und Paranußsammler sowie andere, die ihren Lebensunterhalt mit den Erzeugnissen des Urwaldes verdienen, die Regierung aufgerufen, bestimmte Gebiete als »Nutzungsreserven« auszuweisen.[45]
Obwohl die Anlage solcher Schutzgebiete oft auf den Widerstand mächtiger Interessengruppen stößt, die an der Entwaldung verdienen, zeigt die Idee doch, daß es möglich ist, die Erhaltung der Wälder mit ihrer wirtschaftlichen Nutzung auf einen Nenner zu bringen. Mit zunehmender Anerkennung des wirtschaftlichen Nutzens dieser Methoden wird auch das Interesse an Naturschutz und Renaturierung wachsen.
Sanierungsbedürftiges Land gibt es in den Tropen in großem Umfang; das Problem liegt in der Entscheidung, wo man beginnen soll. Die indische Regierung zum Beispiel nimmt an, daß es in ihrem Land fast 175 Millionen Hektar – ungefähr die Hälfte der gesamten Fläche – zerstörtes Land gibt, dessen Erträge weit hinter den biologischen Möglichkeiten zurückbleiben und auf dem nur wenige heimische Arten leben können.[46]
Der indische Premierminister Rajiv Gandhi hat Anfang 1985 eine eigene Behörde für die Entwicklung der verödeten Gebiete gegründet, um damit die Wiederaufforstung von 5 Millionen Hektar Land im Jahr zu fördern. Obwohl der Schwerpunkt des Förderprogramms zunächst auf der Versorgung der Armen mit Brennholz und Futter für ihr Vieh liegt, läßt sich der Auftrag der Behörde, »das Ödland zu begrünen«, im kleinen Maßstab auch um ökologische Sanierungen erweitern. Auch hier, wie schon bei der Aufforstung zur Futter- und Brennholzgewinnung, liegt der

Schlüssel zu einem dauerhaften Erfolg in der Beteiligung der betroffenen Gemeinden.[47]
Eines Tages muß die Sanierung über den Rahmen von Pilotprojekten hinausgehen, wenn sie für die Erhaltung der biologischen Vielfalt spürbare Auswirkungen haben soll. Die Gelegenheit dazu bietet sich in den Vereinigten Staaten: Bis 1990 werden 16 Millionen Hektar, die zur Zeit noch als Ackerland genutzt werden, in Gras- oder Waldland umgewandelt; damit soll die Bodenerosion verringert und die landwirtschaftliche Überproduktion eingeschränkt werden. Bis heute sind von den Farmern 9 Millionen Hektar für das Programm angemeldet worden – mehr als ursprünglich geplant. Zwar handelt es sich dabei nicht um zusammenhängende Gebiete; es sind aber Flächen dabei, auf denen sich Bodenschutz und ökologische Sanierung miteinander verbinden lassen.[48,49]

»Sanierung kann den Kampf um die Erhaltung von Naturlandschaften nicht ersetzen. Man kann nicht erwarten, daß sich auf umgewandeltem Land die natürliche Vielfalt in vollem Umfang wiederherstellen läßt.«

Sanierung kann den Kampf um die Erhaltung von Naturlandschaften nicht ersetzen. Man kann nicht erwarten, daß sich auf umgewandeltem Land die natürliche Vielfalt in vollem Umfang wiederherstellen läßt. Die Sanierung kann aber dazu beitragen, die Folgen der Zerstückelung von Lebensräumen zu begrenzen; vielleicht lassen sich diese Lebensräume sogar soweit ausdehnen, daß Tiere und Pflanzen, die sonst nur in Zoos und botanischen Gärten gehalten werden, dort wieder angesiedelt werden können. Durch die Erweiterung von Flächen, die an Parks, Naturschutzgebiete und ähnliche nicht kultivierte Gebiete angrenzen, könnten einige Pflanzen und Tiere vom Aussterben verschont werden.

Die Zukunft der Entwicklung

Um das Ausmaß des Artensterbens beurteilen zu können, wird das nächste Jahrzehnt von entscheidender Bedeutung sein. Wenn die Entwaldung sich so fortsetzt, wie es sich abzeichnet, wenn die biologische Verarmung unkontrolliert weiter um sich greift und wenn sich die Bevölkerungszahl verdoppelt, wird keine Wahlmöglichkeit geben. »Bisher war noch keine Generation während ihrer eigenen Lebenszeit mit der Aussicht auf ein massenhaftes Artensterben konfrontiert«, schreibt der Wissenschaftler Norman Myers. »Keine künftige Generation wird noch einmal eine solche Herausforderung erleben; wenn diese Generation die Aufgabe nicht in den Griff bekommt, ist der Schaden da – und einen ›zweiten Versuch‹ gibt es nicht.«[50]

In den Vereinigten Staaten ist die Unterstützung von Initiativen zur Erhaltung der Artenvielfalt fester Bestandteil der Außenpolitik; die wichtigste Einrichtung ist dabei die Behörde für Internationale Entwicklung (Agency for International Development, AID). Ihre Aufgabe hat sich so ausgeweitet, daß sie jetzt auch die Bewahrung der biologischen Vielfalt und die Unterstützung von Wiederaufforstungen in den sechzig Entwicklungsländern umfaßt.

1981 übernahmen die AID und andere Regierungsstellen gemeinsam die Schirmherrschaft für eine Konferenz über Strategien zur Erhaltung der Artenvielfalt; zwei Jahre danach hat der US-Kongreß einen wegweisenden Zusatz zum Entwicklungshilfegesetz verabschiedet, der die Bewahrung der biologischen Vielfalt als ausdrückliches Ziel der amerikanischen Entwicklungshilfe festschreibt. 1985 hat dann die AID dem Kongreß eine Strategie zur Erhaltung der Artenvielfalt vorgelegt.[51] 1986 stießen allerdings die guten Absichten auf Grenzen, die vom Haushalt gesetzt werden.[52,53]

Allmählich erkennt auch die Weltbank den Zusammenhang zwischen biologischer Vielfalt und wirtschaftlicher Entwicklung. 1986 hat sie zum ersten Mal ihre Rolle im Naturschutz bestimmt. Bis dahin war der Naturschutz Bestandteil von weniger als einem Prozent ihrer Vorhaben gewesen, obwohl alle von der Bank finanzierten Projekte ihre Auswirkungen auf die Umwelt haben.[54]

»**Bolivien ist das erste Land in den Tropen, das den Schutz seiner gefährdeten Ökosysteme mit dem Erlaß eines Teils seiner Schulden finanziert.**«

Nachdem die Weltbank Umwelt-Belangen lange Zeit gleichgültig gegenübergestanden hat, sieht sie jetzt, daß es intakte Gebiete gibt, die ernsthaft bedroht sind, und daß die Erhaltung dieses natürlichen Zustandes mehr zur wirtschaftlichen Entwicklung beiträgt als jede Umwandlung. Diese neue Politik soll ausdrücklich »die Aussterbensrate, die zur Zeit herrscht, auf ein wesentlich niedrigeres Niveau – vielleicht sogar das natürliche – senken, ohne den wirtschaftlichen Fortschritt zu behindern«. Dies ist das erste Beispiel einer Entwicklungspolitik, die sich dadurch rechtfertigt, daß sie mögliche Auswirkungen auf das Artensterben berücksichtigt.[55,56]

Im Mai 1987 gab die Weltbank die Einrichtung einer Umweltabteilung bekannt, zu deren Aufgaben es gehört, die Leitung der Bank bei der Planung und Durchführung ihrer entwicklungspolitischen Entscheidungen zu beraten. Neu eingerichtete Umweltbüros in den vier Regionalabteilungen sollen die Projekte überwachen und neue Verfahren für den Umgang mit natürlichen Ressourcen fördern. Die Weltbank stellt fest, daß »es eine verträgliche Entwicklung nur gibt, wenn mit den Ressourcen richtig umgegangen wird, und nicht, wenn sie ausgebeutet werden«.[57]

Bolivien ist das erste Land in den Tropen, das den Schutz seiner gefährdeten Ökosysteme mit dem Erlaß eines Teils seiner Schulden finanziert. Eine amerikanische Umweltgruppe hat einen Teilbetrag der Auslandsschulden Boliviens in der Höhe von 650 000 Dollar abgelöst, dessen Preis private Kreditgeber auf 100 000 Dollar ermäßigt hatten, weil sie Zweifel hatten, die gesamte Summe von Bolivien selbst zurückzuerhalten. Im Gegenzug hat die bolivianische Regierung eine 1,6 Millionen Hektar große Pufferzone aus Wald- und Grasland in der Umgebung des Beni-Naturschutzgebietes ausgewiesen und eine Stiftung für die Unterhaltung dieses Gebietes mit eigenen Geldern ausgestattet.[58]

Solche Tauschgeschäfte »Schulden gegen Natur« sind zur Zeit nur mit privaten Geldgebern abzuschließen, weil die Weltbank, der Internationale Währungsfonds und die Regierungen der Industrieländer, die den größten Teil der Kredite an die Dritte Welt vergeben, sich schon traditionell weigern, ihre Kredite abzuschreiben. Mehr Flexibilität bei diesen Institutionen, wie sie von einigen Mitgliedern des amerikanischen Kongresses gefordert wird, würde der Erhaltung der Artenvielfalt ungeahnte Chancen eröffnen. Das Abkommen mit Bolivien, das nur einen kleinen Teil der Gesamtschulden von 4 Milliarden Dollar betrifft, deutet diese Möglichkeiten nur an. Es kann festgestellt werden, daß »der Vorrat an Ideen zur Umwandlung des Schuldenberges der Dritten Welt in Tauschgeschäfte zugunsten des Naturschutzes noch längst nicht ausgeschöpft« ist.[59]

Die Zielvorstellungen von Umweltschutzgruppen und Kreditgebern bewegen sich in einer Weise aufeinander zu, die vor einigen Jahren kaum jemand vorausgesehen hat. Während die Weltbank über die Finanzierung von Naturlandschaften nachdenkt, widmen sich einige internationale Umweltorganisationen inzwischen den Problemen der wirtschaftlichen Entwicklung. So hat zum Beispiel der World Wildlife Fund vor kurzem ein Programm »Naturlandschaften und Bedürfnisse des Menschen« begonnen, mit dem versucht werden soll, kleine ländliche Entwicklungsprojekte auf der Grundlage der Ökosysteme aufzubauen, die die ortsansässige Bevölkerung mit Futter, Brennholz und Trinkwasser versorgen. Teil eines dieser Projekte ist die Entlastung der Restwälder durch die Sicherung des Grundbesitzes von Kleinbauern in Costa Rica. Ein anderes fördert die Beteiligung von sambischen Dorfbewohnern an der Erprobung von Verfahren, mit denen sie die Erträge des Landes um den South Luangwa National Park auf umweltverträgliche Art und Weise nutzen können. Mit der Unterstützung der AID soll dieses Programm in Afrika erweitert und auf Asien und Lateinamerika ausgedehnt werden.[60]

»**Die Hauptproduzenten und -verbraucher von tropischen Harthölzern versuchen, dem Verlust der Tropenwälder durch das 1985 ratifizierte Abkommen über tropische Hölzer zu begegnen.**«

Mehr als dreißig Länder bereiten zur Zeit umfassende Strategien vor, um die Schwerpunkte ihrer Umweltpolitik festzulegen und den umweltverträglichen Umgang mit ihren Ressourcen in Landesentwicklungspläne zu integrieren. Die Art dieser nationalen Initiativen ist in der »World Conservation Strategy« vorgezeichnet, die 1980 von der »International Union for the Conservation of Nature and Natural Resources« ausgearbeitet wurde. Mit Indonesien, Malaysia und Venezuela sind die Länder in diesem Programm vertreten, in denen die Artenvielfalt besonders groß ist; Brasilien, Zaire und die westafrikanischen Länder, in denen die am meisten gefährdeten Tropenwälder stehen, sind bisher nicht dabei. Diese Strategie ist zwar nicht bindend; der Versuch,

5. Artenverlust

den Naturschutz bei der politischen und wirtschaftlichen Entscheidungsfindung zu berücksichtigen, deutet aber an, daß einige Länder dabei sind, den Naturschutz nicht länger zu vernachlässigen.[61]

Die Hauptproduzenten und -verbraucher von tropischen Harthölzern versuchen, dem Verlust der Tropenwälder durch das 1985 ratifizierte Abkommen über tropische Hölzer zu begegnen. In dem Abkommen zeigt sich eine bisher nicht dagewesene Übereinstimmung in der Beurteilung des wachsenden Drucks auf die Wälder und der Risiken für die Holzproduktion, die sich daraus ergeben. Ein Bericht von »Friends of the Earth« macht dies deutlich: »Dies ist das erste Mal, daß ein Rohstoffabkommen, oder überhaupt ein Handelsabkommen, den Naturschutz in seine wirtschaftlichen Ziele einbezieht.«[62]

Bei der Eröffnungssitzung der internationalen Tropenholzorganisation im April 1987 gab Japan ein Beispiel, indem es 2 Millionen Dollar für die Wiederaufforstung und Unterhaltung der Tropenwälder zur Verfügung stellte. Als größter Importeur von Harthölzern wird Japan seit langem wegen der unverantwortlichen Abholzungen in Südostasien kritisiert. Japans geänderte Einstellung sowie die verstärkte Förderung neuer Bewirtschaftungsmethoden können Anlaß sein, die Zukunft der asiatischen Tropenwälder in einem anderen Licht zu sehen.[63]

»Nach Schätzungen von Biologen müssen bis zu 2000 Arten Säugetiere, Reptilien und Vögel ›nach‹gezüchtet werden, wenn sie nicht im Verlauf der Rodung und Zerstückelung der Wälder ausgerottet werden sollen.«

Nach Schätzungen der Biologen müssen bis zu 2000 Arten Säugetiere, Reptilien und Vögel »nach«gezüchtet werden, wenn sie nicht im Verlauf der Rodung und Zerstückelung der Wälder ausgerottet werden sollen. Die Zoos, die bei dieser Aufgabe eine Schlüsselfunktion haben, sind zu einer Art »Arche des Jahrtausends« geworden, auf der die Tiere überleben, für die es unter den gegebenen Voraussetzungen keinen Lebensraum mehr gibt; und das heißt, bis die Ansprüche des Menschen an die Natur nicht mehr wachsen.[64]

Die Zoos sind heute am »genetischen Management« einer immer größeren Zahl gefährdeter Arten beteiligt. Das Internationale Arteninventar enthält heute 2500 verschiedene Säugetiere und Vögel in 223 europäischen und nordamerikanischen Zoos.[65] Aufgrund der Finanzlage ist die Kapazität der Zoos allerdings begrenzt. William Conway, der Direktor der Zoologischen Gesellschaft von New York, nimmt an, daß sich die Zoos höchstens 900 Arten annehmen können, wenn sie überlebensfähige Populationen von Säugetieren, Vögeln, Reptilien und Amphibien halten wollen – weniger als die Hälfte der 2000 Arten, die vom Aussterben bedroht sind. Für die Hunderttausende von Insekten und Wirbellosen können sie gar nichts tun.[66]

Ähnlich wie die Zoos könnten die botanischen Gärten ihren Beitrag zur Unterstützung der ökologischen Sanierung leisten, indem sie sich gefährdeter Pflanzen annehmen und sie nach und nach wieder in ihre natürliche Umgebung zurückbringen. Dabei ist jedoch klar, daß es unmöglich ist, die gesamte Spannbreite gefährdeter Pflanzen allein in den botanischen Gärten zu erhalten. »Theoretisch mag es möglich sein, sämtliche 25 000 bis 40 000 gefährdeten Blütenpflanzen in allen botanischen Gärten der Welt zu züchten; es ist aber unrealistisch anzunehmen, daß die Populationen jemals so groß sein könnten, daß sie die Bewahrung der Vielfalt gewährleisten können«, bemerkt das »Office for Technology Assessment des amerikanischen Kongresses«.[67]

Anmerkungen zu Kapitel 5

1 Zu den Ursachen und Folgen des Artensterbens s. Steven M. Stanley, Extinction. New York 1987.
2 National Research Council (NRC), Research Priorities in Tropical Biology. Washington D.C. 1980.
3 U.S. Congress. Office of Technology Assessment (OTA), Technologies to Maintain Biological Diversity. Washington, D.C. 1987.
4 Zum Flächenbedarf für umfassende Schutzmaßnahmen s. Norman Myers, Tackling Mass Extinction of Species: A Great Creative Challenge. 26th Horace M. Albright Lectureship in Conservation. Berkeley, Cal., 1. Mai 1986.
5 R. H. McArthur und F. O. Wilson, The Theory of Island Biogeography. Princeton, N.J. 1967.
6 Daniel Simberloff, Are We on the Verge of a Mass Extinction in Tropical Rain Forests? in: David K. Elliott, Hrsg., Dynamics of Extinction. New York 1986.
7 Zu den Waldverlusten s. U.N. Food and Agriculture Organization (FAO), Tropical Forest Resources. *Forestry Paper* 30, Rom 1982.
8 William D. Newmark, A Land-Bridge Island Perspective on Mammalian Extinctions in Western North American Parks. *Nature*, 29. Januar 1987; James Gleick, Species Vanishing from Many Parks. *New York Times*, 3. Februar 1987.
9 Newmark, A Land-Bridge Island Perspective.
10 Charles Darwin, The Voyage of the Beagle. New York 1962.
11 NRC, Research Priorities in Tropical Biology.
12 Julie Ann Miller, Entomologist's Paradise. *Science News*, 2. Juni 1984; Edward O. Wilson, The Current State of Biological Diversity. National Forum on Biodiversity. Smithsonian Institution and National Academy of Sciences. Washington, D.C., 21. September 1986.
13 Alwin H. Gentry, Endemism in Tropical Versus Temperate Plant Communities, in: Michael E. Soulé, Hrsg., Conservation Biology: The Science of Scarcity and Diversity. Sunderland, Mass. 1986.
14 Richard Conniff, Inventorying Life in a »Biotic Frontier« Before it Disappears. *Smithsonian*, September 1986.
15 Miller, Entomologist's Paradise.
16 Bill Knight und Chris Schofield, Sulawesi: An Island Expedition. *New Scientist*, 3. Januar 1985; persönliche Mitteilung von Dr. William Knight, British Museum of Natureal History, 14. Januar 1987.

17 Knight und Schofield, Sulawesi: An Island Expedition.
18 Otto T. Solbrig, Rezension von: Foundations for a National Biological Survey. *Conservation Biology*, Mai 1987.
19 NRC, Research Priorities in Tropical Biology.
20 Eine Übersicht dazu findet sich in: Michael E. Soulé und Bruce A. Wilcox, Conservation Biology: An Evolutionary-Ecological Perspective. Sunderland, Mass. 1980, und in: Soulé, Conservation Biology: The Science of Scarcity and Diversity.
21 Roger H. Lewin, Parks: How Big is Big Enough? *Science*, 10. August 1984.
22 Ebd.
23 NRC, Research Priorities in Tropical Biology.
24 Edward O. Wilson, The Biological Diversity Crisis: A Challenge to Science. Issues in Science and Technology, Herbst 1985.
25 Otto T. Solbrig und Frank Golley, A Decade of the Tropics, *Biology International*, Sonderausgabe 2, 1983.
26 Persönliche Mitteilung von Peter Raven, Botanischer Garten von Missouri, St. Louis, 13. März 1987.
27 John Walsh, Science Gets Short End in Foreign Aid Funding. *Science*, 13. Februar 1987.
28 OTA, Technologies to Maintain Biological Diversity.
29 Zu den Zahlen für Brasilien s. Norman Myers, Tropical Deforestation and a Megaextinction Spasm, in: Soulé, Conservation Biology: The Science of Scarcity and Diversity; zum Trockenwald s. Daniel H. Janzen, Guanacaste National Park: Tropical Ecological and Cultural Restoration. San José, Costa Rica 1986; zu den Angaben über die geschlossenen tropischen Wälder s. World Commission on Environment and Development, Our Common Future. New York 1987.
30 World Commission on Environment and Development, Our Common Future, New York 1987.
31 Persönliche Mitteilung von Susanna Hecht, University of California – Los Angeles, 31. März 1987, auf der Grundlage von Schätzungen des Brazilian National Institute of Space Studies.
32 Persönliche Mitteilung von Christopher Uhl, 3. Februar 1987.
33 Christopher Uhl et al., Ecosystem Recovery in Amazon Caatinga Forest after Cutting, Cutting and Burning and Bulldozer Clearing Treatments. *Oikos* 38, No. 3, 1982; Christopher Uhl, You Can Keep a Good Forest Down.
34 Uhl, Ecosystem Recovery in Amazon Caatinga Forest; Uhl, You Can Keep a Good Forest Down.

35 William R. Jordan III et al., Restoration Ecology: Ecological Restoration as a Technique for Basic Research, in: William R. Jordan, Hrsg., Restoration Ecology. New York (in Vorbereitung).
36 John J. Berger, The Prairiemakers. *Sierra*, November/Dezember 1985; Walter Truett Anderson, To Govern Evolution, New York 1987.
37 William R. Jordan III et al., Ecological Restoration as a Strategy for Conserving Biological Diversity. Hintergrundpapier für das Office of Technology Assessment, U.S. Congress, März 1986; Berger, The Prairiemakers.
38 Gina Kolata, Managing the Inland Sea, *Science*, 18. Mai 1984; Chris Madson, America's Tallgrass Prairie: Sunlight and Shadow. *The Nature Conservancy News*, Juni/Juli 1986; Bryan G. Norton, The Spiral of Life. *Wilderness*, Frühjahr 1987.
39 Zur Sanierung von Feuchtgebieten s. John J. Berger, Restoring the Earth, New York 1985; William R. Jordan III, Hint of Green. *Restoration and Management Notes*, Sommer 1983; Signe Holtz, Tropical Seagrass Restoration. *Restoration and Management Notes*, Sommer 1986, und Signe Holtz, Bringing Back a Beautiful Landscape – Wetland Restoration on the Des Plaines River, Illinois. *Restoration and Management Notes*, Winter 1986.
40 Zu den Daten s. FAO, Tropical Forest Resources.
41 Janzen, Guanacaste National Park; Constance Holden, Regrowing a Dry Tropical Forest. *Science*, 14. November 1986.
42 Daniel H. Janzen, How to Grow a National Park: Basic Philosophy for Guanacaste National Park, North-western Costa Rica. University of Pennsylvania. Philadelphia 1986; Janzen, Guanacaste National Park.
43 Bosques Colòn – Ecological Restoration on Caribbean and Bahamanian Islands. Center for Restoration Ecology, University of Wisconsin, Madison 1986, unveröffentlicht.
44 Arturo Gomez-Pompa et al., The »Pet Kot«: A Man-made Tropical Forest of the Maya. *Intersciencia*, Januar/Februar 1987.
45 Mary Helena Allegretti und Stephen Schwartzman, Extractive Reserves: A Sustainable Development Alternative for Amazonia. Bericht an den World Wildlife Fund, USA. Washington, D.C. 1987.
46 Government of India, Strategies, Structures, Policies: National Wastelands Development Board. Neu Delhi, vervielfältigt, 6. Februar 1986.

47 Ebd.
48 Persönliche Mitteilung von Jim Riggle, American Farmland Trust, 10. November 1987.
49 R. Michael Miller und Julie D. Jastrow, Influence on Soil Structure Supports Agricultural Role for Prairies. Prairie Restoration. *Restoration and Management Notes*, Winter 1986.
50 Myers, Tackling Mass Extinction.
51 OTA, Technologies to Maintain Biological Diversity.
52 Ebd.
53 Ebd.; die Beiträge der Bindungsvermerke sind einer persönlichen Mitteilung von Carl Bolognese, Mitglied des Repräsentantenhauses, vom 4. Mai 1987 entnommen.
54 Sarah Gates Fitzgerald, Wold Bank Pledges to Protect Wildlands. *BioScience*, Dezember 1986; Robert Goodland, A Major New Opportunity to Finance Biodiversity Preservation. Vortrag auf dem National Forum on Biodiversity, Washington, D.C., 24. September 1986; World Bank, Wildlands: Their Protection and Management in Economic Development. Washington, D.C. 1986.
55 Goodland, A Major New Opportunity.
56 Ebd.
57 Barber B. Conables, Rede vor dem World Resources Institute am 5. Mai 1987; mündliche Auskunft vom Multilateral Development Banks Office, U.S. Department of the Treasury über die jährlichen Agrarkredite, 4. Mai 1987.
58 John Walsh, Bolivia Swaps Debt for Conservation. *Science*, 7. August 1987.
59 Ebd.
60 World Wildlife Fund – US, Linking Conservation and Development: The Program in »Wildlife and Human Needs« of the World Wildlife Fund. Washington, D.C. 1986.
61 International Union for the Conservation of Nature and Natural Resources, World Conservation Strategy. Gland 1980; zu den Ländern, in denen gegenwärtig Strategien ausgearbeitet werden, s. OTA, Technologies to Maintain Biological Diversity.
62 François Nectou und Nigel Dudley, A Hard Wood Story. London 1987.
63 David Swinbanks, Japan Faces Both Ways on Timber Conservation in Tropical Forests. *Nature*, 9. April 1987.
64 Michael Soulé et al., The Millennium Ark: How Many Staterooms, How Many Passengers? *Zoo Biology*, Vol. 5, 1986.

5. Artenverlust

65 Persönliche Mitteilung von Nathan Flesness, Minnesota Zoo, 4. März 1987.
66 Conway, zit. nach: Roger Lewin, Damage to Tropical Forests, or Why Were There So Many Kinds of Animals? *Science*, 10. Oktober 1986.
67 Persönliche Mitteilung von Kerry Walter, Center for Plant Conservation, 16. April 1987; OTA, Technologies to Maintain Biological Diversity.

Sandra Postel
6. Umweltchemikalien: Die Kontrolle muß verstärkt werden

Den Verlauf des Chemie-Zeitalters kennzeichnet eine beunruhigend große Diskrepanz zwischen Chancen und Risiken. Die Erfahrung zeigt, daß das »bessere Leben mit Chemie« mit zahlreichen unerwünschten »Nebenwirkungen« verbunden ist, die sich erst nach und nach zeigen. Pestizide, von denen man annahm, daß sie im Boden abgebaut würden, konnten in ländlichem Trinkwasser nachgewiesen werden. Chemikalien aus stillgelegten Deponien verseuchen das Erdreich und gefährden die Trinkwasserversorgung.

»Weltweit sind gegenwärtig etwa 70 000 chemische Verbindungen in Gebrauch, und jedes Jahr steigt ihre Zahl um weitere 500 bis 1000.«

Bei einem Gasunfall in einer chemischen Produktionsanlage im indischen Bhopal starben mehr als 2000 Menschen. Pestizide, die bei dem Brand einer Lagerhalle bei Basel in den Rhein gelangten, dezimierten den Fischbestand um eine halbe Million, gefährdeten die Trinkwasserversorgung in einigen angrenzenden Kommunen und richteten ernste ökologische Schäden an. Auf viele Arten – sei es durch ein dramatisches Ereignis oder durch die alltägliche Verseuchung – geraten Chemikalien außer Kontrolle. Der Einsatz von Pestiziden in der Landwirtschaft und die Entsorgung von Sondermüll aus der Chemie belasten die Umwelt jedes Jahr mit mehreren hundert Millionen Tonnen potentiell giftiger Substanzen.[1]

Schatten des Zeitalters der Chemie

Sowohl das Produktionsvolumen als auch die Zahl der chemischen Produkte haben seit dem Zweiten Weltkrieg stetig zugenommen. In den Vereinigten Staaten stieg das Jahresaufkommen an organischen Chemikalien um das Fünfzehnfache von 6,7 Mio. Tonnen im Jahre 1945 auf 102 im Jahre 1985 *(Abb. 6.1)*. Weltweit sind gegenwärtig etwa 70 000 chemische Verbindungen in Gebrauch, und jedes Jahr steigt ihre Zahl um weitere 500 bis 1000. Und noch scheinen die Möglichkeiten der chemischen Synthese bei weitem nicht erschöpft.[2, 3]

Bis in die 40er Jahre hinein hatte man in der Landwirtschaft eine Kombination von mechanischen, chemischen und biologischen Methoden angewandt, um den Schädlingsbefall der Nutzpflanzen zu begrenzen. Die Entdeckung des DDT leitete eine Ära des chemischen »Pflanzenschutzes« ein, denn es erschien ungefährlicher und wirksamer als die Arsen-, Schwermetall-, Cyano- und Nikotin-Verbindungen, die schon lange im Einsatz waren. Es war außerdem verhältnismäßig preiswert, blieb im Boden über längere Zeit aktiv und entfaltete seine Wirkung an einem breiten Spektrum von Schadinsekten. Mit den chemischen Methoden war die Schädlingsbekämpfung für die Landwirte weitaus einfacher geworden. Die Nachfrage nach Pestiziden schoß in die Höhe, während das Interesse an den Methoden des nicht-chemischen Pflanzenschutzes sank.[4]

In den Vereinigten Staaten hat sich der Einsatz von Pestiziden zwischen 1965 und 1985 nahezu verdreifacht *(Abb. 6.2)*. 1985 brachten US-amerikanische Landwirte 390 000 Tonnen Pestizide aus; das ent-

Abb. 6.1: Produktion organischer Chemikalien in den USA, 1945–1985

Quelle: US International Trade Commission

spricht einer Aufwandmenge von 2,8 kg pro Hektar. Auf ungefähr 70% der gesamten Anbaufläche (ohne Luzerneschläge, Wiesen, Weiden und Brachen) wird gespritzt; dort, wo Getreide, Baumwolle oder Soja angebaut werden, sind es sogar 95%.[5]

In den Entwicklungsländern ist der Einsatz von Pestiziden nicht so großflächig und nicht so massiv wie in den Industrienationen, obwohl er auch dort in einigen Staaten sprunghaft zugenommen hat. Der chemische Pflanzenschutz war Teil des Maßnahmenpakets, mit dem durch die »Grüne Revolution« die Agrarproduktion in der Dritten Welt erhöht werden sollte. Ein steigender Agrarexport förderte gleichzeitig einen erhöhten Pestizideinsatz. In Indien ist der Verbrauch von Pestiziden von 2000 t in den fünfziger Jahren auf mehr als 80 000 Jahrestonnen Mitte der achtziger Jahre angestiegen. Heute werden in Indien ungefähr 80 Mio. Hektar Anbaufläche gespritzt – im Vergleich zu nur 6 Mio. im Jahre 1960.[6] Leider sind die verfügbaren Daten über Erzeugung und Entsorgung von Chemieabfällen weitaus lückenhafter und widersprüchlicher als die für die Pestizidproduktion. Allein die von Land zu Land unterschiedlichen Definitionen für die verschiedenen Begriffe »Gift-«, »Sonder-« oder einfach »Industrie-Müll« erschweren einen Vergleich. Ein Großteil des Mülls wird in Deponien unter oder über Tage verbracht. Beide »Konzepte« bergen die Gefahr der Grundwasserverseuchung in sich; um so mehr, als nach Meinung zahlreicher Experten selbst aufwendig konstruierte Deponien von dem Risiko der Leckage nicht frei sind.[7]

Die fortschreitende Industrialisierung wird in vielen Entwicklungsländern unter anderem mit einem stei-

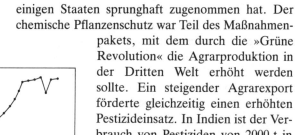

Abb. 6.2:
Pestizideinsatz in der US-Landwirtschaft, 1965–1985

Quelle: EPA (US-Umweltbehörde)

genden Aufkommen an Sonderabfällen erkauft. Deren Gesamtvolumen dürfte sich, auch wenn es nicht genau zu quantifizieren ist, gegenüber dem aus den Industrieländern des Westens allerdings eher gering ausnehmen. Nur wenige Entwicklungsländer haben gesetzliche Regelungen für den Umgang mit Sondermüll getroffen; noch weniger verfügen über die für eine geregelte Entsorgung notwendigen Technologien. Die Industrie lagert ihren Müll auf – ungesicherten – Hausmülldeponien und auf Halden oder »entsorgt« ihn ungeachtet seines Gefahrenpotentials in der Umwelt. In China zum Beispiel entstehen jährlich ungefähr 400 Mio. Tonnen Industrieabfälle, wovon ein Großteil mit Sicherheit Giftmüll ist. Seine Entsorgung beansprucht eine Fläche von 60 000 Hektar.[8]

Folgerungen und Risiken

Trotz der großen Verbreitung organischer Substanzen wissen wir immer noch zu wenig über die Gefährdungen, die von ihnen ausgehen. Der nationale Forschungsrat (NRC) der USA schätzt, daß für 79% der mehr als 48 500 Chemikalien, die eine Liste der US-Umweltbehörde (EPA) aufführt, keinerlei Daten über die Toxizität verfügbar sind. Von weniger als einem Fünftel liegen Testergebnisse über akute Giftwirkungen vor, von weniger als einem Zehntel gibt es Daten über chronische (wie z. B. krebserregende, erbgutschädigende oder mutagene) Wirkungen. Zwar werden Pestizide immer noch umfangreicheren Tests unterworfen als andere Produkte der Chemieindustrie, doch bestehen auch hier erhebliche Wissensdefizite. Wenn weiterhin Verbindungen, über deren Giftwirkung man so wenig weiß, zugelassen werden, muß man immer wieder mit negativen Nebeneffekten rechnen.[9]

6. Umweltchemikalien

Pestizide machen zwar nur einen geringen Teil der über 70 000 auf dem Weltmarkt gehandelten Chemikalien aus, doch sind sie besonders risikobehaftet. Anders als die meisten industriell hergestellten Chemikalien sind Pestizide von vornherein zu dem Zweck konzipiert worden, Organismen zu töten (oder zumindest nachhaltig zu schädigen). Zudem stellen sie aufgrund ihrer großflächigen »Verbreitung« nicht nur ein Risiko für die in der Landwirtschaft Beschäftigten dar, sondern in Form von Lebensmittelrückständen und Trinkwasser»belastungen« auch für die Gesamtbevölkerung. Jahr für Jahr kann man weltweit mit 400 000 bis 2 Millionen Pestizidvergiftungen rechnen. Ihre Opfer sind meistens Landarbeiter in den Entwicklungsländern. Die mutmaßlich 10 000 bis 40 000 Todesopfer dieser Vergiftungen relativieren die Zahl der 2000 Opfer, die das Gasunglück von Bhopal in Indien gefordert hat – so tragisch dieser Unfall auch war. Vergleichbare Zahlen für die chronischen Vergiftungserscheinungen – mit oder ohne Todesfolge –, die durch Kontakt mit geringen Dosen von Chemikalien in der Landwirtschaft verursacht werden, existieren nicht; doch auch so ist das Bild alles andere als beruhigend.[10]

»Jahr für Jahr kann man weltweit mit 400 000 bis 2 Millionen Pestizidvergiftungen rechnen. Ihre Opfer sind meistens Landarbeiter in den Entwicklungsländern.«

Viele der Chemikalien, deren Einsatz in den Industriestaaten gesetzlich eingeschränkt oder verboten ist, werden in der Dritten Welt weiterhin großflächig ausgebracht. DDT und Hexachlorbenzol, in den USA und den meisten europäischen Staaten verboten, machen immer noch ungefähr drei Viertel des Pestizidverbrauchs in Indien aus. Rückstände dieser Verbindungen, die beide als krebserregend gelten, konnten bei einer Untersuchung von Frauen im indischen Bundesstaat Punjab in allen 75 Muttermilch-Proben nachgewiesen werden. Über die Muttermilch nahmen die Säuglinge täglich das 21fache dessen auf, was die Weltgesundheitsorganisation WHO als tolerierbar erachtet. Eine andere Untersuchung wies in der Muttermilch nicaraguanischer Frauen DDT-Werte nach, die um das 45fache über dem Grenzwert der WHO lagen.[11]

Ironie des Schicksals: Auch wenn die Regierungen der Industriestaaten diese Agrochemikalien vom inländischen Markt verbannt haben, bleiben die Verbraucher über Lebensmittelimporte doch Belastungen ausgesetzt. Darüber hinaus stellt auch der Pestizideinsatz auf den Anbauflächen in den Industrienationen eine ernsthafte Gesundheitsgefährdung dar. Nach einer Untersuchung des NRC muß man im schlimmsten Fall mit einem erhöhten Krebsrisiko von 5800 Fällen pro Million Einwohner über eine Lebenszeit von 70 Jahren rechnen; die US-Umweltbehörde hält dagegen nur einen Fall auf eine Million Einwohner für »vertretbar«. Die Berechnungen des NRC kommen so auf ungefähr 1,4 Mio. zusätzlicher Krebsfälle in der US-Bevölkerung – das sind 20000 pro Jahr. Zu beinahe 80% geht dieses Risiko auf den Verzehr von nur 15 verschiedenen Nahrungsmitteln zurück. An ihrer Spitze stehen Tomaten, Rindfleisch, Kartoffeln, Orangen und Salat.[12]

Auch pestizidverseuchtes Trinkwasser – als dritter Belastungspfad – ist von zunehmender Bedeutung. Es gibt kein Land, das seine Trinkwasservorkommen systematisch auf Pestizidbelastungen untersuchen läßt, so daß das volle Ausmaß der Verseuchung unbekannt ist. Doch auch hier gibt es Anhaltspunkte, die auf ernste Gefährdungen hindeuten. Für Großbritannien sprechen vorläufige Untersuchungsergebnisse von einer flächendeckenden Verseuchung der Fließgewässer in den vorwiegend landwirtschaftlich genutzten Regionen Ost-Englands. Ein Herbizid, das mutmaßlich krebserregend ist, belastet nahezu alle Oberflächengewässer in diesen Landesteilen. Die Meßwerte liegen zum Teil bis zu 300% über dem von der EG festgelegten Grenzwert für Trinkwasser.[13]

Als Folge des ganz »gewöhnlichen« Pflanzenschutzes ist das Grundwasser in mindestens 30 Bundesstaaten der USA mit mehr als 50 verschiedenen Pestiziden belastet, und zwar vorwiegend mit Alachlor und Atrazin. Untersuchungen in Iowa, wo man über eines der vollständigsten Untersuchungsprogramme verfügt, kommen zu dem Ergebnis, daß über ein Viertel des Trinkwassers mit Pestiziden verseucht sei.[14]

Die relative Höhe der Belastung, die von Pestizidvergiftungen, Nahrungsmittelrückständen und Trinkwasserverseuchung ausgeht, hängt maßgeblich davon ab, welcher Stoffklasse das Pestizid angehört, und von der Art der Ausbringung. Organochlorverbindungen oder DDT-ähnliche Stoffe als Insektizide haben keine hohe akute Toxizität. Doch aufgrund ihrer Persistenz und ihrer Eigenschaft, sich im Fettgewebe anzulagern, kommt es zur Anreicherung über die Nahrungskette und letztendlich zu solch hohen Konzentrationen im menschlichen Körper, wie sie in den schon genannten Fällen von Muttermilchverseuchung nachgewiesen werden konnten.

»Im Jahre 1985 wurde eine Untersuchung unter Landarbeitern einer Region der brasilianischen Provinz Rio de Janeiro durchgeführt. Danach hatten sechs von zehn Arbeitern akute Pestizidvergiftungen«.

Organische Phosphor-Verbindungen werden demgegenüber zwar schneller abgebaut, sind jedoch stärker akut toxisch. Viele Landarbeiter in den Dritte-Welt-Ländern verfügen nicht über das Wissen und die Ausrüstung, die für den sachgemäßen Umgang mit solch gefährlichen Chemikalien unerläßlich sind, oder sie können schlicht und einfach die Gebrauchsanweisungen nicht lesen. Im Jahre 1985 wurde eine Untersuchung unter Landarbeitern einer Region der brasilianischen Provinz Rio de Janeiro durchgeführt. Danach hatten sechs von zehn Arbeitern akute Pestizidvergiftungen davongetragen, in zwei Dritteln der Fälle durch organische Phosphat-Verbindungen. Wie die Erfahrungen aus den Vereinigten Staaten belegen, zeigen viele der neuen Herbizide eine starke Tendenz zur Auswaschung ins Grundwasser.[15]

Möglicherweise ließe sich ein verstärkter Pestizideinsatz rechtfertigen, wenn seine zahlreichen Nachteile durch entsprechende Vorteile ausgeglichen werden könnten. Aber das dürfte zunehmend schwieriger werden. Unkrautbewuchs und Schädlingsbefall drükken die Ernteerträge auch heute um ca. 30%, um nichts weniger als vor dem Siegeszug der Chemie. Aufgrund einer strengeren, vom Gesetz geforderten Testpraxis und einer höheren molekularen Komplexität liegen die Vorlaufkosten für ein Pestizid der heutigen Generation bei etwa 20–45 Mio. US-Dollar, im Vergleich zu 1,2 Mio. im Jahre 1956.[16]

»**Entscheidend ist jedoch, daß die Chemikalien offenbar nicht mehr so das bisher gewohnte Maß an Pflanzenschutz gewährleisten können.**«

Entscheidend ist jedoch, daß die Chemikalien offenbar nicht mehr so das bisher gewohnte Maß an Pflanzenschutz gewährleisten können. In der Folge des immer massiveren Pestizideinsatzes haben viele Schädlinge Mechanismen entwickelt, mit denen sie entweder die Chemikalien, die gegen sie ausgebracht werden, »überlisten« oder andere Formen der Resistenz aufbauen können. 1938 waren der Wissenschaft erst sieben pestizidresistente Insekten- und

Milbenarten bekannt. Bis zum Jahr 1984 war diese Zahl auf 447 gestiegen, zu denen die weltweit am stärksten verbreiteten Schädlinge zählten. Vor 1970 gab es auch praktisch keine herbizidresistenten Unkräuter; ihre Zahl stieg seitdem auf mindestens 48 Arten – parallel zum verstärkten Einsatz von Herbiziden.[17]

Landwirte und Pestizidproduzenten haben sich damit auf ein Rennen gegen die rasche Anpassungsfähigkeit der Schädlinge eingelassen. Der Einsatz von Chemikalien, der die Ernteerträge steigern oder zumindest stabilisieren sollte, hat in einigen Fällen das genaue Gegenteil bewirkt. Nachdem auf den Baumwollplantagen Nicaraguas 15 Jahre lang massiv gespritzt worden war, gingen in den folgenden vier Jahren die Erträge um 30% zurück. Die Schädlinge waren resistent geworden, die Chemikalien hatten die natürlichen Feinde der Schadorganismen beseitigt, und neue Schädlingsarten waren entstanden. Auf den steigenden Befall der Nutzpflanzen reagierten die verzweifelten Landwirte mit noch massiverem Insektizideinsatz, was nur das Problem verschärfte. In diesem klassischen Fall einer »Pestizid-Spirale« stiegen die Kosten für die Schädlingsbekämpfung auf ein Drittel der gesamten Produktionskosten.[18, 19]

Während die Branche der Pestizidproduzenten weiterhin die Vorzüge und Unersetzlichkeit der Pestizidstrategie beteuert, zeigen die Fakten, daß zur Lösung der Schädlingsprobleme ein Umdenkprozeß erforderlich ist. Ähnlich wie im Fall der Pestizide steht die Erforschung der Folgen einer stetig wachsenden Produktion von Chemikalien noch ganz am Anfang. Knapp ein Jahrzehnt ist vergangen, seitdem der Fall um das Love Canal-Gelände im US-Staat New York schlagartig die ungeahnten Risiken einer völlig wahllosen Deponierung chemischer Abfallprodukte an die Öffentlichkeit kam. Noch heute existieren in den meisten Staaten der Erde nur äußerst vage Vorstellungen über das tatsächliche Ausmaß der Verseuchung von Luft, Wasser und Boden, die durch Substanzen aus der chemischen Industrie verursacht wird.

»**Im Laufe der Jahrzehnte haben sich auf Zehntausenden zum Teil stillgelegter Deponien ätzende Säuren, persistente organische Verbindungen und giftige Metalle angehäuft, ohne daß irgend jemand einen Gedanken auf ihre Umweltauswirkungen verschwendet hätte.**«

Im Laufe der Jahrzehnte haben sich auf Zehntausenden zum Teil stillgelegter Deponien ätzende Säuren, persistente organische Verbindungen und giftige Metalle angehäuft, ohne daß irgend jemand einen Gedanken auf ihre Umweltauswirkungen verschwendet hätte. Vorsichtige Schätzungen aus dem Bundesministerium für Forschung und Technologie (BMFT) gehen davon aus, daß es bundesweit mindestens 35 000 problematische Deponien gibt. Wie viele tatsächlich ernstliche Risikopotentiale beinhalten, kann noch immer nicht hinreichend genau abgeschätzt werden; doch geht man davon aus, daß die notwendigen Sanierungsmaßnahmen innerhalb des kommenden Jahrzehnts Kosten von mindestens 18 Mrd. DM verursachen werden. In Dänemark, das ebenfalls vorwiegend mit Grundwasser versorgt wird, rechnet man mit bis zu 2000 chemikalienverseuchten Deponien und mit Kosten für die Altlastensanierung von umgerechnet 260 Mio. DM.[20]
In den Vereinigten Staaten hatte die Umweltbehörde bis einschließlich Oktober 1987 insgesamt 951 Deponien aufgelistet, die einer besonderen umwelttechnischen Überwachung bedürfen. Die Behörde nimmt an, daß diese Zahl auf nicht weniger als 2500 anwachsen wird. Nach ihrer Schätzung werden sich die Sanierungskosten auf ungefähr 23 Mrd. US-Dollar belaufen. Das Amt für Technologiefolgeabschät-

zung des US-Kongresses (OTA) geht demgegenüber von möglicherweise bis zu 10000 solcher Problemfälle und Ausgaben von bis zu 100 Mrd. US-Dollar aus; das sind ungefähr 400 Dollar pro Einwohner.[21]
Über das Ausmaß der Grundwasserbelastung existiert indes kein klares Bild. Bis zum jetzigen Zeitpunkt konnten in den Grundwasserreservoiren der USA mehr als 200 verschiedene Verbindungen festgestellt werden, darunter 175 organische Chemikalien. 32 dieser organischen Verbindungen (darunter einige Pestizide) und fünf Metallverbindungen sind erwiesenermaßen karzinogen oder stehen zumindest im Verdacht. Ebenso beunruhigend ist die Tatsache, daß ein Großteil der besonders häufig nachgewiesenen belastenden Substanzen bisher nicht einmal ansatzweise auf ihre Langzeitwirkungen untersucht wurden. Die meisten bleiben von gesetzlichen Regelungen und Überwachungsprogrammen ausgenommen: Die EPA beispielsweise hat nur für etwa zwei Dutzend von Hunderten von grundwasserbelastenden Verbindungen Trinkwasser-Grenzwerte festgelegt.[22]
Abfälle aus der chemischen Produktion sind zwar nicht so weit verbreitet wie Pestizide, doch belasten auch sie die Nahrungsmittel. Einige dieser Stoffe gelangen über die Luft in Gewässer oder auf die Anbauflächen und verseuchen Fische, Nutzpflanzen und den Viehbestand auf der Weide. In Oberschlesien, einem hochindustrialisierten Kohle- und Stahlrevier, haben polnische Wissenschaftler alarmierend hohe Schwermetallkonzentrationen in Gemüse nachweisen können. Bodenproben aus Gemüsegärten der Region wiesen Werte für Cadmium, Quecksilber, Blei und Zink auf, die zwischen 30 und 70% über den von der Weltgesundheitsorganisation WHO aufgestellten Höchstmengen lagen.[23]
Selbst wenn ausreichend genaue Daten über das

Ausmaß der Verseuchung vorlägen, würde sich das tatsächliche Gesundheitsrisiko solange nicht abschätzen lassen, wie über die Wirkung subtoxischer Dosen der meisten Chemikalien so wenig bekannt ist. Der überwiegende Teil der Verbindungen ist bis heute nicht ausreichend auf seine Giftigkeit getestet worden. Dies würde Tierversuche von möglicherweise mehreren Jahren Dauer und mit Kosten von über 500 000 US-Dollar pro Verbindung erfordern. Selbst wenn dann die Ergebnisse der Tierversuche vorliegen, können immer noch unterschiedliche Risikoabschätzungen dabei herauskommen, je nach dem, welches mathematische Modell ihrer Berechnung zugrunde gelegt wird. Für das geschätzte Krebsrisiko, das von niedrigen Dosen bei einem einzelnen Pestizid ausgeht, kam ein Wissenschaftler der Stanford-University zu Werten, die je nach Berechnungsgrundlage um den Faktor von einer Million variieren konnten.[24]

»**Der überwiegende Teil der Verbindungen ist bis heute nicht ausreichend auf seine Giftigkeit getestet worden. Dies würde Tierversuche von möglicherweise mehreren Jahren Dauer und mit Kosten von über 500 000 US-Dollar pro Verbindung erfordern.**«

Einen weiteren Zugang zur Risikoabschätzung bietet die Epidemiologie, die Lehre von Ausbreitung und Verlauf bestimmter Krankheiten innerhalb der Bevölkerung. Trotz aller Hindernisse, wie zum Beispiel der Schwierigkeit, die entscheidende Substanz eindeutig zu bestimmen, geben die Ergebnisse epidemiologischer Studien an höherbelasteten Bevölkerungsgruppen allen Anlaß zur Sorge.[25] 1986 errechneten Wissenschaftler für Landwirte im US-Bundesstaat Kansas, die mit bestimmten Herbiziden – besonders mit 2,4-D – über 20 Tage und länger pro Jahr zu tun hatten, ein sechsfach höheres Risiko, an einem bestimmten Krebs des Lymphatischen Systems zu erkranken. Sie betonen, daß dies auch ein erhöhtes Risiko für die Gesamtbevölkerung bedeuten könne, auch wenn sie niedrigeren Dosen dieser Herbizide ausgesetzt sei.[26] »Zum ersten Mal konnte unzweifelhaft der Beweis erbracht werden, daß Pestizide auch in kleinen Mengen beim Menschen Krebs auslösen.«[27]

Entwöhnung von Pestiziden

Den meisten Strategien, den Pestizideinsatz zu verringern, liegt als Leitidee der Integrierte Pflanzenschutz zugrunde. In diesem Konzept wird der Acker als ein Ökosystem angesehen, – mit einem Zusammenspiel vieler natürlicher Faktoren, dem auch Schädlinge und Unkräuter unterliegen. Das Konzept arbeitet mit Methoden der Biologischen Schädlingsbekämpfung (z. B. dem Einsatz natürlicher Feinde der Schädlinge), Anbautechniken (z. B. bestimmten Fruchtfolgen und Mischkulturen), Methoden der Gen-Manipulation (z. B. schädlingsresistenten Sorten). Dazu kommt der intelligente Einsatz von Agrochemikalien, um die Erträge zu stabilisieren und gleichzeitig Gesundheits- und Umweltschäden zu minimieren.

»Wahrscheinlich hat kein Staat der Welt mehr unternommen als China, um Methoden des nicht-chemischen Pflanzenschutzes durchzusetzen.«

Das Ziel besteht hierbei nicht, Insekten oder Unkräuter auszurotten, sondern ihre Populationsdichte soweit zu verringern, daß sie keine wirtschaftlichen Verluste mehr verursachen. Bei diesem integrierten Konzept setzen die Landwirte die Chemie sehr gezielt und auch nur dann ein, wenn es unvermeidlich ist, auf keinen Fall aber präventiv. Der Integrierte Pflanzenschutz erfordert die Kenntnis der Vermehrungszyklen von Schädlingen, ihres Verhaltens, ihrer natürlichen Feinde, der Art und Weise, in der Anbautechniken und der Chemieeinsatz die Größe der Schädlings- und Nützlingspopulationen beeinflussen können, und die Kenntnis vieler weiterer Merkmale von Acker-Ökosystemen.

Wahrscheinlich hat kein Staat der Welt mehr unternommen als China, um Methoden des nicht-chemischen Pflanzenschutzes durchzusetzen. Das Land kann mittlerweile einige Erfolge im Integrierten Pflanzenschutz und der biologischen Schädlingsbekämpfung vorweisen *(Tab. 6.1)*. Bereits dreißig Jahre lang hilft ein landesweites Netz von Pflanzenschutzdienststellen den Bauern, Schädlingsbefall zu erkennen und zu bekämpfen. Hunderte von Meß- und Informations-Sammelstellen – über das ganze Land verteilt – geben ihre Daten an die jeweiligen regionalen Zentralen weiter. Diese wiederum lassen ihre Auswertungen über die Größe der beobachteten Schädlingspopulationen, die Zahl der natürlichen Feinde und die Witterungsbedingungen ungefähr 500 landwirtschaftlichen Genossenschaften zukommen.

»Brasilien hat in den vergangenen zehn Jahren beim Anbau von Soja wesentliche Schritte zur Etablierung des Integrierten Pflanzenschutzes unternommen.«

In den Jahren zwischen 1979 und 1981 fertigten chinesische Wissenschaftler zahlreiche Studien an, die Aufschluß darüber gaben, welche Organismen die Bauern als Nützlinge einsetzen können. Hieraus wurde eine Fülle von Methoden des biologischen Pflanzenschutzes abgeleitet. Es bleibt allerdings abzuwarten, wieweit China mit Einführung eines neuen Agrarmodells, das marktwirtschaftlich mit Leistungsanreizen arbeitet, die eindeutige Ausrichtung auf ökologisch orientierte Schädlingsbekämpfung beibehalten wird.[28]

6. Umweltchemikalien

Tab. 6.1: Ausgewählte Beispiele für den erfolgreichen Einsatz integrierter oder biologischer Pflanzenschutzverfahren

Land oder Region	Nutzpflanze	Strategie	Auswirkung
Brasilien	Soja	IPS	Pestizideinsatz ging in einem Zeitraum von 7 Jahren um 80–90% zurück
Provinz Jiangsu, VR China	Baumwolle	IPS	Pestizideinsatz ging um 90% zurück, die Kosten für Pflanzenschutz um 84%; Erträge konnten gesteigert werden
Orissa, Indien	Reis	IPS	Insektizideinsatz um 35–50% gesenkt
Süd-Texas, USA	Baumwolle	IPS	Insektizideinsatz um 88% gesenkt; der Nettogewinn für Farmer stieg um 77 US-Dollar/ha
Nicaragua	Baumwolle	IPS	Maßnahmen in den Mittsiebzigern senkten den Insektizideinsatz bei steigenden Erträgen um ein Drittel
Agnatoria, Afrika	Maniok	BPS	Mehlkäferseuche wird auf ca. 65 Mio Hektar Anbaufläche durch den Einsatz einer parasitierenden Wespe »kontrolliert«
Arkansas, USA	Reis, Soja	BPS	Kommerzielles »Bioherbizid« auf Pilzbasis hemmt Unkrautwuchs
Provinz Guangdong, VR China	Zuckerrohr	BPS	Erfolgreicher Einsatz einer parasitierenden Wespe gegen; Kosten betragen nur etwa ⅓ eines chemischen Pflanzenschutzes
Provinz Jilin, VR China	Getreide	BPS	Erfolgreicher Einsatz von Pilzpräparaten und parasitierenden Wespen gegen den Zuckerrohrbohrer; Pflanzenkrankheiten auf 80–90% der Anbaufläche
Costa Rica	Banane	BPS	Stop des Pestizideinsatzes; Wiedereinführung natürlicher Feinde zur Schädlingsbekämpfung

Land oder Region	Nutzpflanze	Strategie	Auswirkung
Sri Lanka	Kokos	BPS	Ein Nützling, in den frühen 70er Jahren eingeführt (Kosten 32 250 US-Dollar), verhindert Ernteschäden in Höhe von 11,3 Mio US-Dollar jährlich

IPS = Integrierter Pflanzenschutz, BPS = Biologischer Pflanzenschutz
Quelle: Worldwatch Institute, zusammengestellt aus verschiedenen Quellen

Brasilien hat in den vergangenen zehn Jahren beim Anbau von Soja wesentliche Schritte zur Etablierung des Integrierten Pflanzenschutzes unternommen. Bis zum Anfang der 80er Jahre waren bereits 30% der Soja-Erzeuger Brasiliens auf integrierte Methoden umgestiegen. Der Insektizideinsatz lag bei ihnen um 80–90% unterhalb des Standards von 1975, dem Jahr vor der Einführung des Programms.[29]

Auch Industrienationen können von einem Integrierten Ansatz im Pflanzenschutz profitieren. Der Preisverfall bei Agrarprodukten und eine zunehmende Verschuldung der Landwirte lassen die Maßnahmen zur Senkung der Investitionskosten ebenso wichtig erscheinen wie die zur Ertragssteigerung, zumal es als gesichert gelten kann, daß sich der Integrierte Pflanzenschutz bezahlt macht. In den USA waren bis zum Jahre 1984 bereits Integrierte Pflanzenschutzprogramme für mindestens 40 Nutzpflanzenarten auf einer Fläche von 11 Mio. Hektar in Kraft; das entspricht ungefähr 8% der gesamten Anbaufläche der USA.[30]

Eine Bewertung des US-Förderprogramms aus dem Jahre 1987 zeigt, daß die Landwirte, die auf Integrierten Pflanzenschutz umgestellt hatten, auch ökonomisch davon profitieren. Aus vergleichenden Untersuchungen geht hervor, daß der Teil der US-Landwirtschaft, der Integrierten Pflanzenschutz betrieb, insgesamt 579 Mio. US-Dollar mehr verdiente, als es mit herkömmlichen Anbaumethoden möglich gewesen wäre *(Tab. 6.2)*. Selbst die Programme, die eher auf eine Verringerung des Pestizideinsatzes als auf höhere Gewinne abzielen, können eindrucksvolle Ergebnisse vorweisen.

Beispielsweise wurde der Einsatz integrierter Methoden in den USA bereits in den frühen siebziger Jahren im Baumwoll-, Sorghum- und Erdnußanbau verstärkt. Bis zum Jahre 1982 war bei diesen Pflanzen der Insektizideinsatz drastisch gesunken *(Tab. 6.3)*.

Im Gegensatz dazu erhöhte sich der Insektizidverbrauch auf solchen Flächen geringfügig, auf denen Getreide und Soja angebaut wurden – Pflanzen, bei denen der Integrierte Pflanzenschutz marginal blieb. Als Folge davon löste das Getreide die Baumwolle als meistgespritzte Nutzpflanze in den USA ab.[31]

»**Unter den biologischen Methoden der Schädlingsbekämpfung finden sich einige der elegantesten und nachhaltigsten Lösungen von Schädlingsproblemen.**«

Unter den biologischen Methoden der Schädlingsbekämpfung finden sich eine Reihe interessanter Ansätze: Dazu gehört die »klassische« biologische Schädlingsbekämpfung, bei der ein Nützling in dem schädlingsbefallenen Anbaugebiet freigesetzt wird. Seit den 60er Jahren des vorigen Jahrhunderts haben Wissenschaftler weltweit etwa 300 Organismenarten im Zuge klassischer Bekämpfungskampagnen eingesetzt.[32]

Zu den größten Erfolgen biologischer Verfahren zählt derzeit der Schutz des Maniok in Afrika vor den verheerenden Schäden durch den Befall mit Mehlkäfern und grünen Spinnmilben. Ohne natürliche Feinde konnten sich beide Pflanzenkrankheiten Anfang der siebziger Jahre, kurz nachdem sie zum ersten Mal beobachtet worden waren, rasch ausbreiten. Bis 1982 hatte der Mehlkäfer einen Großteil der

Tab. 6.2: USA: Durchschnittlicher ökonomischer Nutzen des Integrierten Pflanzenschutzes, geschätzt; ausgewählte Beispiele aus den frühen 80er Jahren

US-Bundesstaat	Nutzpflanze	Steigerung der Netto-Gewinne bei Einsatz von Integrierten Verfahren	
		Steigerung der Hektarerträge	Summe
		(US-Dollar/ha)	(1000 US-Dollar)
Georgia	Erdnuß	154	62 600
Indiana	Getreide	72	134 230
Kalifornien	Mandelbäume	769	96 580
Kentucky	Getreide	21	890
Massachusetts	Apfel	222	400
Mississippi	Baumwolle	122	29 680
New York	Apfel	528	33 000
North Carolina	Tabak	6	780
Nord-West[1]	Luzerneschläge	132	2 420
Texas	Baumwolle	282	215 830
Virginia	Soja	10	2 570
Summe			578 980

1 Idaho, Nevada, Montana, Oregon und Washington

Quelle: Virginia Cooperative Extension Service, Virginia Tech und Virginia State Universities, in Zusammenarbeit mit dem USDA Extension Service. The National Evaluation of Extension's Integrated Pest Management (IPM) Programs (Washington D.C.; U.S. Department of Agriculture, 1987)

Maniok-Anbaugebiete (in 34 Staaten) befallen. Zusammengenommen verursachten die beiden Pflanzenseuchen Ertragseinbußen von 10–60%; das bedeutete Verluste von umgerechnet 2 Milliarden US-Dollar jährlich.[33]

Die Verantwortlichen der betroffenen Staaten schlossen jedoch einen breiten Pestizideinsatz aus, da die vorhandene Infrastruktur eine Versorgung der betroffenen Bauern mit den entsprechenden Agrochemikalien ohnehin nicht gewährleisten konnte. Statt dessen legte die Internationale Behörde für Tropischen Landbau (IITA) mit Sitz in Nigeria ein umfassendes Biologisches Schädlingsbekämpfungsprogramm vor. Umfassende Untersuchungen in Lateinamerika förderten etwa 30 Arten von natürlichen Feinden des Mehlkäfers zutage. Einige von ihnen wurden kultiviert und anschließend in Afrika freigesetzt.[34, 35]

Bei einer anderen Strategie der biologischen Schädlingsbekämpfung werden große Massen von Nützlingen während kritischer Phasen der Wachstumsperiode freigesetzt, um die Schädlingspopulation vorübergehend zu dezimieren, ähnlich wie es die meisten Pestizide tun. Der wahrscheinlich gebräuchlichste Organismus für diese Verwendung ist Trichogramma, eine kleine Wespe, die auf Eiern zahlreicher Schmetterlinge und Nachtfalter lebt. Sie ist sowohl in den gemäßigten als auch in den tropischen Breiten einsetzbar und »kontrolliert« weltweit schätzungsweise 17 Mio. Hektar Anbaufläche.[36]

Tab. 6.3: USA: Der Einfluß Integrierter Pflanzenschutzverfahren auf den Insektizideinsatz, 1971–1982

Nutzpflanze	Einsatz integrierter Verfahren	Insektizideinsatz	
		1971	1982
		(kg/ha)	(%)
Getreide	marginal	0,38	0,41	+ 8
Soja	marginal	0,15	0,17	+ 13
Sorghum	intensiv	0,30	0,18	− 41
Baumwolle	intensiv	6,63	1,68	− 75
Erdnuß	intensiv	4,48	0,86	− 81

Quelle: Frisbie R. E., Adkisson P. L.: IPM: Definitions and Current in U.S. Agriculture; in: Hoy M. A., Herzog D. C. (Hg.): Biological Control in Agricultural IPM Systems (Orlando Fla: Academic Press Inc., 1985)

Bis jetzt waren die Anwendungen im Integrierten oder biologischen Pflanzenschutz vorrangig darauf ausgerichtet, den Befall durch Schadinsekten zu reduzieren; folgerichtig ging dadurch der Insektizidverbrauch zurück. Von zunehmendem Interesse sind aber auch nicht-chemische Methoden der Unkrautbekämpfung, denn Unkräuter schmälern die Ernteerträge sicher in einem ähnlich hohen Ausmaß. Der Einsatz von Pilzen und Bakterien als »Bio-Herbizide« bietet wohl die kurzfristig vielversprechendste Perspektive, um Chemikalien aus der Unkrautbekämpfung zu verdrängen. In den vergangenen Jahren kamen zwei »Bio-Herbizide« auf den Markt, bei denen der »Wirkstoff« ein Pilz ist.[37]

Bestimmte Anbautechniken und Fruchtfolgen können ebenso erfolgreich zur Unkraut- wie zur Schädlingsbekämpfung eingesetzt werden. Eine Anwendung, die derzeit erprobt wird, ist die Mischpflanzung – beispielsweise von Leguminosen, deren Knöllchenbakterien Luftstickstoff fixieren. Die Leguminosen verhindern als natürliche Konkurrenten übermäßigen Unkrautbewuchs und versorgen den Boden für die nächste Vegetationsperiode mit Stickstoff. Auch die Rückstände aus dem Anbau von Roggen, Sorghum, Weizen oder Gerste können eine 95%ige Verringerung des Unkrautbewuchses auf ein bis zwei Monate bewirken.[38]

»**Die Zukunft Integrierter oder Biologischer Pflanzenschutzverfahren oder anderer Strategien, den Pestizideinsatz zu reduzieren, ist trotz vielversprechender Ansätze aus mehrerlei Gründen ungewiß.**«

Die Zukunft Integrierter oder Biologischer Pflanzenschutzverfahren oder anderer Strategien, den Pestizideinsatz zu reduzieren, ist trotz vielversprechender Ansätze aus mehrerlei Gründen ungewiß. Denn Fortschritte der modernen Biotechnologie können sowohl dazu dienen, nicht-chemische Methoden des Pflanzenschutzes zu fördern, als auch ihre Position zu schwächen. Beispielsweise können Nutzpflanzen mit Hilfe gentechnischer Methoden gezielter und schneller als bisher schädlingsresistent gemacht werden. Pflanzen, die weniger schädlings- und krankheitsanfällig sind, müssen nicht so stark gespritzt werden. Im Gegensatz dazu forschen ungefähr 2 Dutzend Unternehmen aus den Sparten Chemie und Biotechnik an der gentechnischen Konstruktion herbizidresistenter Nutzpflanzen. Solche Neuentwicklungen könnten jedoch einem breiteren Chemikalieneinsatz den Weg ebnen.[39]

»**Für viele Staaten gehört die Sanierung der Altlasten, die unsere Industrielandschaften wie ein Raster überziehen, zu den größten Posten ihrer Umweltschutzinvestitionen.**«

In den vergangenen Jahren haben einige US-Chemieunternehmen Herbizide entwickelt, von denen offenbar weniger Gefahren ausgehen: geringe Toxizität für Mensch und Tier, geringe Persistenz, geringe Versickerungsneigung. Diese angeblich ungefährlicheren Chemikalien könnten jedoch den Einsatz biologischer oder anderer nicht-chemischer Techniken einschränken, weil sie eine neue und verführerische Hoffnung suggerieren. In der Tat ist der überwiegende Teil der gesamten Forschungs- und Entwicklungsarbeit auf dem Gebiet der Herbizidresistenzen auf diese Verbindungen ausgerichtet.[40]

Überdenken des Umgangs mit Industrieabfällen

Für viele Staaten gehört die Sanierung der Altlasten, die unsere Industrielandschaften wie ein Raster überziehen, zu den größten Posten ihrer Umweltschutzinvestitionen. Auch wenn die Abfallwirtschaft heute weiter ist als vor einigen Jahren, wird sie trotzdem alte Gefahren gegen neue austauschen und die Gesellschaft immer wieder vor die Aufgabe kostspieliger Altlastensanierung stellen. Ohne völlig neue Ansätze zur Vermeidung, Wiederverwendung und Rückgewinnung von Abfall bleibt eine risikoarme,

zukunftsträchtige Abfallwirtschaft graue Theorie. Zwei Versuche in dieser Richtung mit schon vergleichsweise langer Erfahrung laufen derzeit in Dänemark und Bayern.[41]
In beiden Fällen bilden »Entsorgungsparks«, die mit Spezialverbrennungsöfen, Anlagen für die Beseitigung anorganischer Abfälle und Sicherheits-Deponien ausgestattet sind, das Rückgrat des Sondermüllkonzepts. Ein Netz von Sammelstellen leitet die Abfälle regionalen Anlagen zu. Bis auf wenige Ausnahmen ist die dänische bzw. bayrische Industrie dazu verpflichtet, den anfallenden Sondermüll an behördlich kontrollierte Spezialunternehmen abzugeben, die über das Entsorgungsmonopol verfügen.[42]
In scharfem Gegensatz zu diesem Ansatz steht das amerikanische System, das sich durch den Wettbewerb privater Unternehmen auszeichnet, die keine oder nur geringe Mittel von der öffentlichen Hand beziehen. Ungefähr 95% des Sondermülls aus der US-amerikanischen Industrie wird direkt auf dem Firmengelände deponiert; einzelne kommerzielle Unternehmen übernehmen den Rest. Die Rolle der US-Regierung ist streng regulativ: Sie legt lediglich Standards für den Bau und den Betrieb der Entsorgungsanlagen fest.[43]
Keinem der beiden Ansätze kann generell der Vorzug gegeben werden. Mehr als ein Jahrzehnt nach der Verabschiedung des Gesetzes für die Sondermüllentsorgung hat sich in den USA noch immer keine umfassende, störungsfreie Regelung gefunden. Demgegenüber haben einige andere Staaten – darunter Finnland, Süd-Korea und Schweden – Programme aufgelegt, die sich an den dänischen und bayrischen Ansätzen orientieren. Aus den bisherigen Erfahrungen geht hervor, daß »mehr Staat« dem Ziel einer risikoarmen Sondermüllentsorgung eher angemessen ist.[44]

6. Umweltchemikalien

Ungeachtet der Rollenverteilung zwischen Staat und Privatwirtschaft im Abfallgeschäft bedarf es doch größerer Anstrengungen aller Beteiligten, um vorrangig das Müllaufkommen zu drosseln. In den Vereinigten Staaten sind die Deponierungskosten pro Tonne auf 250 US-Dollar in die Höhe geschnellt, das bedeutet eine Steigerung um das Sechzehnfache gegenüber den frühen 70er Jahren. Die Verbrennung organischer Verbindungen kostet mittlerweile zwischen 500 und 1200 Dollar pro Tonne. Bei Dupont, dem größten Chemiekonzern der USA, überschreiten die jährlichen Kosten für Abfallentsorgung mittlerweile die 100 Millionen-Dollar-Grenze.[45]

»**Zusammen mit der Müllvermeidung in der Produktion können Recycling und Wiederverwendung der Abfallstoffe die Menge an Chemikalien verringern, die konditioniert und deponiert werden müssen.**«

Durch Müllvermeidung im Verlauf der Produktion umgehen Industrieunternehmen natürlich alle Kosten und Probleme der Aufbereitung, der Lagerung, des Transports und der Entsorgung. Aber auch ein entsprechendes Verbraucherverhalten, z. B. Mülltrennung zur besseren Wiederverwertung, führt oft zu erstaunlicher Verringerung des Müllaufkommens. In anderen Fällen sollen Produktionsprozesse umgestellt, andere Ausgangsmaterialien verwendet oder gefährliche Produkte durch harmlosere ersetzt werden.[46]

Zahlreiche Untersuchungen in einzelnen Industrieunternehmen bestätigen insgesamt, daß Müllvermeidung praktisch und kostengünstig ist *(Tab. 6.4)*. Die Minnesota Mining and Manufacturing Company zum Beispiel hat damit nahezu 300 Millionen US-Dollar eingespart.[47, 48]

Ungeachtet der Anzeichen für einen Aufschwung der Müllvermeidungskonzepte nehmen sich die bis-

Tab. 6.4: Ausgewählte Beispiele erfolgreicher industrieller Sondermüllvermeidung

Konzern/Ort	Produkt	Strategie und Ergebnis
Astra, Södertälje, Schweden	Pharmazeutika	Ein verbessertes innerbetriebliches Recycling und der Ersatz organischer Lösungsmittel durch Wasser verringerten das Aufkommen an giftigen Abfällen um die Hälfte
Borden Chem., Kalifornien, USA	Klebstoffe auf Kunstharzbasis	Durch Änderung von Reinigungs- und anderen Produktionsschritten wurden die Abwässer zu 93% weniger mit organischen Chemikalien belastet. Die Kosten für die Deponierung von Schlämmen konnten um 49 000 US-Dollar gesenkt werden
Cleo Wrap, Tennessee, USA	Geschenkpapier	Durch den Einsatz wasserlöslicher Tinte konnten jährlich 35 000 US-Dollar für Sondermüllentsorgung eingespart werden
Duphar, Amsterdam, Niederlande	Pestizide	Ein neuer Herstellungsprozeß verringerte das Giftmüllaufkommen um das 20fache
Du Pont, Barranguilla, Kolumbien	Pestizide	Eine neue Anlage zum Recycling in der Fungizidproduktion rückgewinnt Chemikalien im Wert von 50 000 US-Dollar jährlich; der Ausstoß an Abfällen wurde um 95% zurückgeschraubt
Du Pont, Valencia, Venezuela	Farbstoffe	Eine neue Anlage zur Rückgewinnung organischer Lösungsmittel macht die Entsorgung von Flüssigabfall unnötig; Einsparungen von 200 000 US-Dollar pro Jahr
3 M Minnesota, USA	Verschiedene	Ein unternehmensweites Müllvermeidungsprogramm über 12 Jahre hat das Müllaufkommen halbiert, das bedeutet Einsparungen von 300 Millionen US-Dollar

Konzern/Ort	Produkt	Strategie und Ergebnis
Pioneer Metal Finishing, New Jersey, USA	Galvanisierte Metalle	Ein neuer Verarbeitungsprozeß drosselte den Wasserverbrauch um 96%, die Produktion von Schlämmen um 20%; Einsparungen von 52 500 US-Dollar; Amortisation innerhalb von 3 Jahren

Quelle: Worldwatch Institute auf der Grundlage verschiedener Quellen.

herigen Einsparungen gegenüber dem tatsächlichen Potential gering aus. Eine Studie der INFORM, einer Wissenschaftlergruppe aus New York, kommt zu dem Ergebnis, daß die Müllvermeidung bei 29 untersuchten Chemieunternehmen trotz beachtlicher Erfolge nur bei einem kleinen Teil des Abfallaufkommens ansetzt. Die US-Umweltbehörde schätzt, daß die Auslastung nur der bisher ausgereiften Technologien zu einer Reduktion des Aufkommens in der US-Industrie um 15–30% führen könnte.[49]

Zusammen mit der Müllvermeidung in der Produktion können Recycling und Wiederverwendung der Abfallstoffe die Menge an Chemikalien verringern, die konditioniert und deponiert werden müssen. Damit könnte zumindest teilweise verhindert werden, daß giftige Chemikalien überhaupt in die Umwelt gelangen. Allem Anschein nach ist Japan von allen Industrienationen beim Recycling und der Wiederverwendung von Industrieabfällen am weitesten. Von dem geschätzten Gesamtaufkommen von 220 Mio. Tonnen im Jahre 1983 wurde mehr als die Hälfte einer Rückgewinnung zugeführt *(Tab. 6.5)*. Ein weiterer Anteil von 31% wurde verbrannt, entwässert oder auf andere Weise vernichtet. Nur 18% mußten direkt deponiert werden. Da sich diese Zahlen jedoch auf den gesamten Industriemüll beziehen, nicht nur auf Sonder- bzw. Giftmüll, sind sie schwer mit denen aus anderen Staaten zu vergleichen. Beachtlich bleiben die japanischen Bemühungen auf jeden Fall.

In unterschiedlichem Ausmaß haben in Japan, den USA und Kanada sowie Teilen Westeuropas auch Abfall»börsen« den Grad der Wiederverwertung oder Wiederverwendung von Produktionsabfällen erhöht. Diese Dienstleistungseinrichtungen schlagen »Kapital« aus der einfachen Tatsache, daß Abfälle aus einer Fertigung durchaus Rohstoffe in einer anderen sein können. Viele dieser Einrichtungen geben einfach Kataloge heraus, die Angebot und Nachfrage für Abfälle enthalten, um die Industrieunternehmen über den vorhandenen Markt zu informieren. In Japan haben diese Börsen bereits den Absatz von Materialien ermöglicht, die zuvor nicht wiederverwertet wurden, wie z. B.: Schlämme, Schlacken und Kunststoffabfälle. Sechzehn nichtkommerzielle Einrichtungen dieser Art arbeiten derzeit auf dem nordamerikanischen Kontinent, einige von ihnen erst in den letzten Jahren mit Erfolg.[50]

Tab. 6.5: Japan: Industrielle Abfallbeseitigung, 1983

	Masse	Anteil am Gesamtaufkommen
	(Mio. t)	(%)
Gesamtaufkommen	220,5	100
wiederverwertet oder wiederverwendet	112,7	51
außerbetriebliche Rückgewinnung	(78,5)	(36)
innerbetriebliche Rückgewinnung	(34,2)	(15)
reduziert durch Konditionierung und Verbrennung	68,9	31
direkt deponiert	38,9	18

Quelle: Clean Japan Center: Recycling '86: Turing Waste into Resources, Tokyo 1986

Entgiftung der Umwelt

Um das nahezu ungebrochene Vertrauen der Landwirte in den Chemikalieneinsatz zu erschüttern, bedarf es eines noch weit größeren Aufwands an Forschung und Entwicklung von nicht-chemischen Methoden der Schädlings- und Unkrautbekämpfung als bisher. In den Vereinigten Staaten investierte der Entwicklungsdienst des US-Landwirtschaftsministeriums zwischen 1973 und 1983 48 Millionen US-Dollar in den Integrierten Pflanzenschutz.

Diese eher bescheidenen Investitionen aus öffentlichen Mitteln haben zwar die landwirtschaftlichen Erträge gesteigert, doch bei weitem noch nicht den potentiellen gesellschaftlichen Nutzen ausgeschöpft. Um den Einsatz bestimmter Fruchtfolgen, von Mischbepflanzung und biologischer Schädlingsbekämpfung zu ermöglichen, müssen die Entwicklungsdienste eng mit den Landwirten zusammenarbeiten; zu dieser Betreuung gehören Ausbildung und Unterweisung in dieser für die Landwirte bisher ungewohnten Technik. Doch noch machen die Ausgaben der Behörde für den Integrierten Pflanzenschutz seit 1981 unverändert nur 7.5 Millionen US-Dollar aus; das entspricht nur 2% des Agrarhaushalts.[51]

Weit größere öffentlich finanzierte Forschungs- und Entwicklungsarbeit ist erforderlich auf dem Gebiet biologischer, anbautechnischer und genetischer Methoden der Schädlingsbekämpfung. Denn die Privatwirtschaft hat wenig Interesse daran, eine Pflanzenschutzstrategie zu entwickeln, die beispielsweise auf Fruchtwechsel oder biologischen Verfahren beruht, weil man dafür keine vermarktungsfähigen Produkte braucht. Aber auch die öffentliche Hand kommt bisher ihrer Verpflichtung nicht nach, die finanzielle Lücke in Forschung und Entwicklung zu schließen, trotz des zu erwartenden gesellschaftlichen Nutzens. Gegenwärtig beläuft sich die Förderung des Integrierten Pflanzenschutzes in den USA auf etwa 20 Millionen US-Dollar jährlich – das ist weniger als die Entwicklungskosten für ein Pestizid betragen und nicht mehr als ein Promille der staatlichen Agrarsubventionen des Jahres 1986 von 26 Milliarden US-Dollar.[52]

»Denn die Privatwirtschaft hat wenig Interesse daran, eine Pflanzenschutzstrategie zu entwickeln, die beispielsweise auf Fruchtwechsel oder biologischen Verfahren beruht, weil man dafür keine vermarktungsfähigen Produkte braucht.«

Die staatlichen Mittel für den Ausbau von Forschung und Entwicklung könnten schon über eine nur geringfügige Pestizidbesteuerung eingenommen werden. Eine Steuer von nur zwei Prozent auf Verkäufe in den USA, die sich im Jahre 1985 auf nahezu 6.6 Milliarden Dollar beliefen, würde ausreichen, um das Jahresbudget für die Entwicklung Integrierter Pflanzenschutzverfahren um das 17fache, den Etat für die Grundlagenforschung um das 7fache und die Verbundforschung um das 5fache anzuheben.[53]

Eine solche Aufstockung der Mittel könnte einiges dazu beitragen, das Ziel einer Halbierung des Pestizideinsatzes zu erreichen. In Entwicklungsländern bieten integrierte und biologische Verfahren die Möglichkeit, Vergiftungs- und Todesfälle im Umgang mit Pestiziden zu vermeiden und gleichzeitig einen zukunftsorientierten Landbau zu etablieren. Wie der Direktor des in Großbritannien ansässigen Instituts des Commonwealth für Biologischen Pflanzenschutz betont, werden Alternativen zum Pestizideinsatz trotzdem noch immer nur als Retter in der Not betrachtet – zum Beispiel, wenn Chemikalien zu teuer geworden sind oder im Kampf gegen resistente Schädlinge versagen –, nicht aber als integraler Bestandteil der Agrarplanung und -entwicklung.[54]

Ein erster wichtiger Schritt wäre für weite Teile der Dritten Welt der Verzicht auf die massive Subventionierung des Pestizideinsatzes. Eine vergleichende Studie des World Resources Institute in Washington unter neun Entwicklungsländern – je drei aus Afrika, Asien und Lateinamerika – konnte nachweisen, daß die Höhe der Subventionen für den Pestizideinsatz sich zwischen 19% des Präparatendpreises in China und 89% im Senegal bewegte. Durch Streichung dieser Subventionen und Umwidmung der so eingesparten öffentlichen Mittel für Forschung und Entwicklung biologischer und integrierter Verfahren könnten diese Staaten einen umweltverträglicheren und weit eher zukunftsorientierten Pflanzenschutz einleiten.[55]

»**Unter wachsendem Problemdruck sehen sich inzwischen einige Regierungen zum Handeln veranlaßt, um den Pestizideinsatz endlich zu verringern.**«

Unter wachsendem Problemdruck sehen sich inzwischen einige Regierungen zum Handeln veranlaßt, um den Pestizideinsatz endlich zu verringern. Indonesien konnte zwar 1984 seinen gesamten Reisbedarf durch die Inlandsproduktion decken, doch droht der gesicherten Versorgungslage nun Gefahr in Form eines Schadinsekts, das bislang gegen jedes im Reisanbau verwendete Pestizid Resistenzen entwickeln konnte. Im November 1986 verbot Präsident Suharto den Einsatz 57 verschiedener Pestizide im Reisanbau und machte gleichzeitig den Integrierten Pflanzenschutz zur offiziellen Politik im Landbau. Bis zum Juli 1987 waren 31 000 Landwirte in entsprechenden Techniken ausgebildet worden. Kein anderes Land hat so massiv und auf höchster Ebene den Integrierten Pflanzenschutz gefördert. In Schweden wurde 1987 ein Programm verabschiedet, das Gefährdungen durch den Pestizideinsatz innerhalb der kommenden 5 Jahre halbieren soll. Ebenso zielt ein Programm der dänischen Regierung auf eine Verringerung des Pestizideinsatzes um 25% bis 1990 und um weitere 25% bis 1997 ab. Die Regierung hat den Verkauf von Pestiziden mit einer Steuer von drei Prozent belegt, um im Gegenzug Forschung, Entwicklung und Ausbildung an nicht-chemischen Verfahren zu fördern.[56, 57]

Auch in den USA haben einige Bundesstaaten, z. B. Iowa, Nebraska und Vermont, Maßnahmen zur Verminderung des Pestizideinsatzes eingeleitet, die allerdings in den USA solange keine weite Verbreitung finden werden, als die staatliche Agrarpolitik den Pestizideinsatz indirekt fördert. Die Regierung bietet den Landwirten Garantiepreise für einige Erzeugnisse und subventioniert außerdem die Ackerbrache, um Agrarüberschüsse zu vermeiden. Katherine Reichelderfer, eine Wirtschaftswissenschaftlerin des US-Landwirtschaftsministeriums, betont, daß diese Kombination von Maßnahmen die Landwirte dazu zwingt, ihre Hektarerträge – und damit das Garantieeinkommen – auf den genutzten Anbauflächen zu erhöhen. Das bedeutet einen höheren Pestizideinsatz, was die Einsparungen von Pflanzenschutzmitteln auf den Brachflächen ganz oder zumindest teilweise wieder wettmacht.[58]

Nach einer Gesetzesinitiative aus dem Jahr 1987 sollen die Behörden berechtigt sein, Ackerflächen auch aus Gründen des Trinkwasserschutzes in der Landschaftsschutzreserve auszuweisen. So könnte durch den Verbund staatlicher Maßnahmen und lokaler Bestrebungen der gesellschaftliche Nutzen des viele Milliarden Dollar schweren Agrarprogramms der US-Regierung gesteigert werden.[59]

Was Chemieabfälle aus der Industrie betrifft, hat sich noch kein Land eine effektive Langzeitstrategie zueigen gemacht. Zahlreiche Staaten Westeuropas fördern aber mittlerweile in starkem Maße die Entwicklung »sauberer Technologien« und anderer Methoden, die Vergiftung der Umwelt zu reduzieren. Die französische Regierung übernimmt beispielsweise bis zur Hälfte der Kosten für Forschungsarbeiten im Bereich umweltfreundlicher Abfalltechnologien und fördert entsprechende Pilotprojekte in einer Höhe von bis zu 10%. Offizielle Schätzungen gehen davon aus, daß im Jahre 1984 die Staatsausgaben für die Einführung »sauberer Technologien« 192 Millionen Francs (ca. 60 Mio. DM) betrugen; die Investitionen der Privatwirtschaft beliefen sich demgegenüber auf ein Vielfaches.[60]

In den Niederlanden fördert ein spezielles Komitee für Industrie und Umwelt ungefähr 200 Einzelvorhaben zur Erforschung, Entwicklung und Etablierung »sauberer Technologien«. Dafür gibt das Land jährlich umgerechnet ca. 15 Mio. DM aus, für ein Land von nur 14,5 Millionen Einwohnern eine beträchtliche Summe. Dänemark und die BRD haben ihre Maßnahmen noch verstärkt.[61]

Im Vergleich zu diesen Ansätzen sehen US-amerikanische Bemühungen eher bescheiden aus. Der Haushaltsplan der US-Umweltbehörde für 1988 sieht für Entwicklungen auf dem Gebiet der Müllvermeidung nur einen Posten von 398 000 US-Dollar vor – 0,3 Promille des Gesamthaushalts von 1,5 Milliarden; das ist noch weniger, als im Jahre 1986 bereitgestellt wurde.[62]

»Angesichts der Tatsache, daß den Vereinigten Staaten Kosten für die Altlastensanierung von 20 bis 100 Milliarden US-Dollar entstehen, erscheint es äußerst unvernünftig, die alte Binsenwahrheit zu leugnen, daß Vorbeugen besser sei als Heilen.«

Angesichts der Tatsache, daß den Vereinigten Staaten Kosten für die Altlastensanierung von 20 bis 100 Milliarden US-Dollar entstehen, erscheint es äußerst unvernünftig, die alte Binsenwahrheit zu leugnen, daß Vorbeugen besser sei als Heilen. Schon mit geringen Fördermitteln für ökologisch orientierte Abfallbeseitigung könnte die Regierung zukünftigen Problemen und Kosten vorgreifen, die sich aus einer fehlgelenkten Abfallwirtschaft, aus Kapazitätsengpässen in der Entsorgung und aus dem Bürgerwiderstand gegen den Bau neuer Deponien ergeben. Eine Gesetzesvorlage, die im Juni 1987 in den US-Kongreß eingebracht wurde, weist alle Elemente einer sinnvollen Abfallwirtschaft auf.[63, 64]

Nur wenige Entwicklungsländer haben bisher Konzepte zur Sondermüllentsorgung entwickelt. Süd-Korea scheint da eine Ausnahme zu sein, mit einer umfassenden Gesetzgebung und zwei Entsorgungsparks neuester Bauart, die 1987 den Betrieb aufgenommen haben. Ein Erfahrungsaustausch zwischen Politikern und Wirtschaftsführern aus den Industrienationen und den Entwicklungsländern könnte den Weg für eine verantwortungsbewußte Sondermüllentsorgung in der Dritten Welt ebnen. Mit einem speziellen Programm wollen beispielsweise drei US-Konzerne – Dow Chemical, Exxon und Mobil – bei der Ausbildung von Angestellten der indonesischen Umweltbehörden in der Umwelttechnik helfen, unter anderem bei Fragen der Sondermüllentsorgung.[65, 66, 67]

Anmerkungen zu Kapitel 6

1 In diesem Kapitel sind die Begriffe »Sonderabfälle«, »Giftmüll«, »Chemieabfälle« und »Industrieabfälle« oft miteinander austauschbar. Das hat zum Teil seinen Grund sicher in den von Staat zu Staat abweichenden Definitionen, mit denen gesetzliche Regelungen versuchen, Abfälle zusammenzufassen, die gesundheitsgefährdende Substanzen enthalten. Dies weicht ab von der offiziellen US-Definition, bei der »toxic waste« (also Giftmüll) ein Unterbegriff für

6. Umweltchemikalien

»hazardons waste« (am besten übersetzt mit »Sondermüll«) darstellt. Unter diesen Oberbegriff fallen auch explosive, leicht entzündliche und korrosive Abfälle.

2 Einen kurzen Überblick über die industrielle Produktion organischer Chemikalien geben: David J. Sarokin et al., Cutting Chemical Wastes, (New York INFORM. Inc., 1985); James O. Schreck, Organ Chemistry: Concepts and Applications (Saint Louis, Mo: The C. V. Mosby Company, 1975).

3 U.S. International Trade Commission, Synthetic Organic Chemicals, United States Production and Sales 1985, Government Printing Office, 1986; die Zahl der in Gebrauch befindlichen Chemikalien stammt aus: The Quest for Chemical Safety, International Register of Potentially Toxic Chemicals Bulletin, Mai 1985; die Zahl der jährlich neuen Chemikalien stammt von Michael Shodell: Risky Business, *Science* 85, Oktober 1985.

4 Michael J. Dover, A Better Mousetrap: Improving Pest Management in Agriculture (Washington D.C.: World Resources Institute 1985).

5 U.S. Environmental Protection Agency (EPA), Pesticide Industry Sales and Usage, 1985 Market Estimates, Washington. D.C. September 1986; Major Changes Coming, in: *Pesticide Law, Agricultural Outlook,* Oktober 1986; die 70%-Angabe stammt von: Herman Delvo, Agrarökonom, U.S. Department of Agriculture (USDA), Washington D.C., persönliche Mitteilung vom 6. August 1987.

6 Winnand D. E. Staring, Pesticides: Data Collection Systems and Supply. Distribution and Use in Selected Countries of the Asia-Pacific Region (Bangkok, United Nations Economic and Social Commission for Asia and the Pacific 1984); die Daten für Indien stammen von: Y. P. Gupta, Pesticide Misuse in India, *The Ecologist,* Vol. 16, No. 1, 1986.

7 Siehe z. B. U.S. Congressional Budget Office, Hazardous Waste Management, Recent Changes and Policy Alternatives (Washington D.C.: U.S. Government Printing Office 1985).

8 H. Yakowitz, Some Background Information Concerning Hazardous Waste Management in Non-OECD Countries, Vorlage für die Organization for Economic Cooperation and Development, Paris 1985; H. Jeffrey Leonard, Confronting Industrial Pollution in Rapidly Industrializing Countries: Myths, Pitfalls and Opportunities, *Ecology Law Quarterly,* Vol. 12, No. 14, 1985; China Plans Curbs on Solid Wastes, *China Daily,* 1. Mai 1985.

9 National Research Council (NRC), Toxicity Testing: Strategies to Determine Needs and Priorities, Washington D.C.: National Academy Press, 1984; Charles Benbrook, Executive Director, Board on Agriculture, National Academy of Sciences, Washington D.C., persönliche Mitteilung vom Mai 1986.
10 Foo Gaik Sim, The Pesticide Poisoning Report (Penang, Malaysia: International Organization of Consumers Unions, 1985); Dover, A Better Mousetrap, a.a.O.
11 Gupta, Pesticide Misuse in India; Centre for Science and Environment, The State of India's Environment 1984–85 (New Delhi: 1985); Sean L. Swezey et al., Nicaragua's Revolution in Pesticide Policy, *Environment,* 1986.
12 David Weir und Mark Schapiro, Circle of Poison: Pesticides and People in a Hungy World (San Francisco: Institute for Food and Development Policy, 1981); NRC, Regulating Pesticides in Food: The Delaney Paradox (Washington D.C.: National Academy Press, 1987).
13 A. Lees et al., The Effects of Pesticides on Human Health; Aktuelle Fragestunde im Agriculture Committee, House of Commons, London, 15. Mai 1986.
14 Die Daten für die Belastung stammen vom Office and Pesticide Programs, EPA, Washington, D.C., persönliche Mitteilung vom 4. Dezember 1987; Office of Ground-Water Protection, EPA Ground-Water Protection Strategy: FY 1985 Status Report, EPA, Washington, D.C., undatiert; George R. Hallberg, From Hoes to Herbicides: Agriculture and Groundwater Quality, *Journal of Soil and Water Conservation,* November/Dezember 1986; Charles M. Benbrook und Phyllis B. Moses, Engineering Crops to Resist Herbicides, *Technology Review,* November/Dezember 1986.
15 George W. Ware, Fundamentals of Pesticides (Fresno, Calif.: Thomson Publications, 1986); David Bull, A Growing Problem: Pesticides and the Third World Poor (Oxford: OXFAM, 1982); Perseu Fernando dos Santos, EMBRAPA, Jaguariuna, Brasilien, persönliche Mitteilung vom 9. April 1987; Elizabeth G. Nielsen und Linda K. Lee, The Magnitude and Costs of Groundwater Contamination from Agricultural Chemicals: A National Perspective (Washington D.C., USDA, 1987).
16 Robert L. Metcalf, Changing Role of Insecticides in Crop Protection, *Annual Review of Entomology,* Vol. 25, 1980; Michael Dover, Getting Off the Pesticide Treadmill, *Technology Review,* November/Dezember 1985; W. C. Shaw, Integrated Weed Management Systems Technology for

Pest Management, *Weed Science,* Supplement zu Vol. 30, 1982; Michael J. Dover und Brian A. Croft, Pesticide Resistance and Public Policy, *Bio Science,* Februar 1986.

17 George P. Georghiou, The Magnitude of the Resistance Problem, in: NRC, Board on Agriculture, Pesticide Resistance: Strategies and Tactics for Management (Washington D.C.: National Academy Press, 1986).

18 Swezey et al., Nicaragua's Revolution in Pesticide Policy, a.a.O.

19 Patrick W. Holden, Pesticides and Groundwater Quality: Issues and Problems in Four States, (Washinton D.C.: National Academy Press, 1986); Dover und Croft, Pesticide Resistance and Public Policy, a.a.O.

20 BMFT, Deutsch-japanisches Gespräch zu F & E auf dem Gebiet der Umwelttechnologien (Bonn, 1986); Kim Christiansen, Technologiezentrum Kopenhagen, Taastrup Denmark, persönliche Mitteilung vom 2. Februar 1987; Wechselkurs vom 1. Dezember 1987.

21 RCRA/CERCLA Hotline, EPA, Washington D.C., 31. Juli 1987; World Resources Institute/International Institute for Environment and Development, Managing Hazardous Wastes: The Unmet Challenge, in: World Ressources 1987 (New York: Basic Books, 1987); U.S. Congress, Office of Technology Assessment (OTA), Superfund Strategy (Washington D.C.: U.S. Government Printing Office, 1985).

22 Veronica I. Pye und Ruth Patrick, Ground Water Contamination in the United States, *Science,* 19. August 1983; OTA, Protecting the Nation's Groundwater from Contamination, Vol. 1 (Washington D.C.: U.S. Government Printing Office, 1984); Congress Passes Bill for Renewal of Safe Drinking Water Act with Groundwater Protection Provisions, *The Groundwater Newsletter* (Plainview, N. Y.), 30. Mai 1986.

23 Eugeniusz Pudlis, Poland Heavy Metals Pose Serious Health Problems, *Ambio,* Vol. 11 1982; Jean Pierre Lasota, Darkness at Noon, *The Science,* Juli/August 1987.

24 NRC, Toxicity Testing, a.a.O.; der Stanford-Wissenschaftler wurde zitiert nach Dale Hattis und David Kennedy, Assessing Risks from Health Hazards: An Imperfect Science, *Technology Review,* Mai/Juni 1986.

25 NRC, Drinking Water and Health, Vol. 6 (Washington D.C.: National Academy Press, 1986); Hattis und Kennedy, Assessing Risks, a.a.O.

26 Aaron Blair et al., Cancer and Pesticides Among Farmers, in: The Freshwater Foundation: Pesticides and Groundwa-

ter: A Health Concern for the Midwest (Navarre, Minn., 1987).
27 Charles M. Benbrook, Reactor Panel Statement, in: Freshwater Foundation: Pesticides and Groundwater: Health Concern for Midwest, a.a.O.
28 L. Brader, Integrated Pest Control in the Developing World, *Annual Review of Entomology*, Vol. 24, 1979; Qu Geping, Biological Control of Pests in China, *Mazingira*, Vol. 7, No. 2, 1983; Marcos Kogan, University of Illinois, Champaign-Urbana, Ill., persönliche Mitteilung vom 20. Mai 1987.
29 Michael Hansen, Escape from the Pesticide Treadmill: Alternatives to Pesticides in Developing Countries, vorläufiger Bericht, Institute for Consumer Policy Research, Consumers Union, Mount Vernon N. Y., 1986; Decio I. Gazzoni und Edilson B. de Oliveira, Soybean Insect Pest Management in Brazil – II. Program Implementation, in: P. Matteson (Hg.), Proceedings of the International Workshop in Integrated Pest Control for Grain Legumes (Brasilia: EMBRAPA 1984).
30 Virginia Cooperative Extension Service, Virginia Tech and Virginia State und USDA Extension Service, The National Evaluation of Extension's Integrated Pest Management (IPM) Programs (Washington D.C.: USDA, 1987).
31 R. F. Frisbie und P. I. Adkisson, IPM: Definitions and Current Status in U.S. Agriculture, in: Marjorie A. Hoy und Donald C. Herzog (Hg.), Biological Control in Agricultural IPM Systems (Orlando, Fla.: Academic Press. Inc., 1985).
32 Suzanne W. T. Batra, Biological Control in Agroecosystems, *Science*, 8. Januar 1982.
33 International Institute of Tropical Agriculture (IITA), Root and Tuber Improvement Program: Research Highlights 1981–1984 (Ibadan, Nigeria: 1983); Hansen, Alternatives to Pesticides in Developing Countries, a.a.O.
34 IITA, Research Highlights, a.a.O.; Hansen, Alternatives to Pesticides in Developing Countries, a.a.O.
35 IITA, Annual Report and Research Highlights 1985, (Ibadan, Nigeria: 1986); Hansen, Alternatives to Pesticides in Developing Countries, a.a.O.; Jeffrey K. Waage, Research Director, Commonwealth Institute of Biological Control, Silwood Park, United Kingdom, persönliche Mitteilung vom 20. Januar 1987.
36 D. J. Greathead und J. K. Waage, Opportunities for Biological Control of Agricultural Pests in Developing Countries, (Washington D.C.: World Bank, 1983).

37 Sara S. Rosenthal et al., Biological Methods of Weed Control (Fresno, Calif.: Thomson Publications, 1984); P. C. Quimby Jr. und H. L. Walker, Pathogens as Mechanisms for Integrated Weed Management, *Weed Science,* Supplement zu Vol. 30, 1982; Donald S. Kenney, De Vine – The Way It Was Developed – An Industrialist's View; und R. C. Bowers, Commercialization of Collego – An Industrialist's View, *Weed Science,* Vol. 34, Supplement 1, 1986.

38 R. J. Aldrich, Weed-Crop Ecology: Principles in Weed Management (North Scituate, Mass.: Breton Publishers, 1984); Alan R. Putnam et al., Exploitation of Allelopathy for Weed Control in Annual and Perennial Cropping Systems, *Journal of Chemical Ecology,* Mai 1983.

39 Benbrook und Moses, Engineering Crops to Resist Herbicides, a.a.O.

40 Ebenda.

41 Autorentreffen mit zahlreichen Verantwortlichen und Fachleuten auf dem Gebiet der Sondermüllentsorgung aus verschiedenen europäischen Staaten, Januar–Februar 1987; siehe auch Bruce Piasecki und Gary A. Davis, America's Hazardous Waste Management Future: Lessons from Europe (Westport Conn.: Greenwood Press, in Druck).

42 Per Riemann, Kommunekemi a/s, Nyborg, Dänemark, persönliche Mitteilungen vom 30. Januar 1987; GSB, Die Sondermüllbeseitigung in Bayern, München, Oktober 1983; Ulrich Materne und Helga Retsch-Preuss, Gesellschaft zur Beseitigung von Sondermüll in Bayern MbH (GSB), München, persönliche Mitteilung vom 22. Januar 1987.

43 Mark Grawford, Hazardous Waste: Where to Put It?, *Science,* 9. Januar 1987; Steve R. Drew, Regional Community Relations Manager, Chemical Waste Management, Inc., Newark Calif., persönliche Mitteilung vom 4. Mai 1987.

44 Piasecki und Davis, Lessons from Europe, a.a.O.; Rochelle L. Stanfield, Drowning in Waste, *National Journal,* 10. Mai 1986; Chemcontrol a/s, 3rd International Symposium on Operating European Hazardous Waste Management Facilities – Final Program, Odense, Dänemark 16.–19. September 1986; George Garland, Report on Consultancy to the Republic of Korea for the World Health Organization, 16. April 1987, zur Verfügung gestellt durch Garland, Office of Solid Waste, EPA, Washington D.C.

45 EPA, Report to Congress: Minimization of Hazardous Waste, Vol. 1 (Washington D.C.: 1986); Paul A. Chubb, Man-

aging Waste: Critical to Competitiveness, Wasteline (Du Pont Company), Frühjahr 1986.
46 Siehe OTA, Serious Reduction of Hazardous Waste (Washington D. C.: U. S. Government Printing Office, 1986); Sarokin et al., Cutting Chemical Wastes, a.a.O.; Donald Huisingh et al., Proven Profits from Pollution Prevention: Case Studies in Resource Conservation and Waste Reduction (Washington D. C.: Institute for Local Self-Reliance, 1986).
47 Kirsten U. Oldenburg und Joel S. Hirschhorn, Waste Reduction: A New Strategy to Avoid Pollution, *Environment*, März 1987; Kenneth Geiser et al., Foreign Practices in Hazardous Waste Minimization (Medford, Mass.: Tufts University Center for Environmental Management, 1986); How Sites Are Tackling Hazardous Waste Wasteline (Du Pont Company), Frühjahr 1986.
48 Donald Huisingh und John Aberth, Hazardous Wastes: Some Simple Solutions, *Management Review*, Juni 1986.
49 Oldenburg und Hirschhorn, Waste Reduction: A New Strategy, a.a.O.; Sarokin et al., Cutting Chemical Wastes; EPA: Waste Minimization Findings and Activities; Fact Sheet, Washington D. C., Oktober 1986.
50 Geiser et al., Foreign Practices in Hazardous Waste Minimization, a.a.O.; Walker Banning et al., North American Waste Exchanges, A History of Change and Evolution, in: Center for Environmental Studies, Arizona State University, Proceedings to the Third National Conference on Waste Exchange (Tempe, Ariz., 1986).
51 Virginia Cooperative Extension Service, National Evaluation of Extension's IPM Programs, a.a.O.; die Angaben über die Budgets von C. David MacNeal Jr., IPM Program Leader, Extension Service, USDA, Washington D. C., persönliche Mitteilung vom 28. Mai 1987.
52 Hansen, Alternatives to Pesticides in Developing Countries, a.a.O.; G. W. Bird, Alternative Futures of Agricultural Pest Management, Vorlage für ein IAA Symposium; Forschungsetats nach Schätzungen von Howard Waterworth, USDA Agricultural Research Service, Washington D. C. und von Robert C. Riley, USDA Cooperative State Research Service, Washington D. C. persönliche Mitteilung vom 28. Mai 1987.
53 Daten für den Pestizidabsatz aus EPA, Pesticide Industry: 1985 Market Estimates.
54 Banpot Napompeth: Biological Control and Integrated Pest Control in the Tropics – An Overview, Vorlage für das Symposium Towards a Second Green Revolution, From

Chemicals to New Biological Technologies in Agriculture in the Tropics, Rom, September 1986; David Greathead, Director, Commonwealth Institute of Biological Control, Silwood Park, United Kingdom, persönliche Mitteilung vom 20. Januar 1987.

55 Robert Repetto: Paying the Price, Pesticide Subsidies in Developing Countries (Washinton D. C.: World Resources Institute 1985); Dover, A Better Mousetrap.

56 The President of the Republic of Indonesia, Presidential Instruction No. 3: Improvement of Control of Brown Planthopper (Wereng Coklat), An Insect Pest of Rice, Djakarta, Indonesien, 3. November 1986; Against the Grain in Indonesia, *Astaweek,* 22. März 1987; die Angaben über die Ausbildung stammen von Michael Hansen, Institute for Consumer Policy Research, Consumers Union, Mount Vernon, N. Y., persönliche Mitteilung vom 19. November 1987.

57 Vibeke Bernson, National Chemicals Inspectorate, Solna, Schweden, persönliche Mitteilung vom 3. Februar 1987; Jesper Kjølholt, Zentrum für Terrestrische Ökologie bei der staatlichen Umweltbehörde, Kopenhagen, Dänemark, persönliche briefliche Mitteilung vom 6. August 1987.

58 Bernhard Hover, Iowa Department of Natural Resources, Geological Survey Bureau, Iowa City, Iowa, persönliche Mitteilung vom 10. Juni 1987; Dave Jensen, Nebraska Department of Environmental Control, Lincoln, Nebr., persönliche Mitteilung vom 27. Mai 1987; Governor Madeline Kunin: Pesticide Policy Statement, 14. Mai 1986 (veröffentlicht von Vermont Public Interest Research Group, Montpelier, Vt.); Katherine Reichelderfer, Associate Director, Resources and Technology Division, Economic Research Service, USDA, Washington D. C., Briefmitteilung vom 8. Juli 1987.

59 Subtitle D., Conservation Reserve des U. S. Food Security Act, Congressional Record-House, 17. Dezember 1985; Michael R. Dicks und Katherine Reichelderfer, Choices for Implementing the Conservation Reserve, *Agriculture Information Bulletin* No. 507, USDA Economic Research Service, Washington D. C., März 1987; Michael Dicks, More Benefits with Fewer Acres Please!, *Journal of Soil and Water Conservation,* Mai/Juni 1987; Antrag auf eine Gesetzesänderung des Food Security Act von 1985, eingebracht in den U. S. Senat im Juli 1987.

60 Florence Petillot, The Policies and Methods Established for Promoting the Development of Clean Technologies in French Industry, *Industry and Environment,* Oktober/November/Dezember 1986; Wechselkurs vom 1. 12. 1987.

61 Piasecki und Davis: Lessons from Europe, a.a.O.; Klaus Müller, Umweltministerium und Staatliche Umweltbehörde, Kopenhagen, Dänemark, persönliche Mitteilung vom 2. Februar 1987; Dr. Stolz, BMI, Bonn, persönliche Mitteilung vom 27. Januar 1987.
62 OTA, From Pollution to Prevention: A Progress Report on Waste Reduction (Washington D.C.: U.S. Government Printing Office, 1987).
63 Die Beschreibung der Gesetzesvorlage stammt von dem US-Abgeordneten Howard Wolpe, The Hazardous Waste Reduction Act, Congressional Record, Washington D.C., 26. Juni 1987.
64 OTA, From Pollution to Prevention.
65 U.N. Environmental Programme, International Symposium on Clean Technologies: Synopsis of the Country Reports (Paris: 1986); Whitman Bassow, Major Corporations to Train Indonesian Officials in Industrial Environmental Management, *Environmental Conservation,* Sommer 1986.
66 Siehe J. Clarence Davies, Coping with Toxic Substances, Issues in Science and Technology, Winter 1985; Carl Pope, An Immodest Proposal, *Sierra,* September/Oktober 1985.
67 Restrictions on Toxic Discharges into Drinking Water, Requirement of Notice of Persons' Exposure to Toxics, Vorschlag 65, wie er an die kalifornischen Wähler verteilt wurde.

William U. Chandler
7. SDI:
Die Weltraumstrategie ist nicht zu bezahlen

Der Traum vom vollkommenen Schutz vor Atomwaffen läßt sich leicht aus dem Alptraum ihrer Existenz erklären. Ein totaler Atomkrieg würde mit ziemlicher Sicherheit mindestens das Ende des heutigen Erscheinungsbildes der Sowjetunion und der USA bedeuten. Selbst in einem begrenzten Atomkrieg kämen nach den gängigen Schätzungen noch 30 Millionen Amerikaner und Sowjetbürger ums Leben, weitere Millionen wären dem Krebstod ausgeliefert, genetische Schäden würden massenhaft auftreten, und die Volkswirtschaften beider Länder würden auf unabsehbare Zeit ruiniert. Die strategische Verteidigungsinitiative Präsident Reagans schien eine Alternative zur gegenseitig gesicherten Vernichtung zu bieten: sie wurde durchaus ernsthaft diskutiert.[1]

Sein erster Vorschlag hatte das Ziel, »die Bedrohung durch strategische Atomwaffen auszuschalten«. Nach diesem ursprünglichen Plan wollte er ein fast vollkommenes Verteidigungssystem für das gesamte Gebiet der Vereinigten Staaten entwickeln lassen. Im Laufe der Zeit wurde es allerdings immer deutlicher, daß es unmöglich ist, die ganze Bevölkerung gegen einen zum Atomangriff entschlossenen Gegner zu verteidigen. Alle Raketenabwehrsysteme, die in diesem Jahrhundert stationierungsreif werden, sind nicht geeignet, Menschen unmittelbar zu schützen; mit ihnen lassen sich nur Waffen verteidigen.[2]

Das allerdings, sagen die Befürworter von SDI, mindert die Gefahr eines Atomkrieges. Die Kritiker halten dagegen, daß unvollkommene Systeme im günstigsten Fall Milliarden Dollar kosten und niemandem nützen. Im schlimmsten Fall aber kann sich eine Seite mit solchen Abwehrsystemen Vorteile für den Erstschlag verschaffen und dadurch die Bereitschaft auf beiden Seiten vergrößern, in einer ernsten Krise zum Angriff überzugehen.[3]

»Die Aufstellung von Verteidigungssystemen führt in jedem Fall zu einer neuen Runde im Rüstungswettlauf, wenn sie nicht an Maßnahmen zur Rüstungsbegrenzung gekoppelt ist.«

Die Aufstellung von Verteidigungssystemen führt in jedem Fall zu einer neuen Runde im Rüstungswettlauf, wenn sie nicht an Maßnahmen zur Rüstungsbegrenzung gekoppelt ist. Die Sowjetunion müßte versuchen, die Amerikaner einzuholen – und umgekehrt –, indem sie ihrerseits ihr Verteidigungssystem verstärkt oder, was wahrscheinlicher ist, neue Sprengköpfe in einer Anzahl herstellt, der kein Verteidigungssystem gewachsen ist. Der frühere US-Verteidigungsminister Caspar Weinberger gab 1984 zu, daß es so kommen könnte, als er sagte, daß »wir schon angesichts der wahrscheinlichen Stärke der (sowjetischen) Territorialverteidigung gezwungen sein werden, die Stärke unserer Angriffskräfte zu vergrößern«.[4]

»Zu den strategischen Überlegungen kommt inzwischen allerdings auch die Sorge, daß der kostspielige Einsatz von SDI die USA und die Sowjetunion wirtschaftlich ruinieren würde.«

Zu den strategischen Überlegungen kommt inzwischen allerdings auch die Sorge, daß der kostspielige Einsatz von SDI die USA und die Sowjetunion wirtschaftlich ruinieren würde. Einige Kritiker sehen zum Beispiel die Gefahr, daß eine ständige Aufrüstung dazu führt, daß von solchen Problemen wie der sinkenden Wettbewerbsfähigkeit der USA und den wirtschaftlichen Strukturschwächen der UdSSR abgelenkt und darüber hinaus auch noch Kapital gebunden wird, das zur Behebung dieser Schwierigkeiten dringend gebraucht wird. Für diese Sorgen spricht einiges, denn eine schnelle Stationierung von SDI dürfte die Amerikaner in den neunziger Jahren soviel kosten, wie sie zur Zeit in die industrielle Produktion investieren.[5] Für die Sowjetunion würde die Stationierung immense Lasten bedeuten – zu einem Zeitpunkt, zu dem sie ihre Volkswirtschaft zu liberalisieren versucht.

Die Illusion der vollkommenen Verteidigung

Wenn es den Supermächten gelänge, eine perfekte Verteidigung aufzubauen, wären sie aus der Situation der gegenseitigen Erpressung durch die atomare Abschreckung heraus. In der Wissenschaft verstärkt sich allerdings die Meinung, daß SDI, zu welchem Preis auch immer, kaum geeignet sein wird, eine auch nur halbwegs vollkommene Verteidigung zu gewährleisten.[6]

Der Verteidigungsminister Präsident Kennedys, Robert McNamara, war der Ansicht, daß die Vereinigten Staaten die konventionellen sowjetischen Streitkräfte mit konventionellen Mitteln und die atomaren mit atomaren Mitteln abschrecken sollten. Dies führte zu dem Konzept der gegenseitigen Vernichtung, zur Fähigkeit, die Sowjetunion selbst nach einem atomaren Überraschungsangriff noch zu zerstören.[7]

Unter Präsident Nixon wurden verschiedene Kriegsführungsstrategien erwogen; dies geschah vermutlich deshalb, weil die Waffenproduktion die von McNamara gesetzten Ziele bei weitem überschritten hatte. Für den Fall einer sowjetischen Provokation sollte dem Präsidenten eine Reihe von Vergeltungsoptionen geboten werden, einschließlich verschiedener »Vorbehalte«. Zum Beispiel hatte der Präsident die Möglichkeit, von einem Angriff auf sowjetische Städte oder andere Ziele dann abzusehen, wenn er zu viele Todesopfer unter der Zivilbevölkerung fordern würde.

Er hätte also die Wahl, nur solche Ziele anzugreifen, wie sie die Sowjets zerstört hatten. Bei Treffern auf amerikanische Raketen- oder Bomberstandorte wür-

Tab. 7.1: Die atomare Kapazität der Supermächte 1987[1]

Trägersystem	Verfügbare Stärke/benötigte Stärke[2]	
	USA	UdSSR
	Verhältnis[3]	
Landgestützte Raketen	4:1	14:1
Seegestützte Raketen	3:1	5:1
Flugzeuge	8:1	1:1

1 Bei der Interpretation dieser Verhältniszahlen ist größte Vorsicht geboten: Amerikanische Raketen zum Beispiel sind wesentlich treffsicherer – eine Tatsache, die für andere Aufgaben als die gegenseitig gesicherte Vernichtung von großer Bedeutung ist.
2 Definiert als die Stärke, die benötigt wird, um 25 Prozent der Bevölkerung und 50 Prozent der Industrie zu vernichten. Man geht dabei von einer Sprengkraft aus, die 300 Megatonnen entspricht.
3 Die Zahlen gelten für die Zeit vor einem gegnerischen Angriff. Durch einen Überraschungsangriff würde sich das Verhältnis auf der angegriffenen Seite um zwei Drittel oder mehr verschlechtern.

Quelle: Worldwatch Institute, beruhend auf International Institute for Strategic Studies, The Military Balance. London, 1986, und U.S.-Soviet Strategic Nuclear Forces. Center for Defense Information. Washington D.C., September 1987.

den die verbliebenen Waffen und Unterseeboote eingesetzt, um vergleichbare sowjetische Ziele anzugreifen. Der Sinn dieser Optionen war, daß die USA nicht in eine Situation kommen sollten, in der ihnen keine andere Wahl blieb, als sowjetische Städte anzugreifen, denn auf dieser Eskalationsstufe wären wiederum die Sowjets gezwungen, entsprechend zurückzuschlagen – aus der Katastrophe eines Krieges würde so seine Apokalypse.

In jüngster Zeit beharren die Vertreter der Kriegsführungsstrategien darauf, daß es nicht sinnvoll sei, als Antwort auf jede Art von nuklearem Angriff mit der totalen Vernichtung zu drohen. Sie betonen, daß der Präsident nicht vor die Wahl zwischen Zerstörung und Kapitulation gestellt werden darf. Die Kritiker dagegen sagen, daß die Planung verschiedener Kriegsführungsoptionen einen Krieg schon deswegen wahrscheinlicher macht, weil sie ihn denkbar erscheinen läßt. Sie argumentieren, daß ein begrenzter Atomkrieg unmöglich ist und zwangsläufig außer Kontrolle geraten muß, und daß deshalb jeder Plan, der den Einsatz von Nuklearwaffen einschließt, unmoralisch und gefährlich ist. Weiter sagen sie, daß ein »begrenzter« Angriff, bei dem 15 Millionen Amerikaner getötet würden, wohl kaum mit einer begrenzten Reaktion beantwortet werden könnte.

McNamara selbst meint inzwischen, daß Atomwaffen nur zur Abschreckung geeignet und für andere militärische Zwecke nicht einsetzbar sind. Andere, wie der Physiker Frank von Hippel, sind der Auffassung, daß die Welt unter der Drohung gegenseitig gesicherter Vernichtung relativ sicherer sei als unter der Herrschaft von Kriegsführungsstrategien.[8]

Umfragen zeigen, daß eine Mehrheit der Amerikaner die Meinung McNamaras teilt. Um so überraschender ist es, daß die amerikanische Politik sich an genau die Kriegsführungsstrategien hält, die viele absurd finden.[9]

Präsident Reagan hat SDI demonstrativ als Ausweg aus dieser nuklearen Zwangslage ins Gespräch gebracht, als Mittel zum gegenseitig gesicherten Überleben. Ein vollkommener Schutz vor Atomwaffen ist jedoch aus drei Gründen technisch nicht erreichbar: Zum ersten ist es unmöglich, ein solches System unter den realen Einsatzbedingungen zu testen; es kann also niemals als absolut zuverlässig gelten. Zum zweiten ist die Technologie noch nicht so weit entwickelt, daß die Kosten für eine vollkommene Verteidigung so niedrig sind, daß an ihre Durchführung auch nur gedacht werden kann. Und zum dritten gibt es für einen entschlossenen Angreifer eine Reihe von Gegenmaßnahmen, um ein Raketenabwehrsystem unwirksam zu machen.[10]

»Es ist nicht vorstellbar, daß die Vereinigten Staaten oder die Sowjetunion sich zur Abschreckung auf Waffen verlassen, deren Wirksamkeit nicht hinreichend geprüft ist.«

Es ist nicht vorstellbar, daß die Vereinigten Staaten oder die Sowjetunion sich zur Abschreckung auf Waffen verlassen, deren Wirksamkeit nicht hinreichend geprüft ist. Raketen werden zum Beispiel unzählige Male auf ihre Zuverlässigkeit und Genauigkeit getestet. Flugzeuge und Piloten unterliegen einer ständigen Kontrolle unter möglichst realistischen Bedingungen. Ein System mit im Weltraum stationierten Lasern, gesteuert von Computerprogrammen, kann beim ersten Einsatz kaum perfekt oder auch nur zufriedenstellend funktionieren. Man schätzt, daß die erforderlichen Korrekturen in den Programmen ihrerseits wieder eine Fehlerquote von 15 bis 40 Prozent haben.[11]

Die Systeme wie Laser oder andere, die zur Zeit erforscht werden, sollen Raketen in der Startphase oder in der Beschleunigungsphase zerstören. Die Beschleunigungsphase ist der erste von drei Abschnit-

7. SDI

ten im Flug einer ballistischen Rakete. Sie braucht 150–300 Sekunden, um die notwendige Schubkraft zu entwickeln, mit der sie die Sprengköpfe 10 000 Kilometer weit transportieren soll. In dieser Phase sind die Raketen leicht aufzuspüren, denn der Feuerstoß aus ihren Triebwerken gibt infrarote Strahlung ab, die für Satelliten leicht zu identifizieren und zu lokalisieren ist. Wenn es gelingt, die Raketen zu zerstören, bevor sie ihre Mehrfachsprengköpfe absetzen – auf den sowjetischen Raketen sind es bis zu 10 Sprengköpfe und 100 Attrappen –, wird die Aufgabe der Verteidigung erheblich erleichtert. Dabei ist allerdings zu bedenken, daß die Beschleunigungsphase nicht nur schon jetzt kurz ist, sondern auch noch weiter – bis auf 100 Sekunden – verkürzt werden kann.[12]

Auf jeden Fall müßten diese Systeme enorm vergrößert und verstärkt werden. Der Wasserstoff-Fluor-Laser, das ausgereifteste dieser Systeme, müßte zum Beispiel über hundertmal mehr Energie verfügen, als es zur Zeit technisch möglich ist, um russische Raketen wirkungsvoll zu zerstören.[13]

Für andere Systeme dieser Art gibt es ähnliche Probleme. So sind Röntgenlaser zwar wesentlich schneller, weil sie energiereicher sind. Da sie aber ihre Energie aus Atomexplosionen speisen, können sie nicht mehr umgeleitet werden, wenn sie ihr Ziel verfehlt haben. Daß amerikanische »Defensiv«waffen billiger sein werden als sowjetische »Offensiv«waffen, ist unwahrscheinlich, zumal sie Atomsprengköpfe enthalten und eine teure elektronische Ausrüstung brauchen. Es ist kaum damit zu rechnen, daß so aufwendige Systeme jemals zu einem annehmbaren Preis im Weltraum stationiert werden können, und noch weniger damit, daß sie ständig in Feuerbereitschaft gehalten werden können.

Nun mag mancher sagen, daß die Kosten deshalb keine Rolle spielen sollten, weil der Schutz vor

Atomraketen jeden Preis wert sein müßte. Sie spielen aber eine Rolle. Mit einer Laserwaffe zum Preis von 1 Milliarde Dollar ließen sich vielleicht 20 Raketen zerstören.[14] Diese 20 Raketen aber kosten nur höchstens halb so viel wie der Laser. Daher könnten die Sowjets für weniger Geld immer mehr Raketen herstellen, um das Gleichgewicht wiederherzustellen, als die Amerikaner ausgeben müßten, um die Sowjetunion wieder einzuholen. Jede im Weltraum stationierte Waffe ist außerdem außerordentlich leicht verwundbar. Man kann Weltraumminen gegen sie einsetzen, und sogar Sand in der Umlaufbahn der hochempfindlichen Spiegel kann diese außer Gefecht setzen. Und mit »defensiven« Lasern auf der einen Seite lassen sich Laser auf der anderen vernichten.

»Daß amerikanische ›Defensiv‹waffen billiger sein werden als sowjetische ›Offensiv‹waffen, ist unwahrscheinlich, zumal sie Atomsprengköpfe enthalten und eine teure elektronische Ausrüstung brauchen.«

Selbst wenn es ein perfektes System zum Schutz vor ballistischen Raketen gäbe, würde es die Gefahr eines nuklearen Angriffs auf die Vereinigten Staaten nicht aus der Welt schaffen. Sowohl die USA als auch die Sowjetunion verfügen über Bomber und Marschflugkörper, mit denen sie atomaren Sprengstoff transportieren können. Beide verfügen schon mit ihren Flugzeugen über genug strategische Kapazität, um sich gegenseitig vernichten zu können.[15]

Neue Aufgaben für SDI

Präsident Reagans ursprüngliche Version von SDI war auf den Schutz der Großstädte vor Atomsprengköpfen ausgerichtet. Ein weniger als vollkommenes

Schutzsystem gegen ballistische Raketen dient dagegen eher den traditionellen militärischen Zielen der Abschreckung. Es soll die amerikanischen Minuteman- und die Interkontinentalraketen sichern oder die Kommando-, Steuerungs- und Kommunikationssysteme, die für ihren Einsatz gebraucht werden.

»**Ein Krieg wird vorstellbar, wenn eine Seite es für vorteilhaft hält, als erste anzugreifen. Dies gilt auch dann, wenn allgemein angenommen wird, daß ein atomarer Angriff nur von einem Verrückten oder durch einen Irrtum ausgelöst werden kann.**«

Ein Krieg wird vorstellbar, wenn eine Seite es für vorteilhaft hält, als erste anzugreifen. Dies gilt auch dann, wenn allgemein angenommen wird, daß ein atomarer Angriff nur von einem Verrückten oder durch einen Irrtum ausgelöst werden kann. Die Theorie der gegenseitig gesicherten Vernichtung beruht darauf, daß solche Vorteile ausgeschaltet werden. Wenn die Sowjetunion – zu Recht oder zu Unrecht – überzeugt wäre, daß die USA kurz davor sind, einen Atomkrieg zu beginnen und daß sie mit einem Angriff auf amerikanische Raketenbasen ihre völlige Vernichtung verhindern können, würde sie versucht sein, diesen Angriff zu führen – selbst um den Preis vieler Millionen Toter, mit denen bei den zu erwartenden Gegenschlägen zu rechnen wäre.

In den späten achtziger Jahren erscheint es denkbar, wenn auch unwahrscheinlich, daß die Sowjets bei einem Überraschungsangriff ungefähr 80 Prozent der amerikanischen Interkontinentalraketen zerstören. Aber selbst nach einem solchen Angriff hätten die USA noch 400 Sprengköpfe allein auf Minuteman-Raketen, ganz zu schweigen von der strategischen Luftflotte und den 3000 Sprengköpfen auf den Unterseebooten, mit denen die USA die sowjetischen Großstädte mehrfach vernichten können. Obwohl es unter diesen Bedingungen schwerfällt zu glauben,

daß die Sowjetunion einen Angriff vorteilhaft fände, weisen einige Strategen auf die zunehmende Genauigkeit der sowjetischen Raketen hin und sorgen sich, daß die Chancen eines Entwaffnungsangriffs auf die Minuteman-Raketen steigen.[16]
Nach Äußerungen des ehemaligen US-Verteidigungsministers Caspar Weinberger soll eine weniger als vollkommene Verteidigung eine Mindestmenge von Minuteman-Raketen sichern, wobei die Anzahl sich nach den für die Vergeltung ausgewählten Zielen und der Stärke des Verteidigungssystems richtet. Nach den Wünschen der Militärs wird diese Zahl wahrscheinlich groß genug sein müssen, um die Hälfte der sowjetischen Industrie und ein Viertel ihrer Bevölkerung zu vernichten. Dafür braucht man atomaren Sprengstoff mit einer Sprengkraft von 200 bis 400 Megatonnen.[17]
Noch einmal diese Menge würde die USA in die Lage versetzen, die militärischen Ziele anzugreifen, deren Zerstörung sie im Sinne einer Kriegsführungsstrategie für notwendig halten. Wenn man die Durchschnittsmenge von Sprengköpfen pro Rakete zugrundelegt, erscheint eine Menge von 200 zu schützenden Raketensilos wahrscheinlich als erstrebenswert. Diese Zahlen stellen das Szenario dar, vor dessen Hintergrund die Fragen und Prioritäten der Strategischen Verteidigungsinitiative zu beurteilen sind.[18]
Ob SDI »funktionieren« wird, läßt sich am Vergleich der Grenzkosten für defensive und offensive Strategien ablesen. Die Kosten für die Überwindung des amerikanischen Raketenabwehrsystems müssen für die Sowjetunion höher sein als die amerikanischen Stationierungskosten. Anderenfalls können die USA bei einer Zug um Zug sich ausdehnenden Aufrüstung nicht gewinnen.[19]
Jedes Raketenabwehrsystem für die neunziger Jahre braucht konventionelle Waffen, um Sprengköpfe in

der letzten Phase ihres Fluges, der Wiedereintrittsphase, abzufangen. Denn es ist nicht möglich, schon während der Beschleunigung zu entscheiden, welche Raketen auf die zu schützenden Stationen gerichtet sind. In der eigentlichen Flugphase gäbe es zwar mehr Zeit, um eine Rakete abzufangen, als während der Beschleunigung oder des Wiedereintritts, aber mit einer Reihe einfacher Gegenmaßnahmen läßt sich das Vorhaben erheblich erschweren. Die Sowjets könnten zum Beispiel Tausende von Attrappen gleichzeitig mit Tausenden von Sprengköpfen abschießen.

Ein auf die Wiedereintrittsphase ausgerichtetes Abwehrsystem operiert mit Waffen, die die Sprengköpfe in einer Höhe von 30 Kilometern zerstören – hoch genug, um Explosionsschäden an den antiballistischen Raketen zu vermeiden. Diese Abfangwaffen werden von einigermaßen unangreifbaren und genauen Sensoren geleitet, die sich in Flugzeugen rund um das zu schützende Gelände befinden. Sie haben konventionelle Sprengköpfe, die über Infrarotempfänger automatisch gesteuert werden und ihre Ziele entweder direkt oder durch Explosionssplitter treffen.[20]

»Jedes Raketenabwehrsystem für die neunziger Jahre braucht konventionelle Waffen, um Sprengköpfe in der letzten Phase ihres Fluges, der Wiedereintrittsphase, abzufangen.«

Das Ergebnis des Grenzkostenvergleichs eines solchen Systems für 200 Minuteman-Raketensilos ist abhängig von der Zuverlässigkeit der Waffen sowie ihrer Leistungsfähigkeit und ihren Stückkosten, von der Anzahl der Sprengköpfe, die die Sowjetunion für jedes Ziel aufwenden muß, und von den Kosten der sowjetischen Waffen. Wenn die Vereinigten Staaten 1000 Abfangraketen stationieren, um 250 Silos zu schützen, und geheimhalten, um welche Silos es sich dabei handelt, so stehen für jedes Silo vier Abfangraketen zur Verfügung. Die Sowjets könnten also zu dem Schluß gelangen, daß sie jedem Ziel vier Abfangwaffen zuordnen müssen, weil sie nicht wissen, welche Silos tatsächlich verteidigt werden sollen. Das bedeutet, daß sie viermal mehr ausgeben müssen als die USA, um mit den amerikanischen Stationierungen mitzuhalten.[21]

»Die Errichtung eines ballistischen Raketenabwehrsystems auf einer der beiden Seiten führt mit ziemlicher Sicherheit zu einer neuen und kostspieligen Runde im Rüstungswettlauf.«

So einfach würde die Sowjetunion ein solches Vorhaben allerdings kaum angehen. Sie kann sich die empfindlichen Stellen im Abwehrsystem zunutze machen, zum Beispiel die Bündelung der Abfangwaffen, die erforderlich ist, um den Bedarf an Fläche, Infrastruktur und Personal gering zu halten. Jedes dieser Bündel steht dann für ein einzelnes Ziel. Es ist zu bezweifeln, ob solche Ziele gegen eine Folge von mehr als drei Sprengköpfen verteidigt werden können. Die Sprengköpfe können so eingestellt werden, daß sie bei Kontakt zünden. Die dadurch ausgelösten atomaren Effekte führen bei den Verteidigern sofort zu einer erheblichen Einschränkung der Zielerfassung. Von vier Sprengköpfen, die auf ein Bündel von Abfangwaffen abgeschossen werden, erreicht sehr wahrscheinlich einer sein Ziel.[22]
Nun könnten die Sowjets sich unsicher fühlen bei dem Gedanken, Sprengköpfe in genau abgestimmter Folge abschießen zu müssen oder darauf angewiesen zu sein, daß es ihnen gelingt, das amerikanische Radar außer Kraft zu setzen. Wenn das so ist, können sie sich für die einfachere, aber kaum ungünstigere Methode entscheiden, jeder neuen Abfangrakete einen neuen Sprengkopf entgegenzusetzen. Da die Bündel aber für die Sowjets das wertvollste Ziel dar-

stellen und die USA gezwungen sind, sie gegen jeden einzelnen Sprengkopf zu verteidigen, ist das Verhältnis 1:1. Das Verhältnis von Kosten und Nutzen wird dann nur noch von den Kosten der einzelnen Waffen bestimmt.[23] Die Errichtung eines ballistischen Raketenabwehrsystems auf einer der beiden Seiten führt mit ziemlicher Sicherheit zu einer neuen und kostspieligen Runde im Rüstungswettlauf. Wenn die USA in einem ersten Schritt 2000 Abfangraketen herstellen, um die Minuteman zu schützen, würde sie das ungefähr 25 Milliarden Dollar kosten, während die entsprechenden Gegenmaßnahmen auf der sowjetischen Seite mit nur 13 Milliarden Dollar zu Buche schlagen. Dem Versuch, den ursprünglichen Vorteil durch die Erhöhung der Zahl der Abfangraketen wiederzugewinnen, würden die Sowjets dann wiederum mit etwa dem halben finanziellen Aufwand begegnen.

Es ist leicht auszurechnen, daß eine solche Rüstungsspirale den Supermächten Kosten von mehr als 100 Milliarden Dollar verursachen würde. *(Abb. 7.1)* An der Lage der Abschreckung würde sich dadurch nichts ändern, während Tausende zusätzlicher Sprengköpfe auf das Gebiet der USA gerichtet wären.

Eine weitere Aufgabe von SDI ist es nach den Aussagen Weinbergers, die Kommando- und Kontrollsysteme für die amerikanischen Atomwaffen weniger anfällig zu machen. Die Sorge, daß es den Sowjets gelingen könnte, das Arsenal der amerikanischen Atomwaffen mit einem Präventivschlag zu zerstören, wächst seit einiger Zeit, zumindest unter militärischen Beobachtern.[24]

Kommando-, Kontroll- und Kommunikationssysteme, vom Präsidentenbunker über Kommandoflugzeuge bis hin zu Antennentürmen, stellen weitaus empfindlichere Ziele als Raketensilos dar. Sie sind gegen Explosionen weniger gehärtet und nicht dort konzentriert, wo sie sich leicht schützen lassen. Es gibt Befürchtungen, daß allein die Zerstörung einiger zentraler Kommandoziele das gesamte Arsenal der USA zeitweise lahmlegen könnte. Diese Einrichtungen können in einer Krise hochinteressante Ziele darstellen – eine Möglichkeit, die für alle die eine große Rolle spielt, die befürchten, daß die Vereinigten Staaten zur Kapitulation gezwungen sein können, wenn ein sowjetischer Angriff amerikanische Vergeltungsmaßnahmen verzögert oder sonstwie behindert.

Militärs, die dieses Szenario für realistisch halten, sehen einige Vorzüge in einer kostengünstigen Raketenabwehr, mit der sich bestimmte Ziele aus dem Kommando- und Kontrollsystem verteidigen lassen, und sei es auch lückenhaft.[25] Die einleuchtendste Konzeption für ein solches Abwehr-System beruht auf dem Einsatz chemischer Raketen, die auf Plattformen im Weltraum stationiert sind. Diese Raketen müssen zwangsläufig sehr klein sein und von eigenen Satelliten sowie einem eingebauten Infrarotzielsystem gesteuert werden. Damit suchen die Raketen den Hitzestrahl der Triebwerke und werden in eine Position gesteuert, in der sie auf die Rakete treffen.[26]

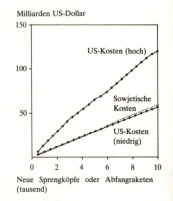

Abb. 7.1: Kapitalkosten für die Verteidigung von Raketensilos

Um kosteneffektiv zu sein, darf eine zu 100 Prozent zuverlässige Abfangrakete nicht mehr kosten als ungefähr 175 000 Dollar, – soll sie gegen langsamere sowjetische Raketen eingesetzt werden. Sie kann nicht mehr als 40 000 Dollar kosten, wenn die gegnerischen Raketen mit Hochleistungstriebwerken ausgestattet sind. Selbst wenn große Serien hergestellt werden, ist aber kaum anzunehmen, daß die Stück-

7. SDI

kosten unter 1,7 Millionen Dollar fallen werden – und in diesem Preis sind weder die Stationierungskosten für die Raketen noch die für die Plattformen oder die Satelliten eingeschlossen. Der Plan rechnet sich also überhaupt nicht; sogar die unrealistische Schätzung der Reagan-Regierung von 100 000 Dollar pro Stück erweist sich dafür als noch zu hoch. Es ist nicht auszuschließen, daß die Gesamtrechnung eine Höhe von 600 Milliarden Dollar erreicht, zehnmal mehr, als die Sowjets ausgeben müßten, um den Aufwand der USA zu neutralisieren.[27]

»Unter Berücksichtigung aller Kosten, die anfallen, um das System einigermaßen sicher zu machen, erscheint die Idee der weltraumgestützten Verteidigung von Kommando- und Kontrolleinrichtungen also unrealistisch.«

Die Tatsache, daß die Weltraumplattformen mit Minen angegriffen werden können, führt zu einer gewissen Skepsis, wenn es darum geht, ob sie überhaupt jemals zum Einsatz kommen. Schon mit der verfügbaren Technik können die Sowjets Flugkörper in eine Umlaufbahn schießen, die mit einem Funkbefehl oder beim Kontakt gezündet werden.[28] Daher müßte man, wenn denn alle Kostenhürden genommen sind, auch noch ein Selbstverteidigungssystem entwickeln. Unter Berücksichtigung aller Kosten, die anfallen, um das System einigermaßen sicher zu machen, erscheint die Idee der weltraumgestützten Verteidigung von Kommando- und Kontrolleinrichtungen also unrealistisch.

Militärische oder wirtschaftliche Sicherheit?

Obwohl SDI vorwiegend nach seiner Bedeutung für die atomare Sicherheit beurteilt wird, bieten die Ko-

sten genug Anlaß für eine weitere Diskussion, denn
weder die Sowjetunion noch die USA können es sich
nicht einmal in ihren besten Zeiten leisten, Hunderte
von Milliarden Dollar auszugeben.

»**Wenn die Entwicklung sich so fortsetzt wie bisher, werden die USA innerhalb von zehn Jahren im Ausland so hoch verschuldet sein, wie es Brasilien zur Zeit ist. Diese Prognose schließt nicht einmal die Kosten für die Stationierung von SDI ein.**«

Wenn die Entwicklung sich so fortsetzt wie bisher, werden die USA innerhalb von zehn Jahren im Ausland so hoch verschuldet sein, wie es Brasilien zur Zeit ist. Diese Prognose schließt nicht einmal die Kosten für die Stationierung von SDI ein; der zusätzliche Finanzbedarf dafür liegt bei 750 Milliarden Dollar für die nächsten zehn Jahre. Die weltweite Finanzkrise, die sich aus der Anhäufung riesiger Auslandsschulden in Brasilien, Mexiko und anderen Entwicklungsländern ergeben hat, sollte Anlaß bieten, darüber nachzudenken, was geschehen kann, wenn die größte Volkswirtschaft der Welt in eine solche Schieflage kommt. Jedes Land, das keine ausgeglichene Handelsbilanz (ohne Handelsschranken) vorweisen kann, muß mit sinkendem Lebensstandard rechnen.[29]
Die Konkurrenzfähigkeit auf internationalen Märkten ist direkt abhängig von der gesamtwirtschaftlichen Politik – der Rahmen der eigenen Möglichkeiten darf nicht überschritten werden. Die Stärke des Dollar, der von 1979 bis 1984 um 50 Prozent im Wert gestiegen ist, macht einen wesentlichen Faktor aus und ist alleine die Ursache für etwa drei Fünftel des riesigen Handelsdefizits der USA. Aufgrund dieser Wertsteigerung mußten die Japaner mehr für einen amerikanischen Computer bezahlen, während japanische Autos in den USA billiger wurden. Dies bedeutete für die USA geringere Exporte nach und

größere Einfuhren aus Japan. Die Nachwirkungen dieser Überbewertung werden auch bei einem niedrigeren Kurs des Dollar noch einige Jahre anhalten.[30]

Hauptursache für den Kursanstieg des Dollar war das wachsende Haushaltsdefizit der USA. Seit Präsident Reagans Amtsantritt ist es von 75 Milliarden auf ungefähr 200 Milliarden Dollar jährlich gestiegen, und das Handelsdefizit von 20 auf 170 Milliarden. Dies zog eine erhöhte Nachfrage nach dem Dollar nach sich, was ihn wiederum im Wert steigen ließ. Diese Tendenz verstärkte sich fortwährend, zumal die amerikanischen Unternehmen sich bei Investitionen, aber auch in der Forschung und Entwicklung zurückhielten, weil der starke Dollar sie den Japanern gegenüber benachteiligte.

Die Bedeutung dieser Tatsachen für SDI hat weniger mit Kosten der Laborforschung zu tun als mit den Folgekosten der Stationierung eines solchen Systems. Die voraussichtlichen laufenden Kosten eines SDI-Systems machen die Dimension des wirtschaftlichen Problems aus.

»Die Zunahme der Militärausgaben belastet die Wirtschaft der USA schon jetzt äußerst schwer und treibt das Haushaltsdefizit in die Höhe.«

Die Zunahme der Militärausgaben belastet die Wirtschaft der USA schon jetzt äußerst schwer und treibt das Haushaltsdefizit in die Höhe. Der erhöhte Konsum, der durch diese Defizitfinanzierung angeregt wurde, hat auch dazu beigetragen, die Handelsbilanz tiefer in die roten Zahlen zu treiben. *(Abb. 7.2)* Ein Raketenabwehrsystem für 750 Milliarden Dollar zusätzlich zu den bestehenden Lasten müßte den USA ernste finanzielle Schwierigkeiten bereiten. Tests außerhalb der Laboratorien sind gleichbedeutend mit einem Stationierungsbeschluß.

Heute schon investiert Japan doppelt soviel Kapital pro Arbeitskraft wie die USA, woraus folgt, daß dort auch die Produktivität in den Schlüsselindustrien Automobilbau und Elektronik höher ist. Auf kurze Sicht bezahlen die Japaner für ihre höheren Investitionen – und die Arbeitsplätze, die damit geschaffen werden – mit einem niedrigeren Lebensstandard.[31] Auch die Sowjetunion kann es sich kaum leisten, große Beträge aus anderen Bereichen der Volkswirtschaft in die Aufrüstung umzuleiten. Eine revolutionäre Wirtschaftsreform, wie sie Generalsekretär Gorbatschow eingeleitet hat, um Bewegung in die erstarrte Volkswirtschaft zu bringen, ist schon unter günstigen Voraussetzungen ein kompliziertes Unterfangen. Ein Land, das mit verbreiteter Ineffizienz zu kämpfen hat und das seinen gesamten und dazu noch knappen Überschuß für diese gewaltige Aufgabe verwenden muß, kann sich ein Raketenabwehrsystem nicht leisten.[32]

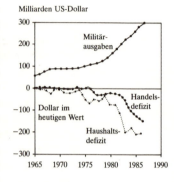

Abb. 7.2: Defizite und Militärausgaben der USA 1965–1986

SDI und Wissenschaftspolitik

»SDI schafft Arbeitsplätze.« So lautete Präsident Reagans Botschaft an das amerikanische Volk im Jahre 1986. Damit meinte er, daß Forschung und Entwicklung auch zu Ergebnissen führen würden, die die Konkurrenzfähigkeit der amerikanischen Zivilwirtschaft stärken. Für die Verfeinerung von Radar- und Sensorsystemen mag das gelten, auf dem internationalen Markt der Warenproduktion, auf dem sich der Niedergang des amerikanischen Handels hauptsächlich abspielt, ist es nur von begrenzter

7. SDI

Bedeutung. Militärische Forschung und Entwicklung hat ihr Schwergewicht in der Entwicklung; das heißt, daß der größte Teil der Gelder für den Bau von Prototypen und deren Vorführung ausgegeben wird und nicht für die Grundlagenforschung, aus der viel eher neue Erfindungen und Produkte hervorgehen. In jüngster Zeit sind weniger als 3 Prozent der Mittel für militärische Forschung in die Grundlagenforschung gegangen.[33]

»Der militärische Anteil an den US-Bundesausgaben für Forschung und Entwicklung ist zwischen 1978 und 1986 von 50 Prozent auf 68 Prozent gestiegen.«

Die dramatische Verschiebung der Prioritäten hin zur militärischen Forschung, die zum Teil von SDI ausgelöst worden ist, hat einige Besorgnis hervorgerufen. Der militärische Anteil an den US-Bundesausgaben für Forschung und Entwicklung ist zwischen 1978 und 1986 von 50 Prozent auf 68 Prozent gestiegen.[34] *(Abb. 7.3)*

Abb. 7.3: Tendenzen der Forschungsschwerpunkte in den USA, 1960–1987

Wettbewerbsfähigkeit ist vom technischen Standard abhängig und damit auch von der Steigerung der Produktivität. Man schätzt, daß ungefähr zwei Drittel des Zuwachses an Arbeitsproduktivität in den USA in den Jahren von 1960 bis 1973 dem technischen Fortschritt zu verdanken sind. Preis und Qualität einer Ware bestimmen sich auf dem internationalen Markt nach dem Kapitalaufwand, der Qualifikation der Arbeiter, die sie herstellen, und den Kosten der Rohstoffe, die für die Produktion gebraucht werden.[35] Alle diese Produktionsfaktoren werden von den technologischen Entwicklungen berührt. Forschung und Entwicklung dürfen also sowohl als Pro-

Tab. 7.2: Ausgaben für nichtmilitärische Forschung in ausgewählten Ländern, 1983

Land	Anteil am Bruttosozialprodukt
	(Prozent)
Japan	2,6
Bundesrepublik Deutschland	2,5
USA	1,9
Frankreich	1,7
Großbritannien	1,6

Quelle: National Science Foundation, Science Indicators 1985. Washington D.C. 1985.

duktionsfaktor wie auch als Investition betrachtet werden.[36]

Die Erkenntnis dieser Tendenzen und die sehr hohe Wachstumsrate der Ausgaben für Forschung und Entwicklung in Japan haben in den USA die verschiedensten Reaktionen hervorgerufen, von dem Ruf nach der Gründung eines Forschungsministeriums bis zum Einfuhrverbot für japanische Waren. Die USA schneiden auf dem Gebiet der nichtmilitärischen Forschung und Entwicklung neben Japan nicht besonders gut ab. *(Tab. 7.2)* Die USA konzentrieren ihre Forschungsmittel auf militärische Hochtechnologie, Japan dagegen auf die mittlere Technologie, die Sozial- und Organisationswissenschaften.[37]

Das höchste Handelsdefizit ergibt sich für die USA interessanterweise auf den Sektoren, deren technologisches Niveau niedrig ist, wie zum Beispiel bei Textilien. Marktanteile sind auch dort verlorengegangen, wo der notwendige Aufwand für Forschung und Entwicklung eher bescheiden ist.[38]

Unter dem Aspekt der Wettbewerbsfähigkeit ist es interessant zu beobachten, daß die japanische Industrie fast ihre gesamten Forschungs- und Entwicklungskosten selbst finanziert.[39] Das legt den Schluß nahe, daß verfehlte Forschungsschwerpunkte nicht der alleinige Grund für die amerikanischen Probleme mit dem Wettbewerb sind. Obwohl es nicht zwangsläufig so ist, daß der Militärhaushalt anderen Gebieten die Wissenschaftler und Ingenieure »wegnimmt«, besteht doch ein Zusammenhang zwischen den Prioritäten in den Naturwissenschaften und denen beim Militär: er zeigt sich in dem Konflikt um die Festsetzung von Forschungsschwerpunkten und um politische Anerkennung. Neue Problemfelder – vor allem solche, die mit Umweltfragen zusammenhängen – konkurrieren in den USA und der Sowjetunion mit strategischen und wirtschaftlichen Fragestellungen.

»**Neue Problemfelder – vor allem solche, die mit Umweltfragen zusammenhängen – konkurrieren in den USA und der Sowjetunion mit strategischen und wirtschaftlichen Fragestellungen.**«

Die Politiker sind aber vorwiegend damit beschäftigt, den Gefahren eines Atomkriegs zu entkommen. Mit 3,2 Milliarden Dollar war der Haushaltsansatz für SDI 1987 zwanzigmal höher als der Forschungsetat für Energiesparmaßnahmen, der um fast sieben Prozent gefallen ist. Auch die Etats der Umweltschutzbehörde, der Entwicklungsbehörde und des Erziehungsministeriums sind von Kürzungen der Forschungausgaben betroffen.[40]

Die wirkliche Welt von SDI

Präsident Reagans Vision von einer perfekten Verteidigung ist eine Illusion. Die Technologie liegt in weiter Ferne, die Aufgabe ist zu komplex, und die Möglichkeiten, eine Raketenabwehr zu überwinden oder zu umgehen, sind zu zahlreich. Die ursprüngliche Zielsetzung von SDI wird deshalb nicht mehr ernsthaft verfolgt.

Die neuen Aufgaben, die man SDI zugewiesen hat, bereiten allerdings noch mehr Sorgen. Sie bergen die krisenverschärfende Gefahr verstärkter Aufrüstung und eines neuen Ungleichgewichts in sich. Eine schnelle Stationierung von SDI würde den Vertrag über die Raketenabwehr (ABM) aushöhlen und die Sowjets zwingen, ihre eigene Verteidigung zu ergänzen oder die Zahl ihrer offensiven Sprengköpfe zu erhöhen, oder beides zu tun. Die USA und die UdSSR hätten keine andere Wahl, als Hunderte von Milliarden Dollar auszugeben. Am Ende sind, wenn alles »gutgeht«, beide ärmer.

Wenn aber nicht alles »gutgeht«, schafft SDI eine höchst gefährliche Situation. Zum ersten Mal wären dann sowjetische Unterseeboote verwundbar und die USA in der Lage, die nach einem Erstschlag noch verbliebenen sowjetischen Raketen abzufangen. Die Aussicht, daß der Sowjetunion jede Vergeltungsmöglichkeit genommen werden könnte, würde sie sicherlich offener gegenüber dem Gedanken an einen Präventivschlag machen.

Jetzt, da es erste Anzeichen von Tauwetter in den Beziehungen der Großmächte gibt, scheint der richtige Zeitpunkt für Abrüstungsverhandlungen gekommen zu sein. Die Entfernung der Mittelstreckenraketen aus Mitteleuropa und Asien ist ein bescheidener Schritt vorwärts.

Solange es nicht gelingt, Atomwaffen insgesamt überflüssig zu machen, sind Gleichgewicht und gütliche Einigung zwischen den Supermächten unabdingbar. Der Experte Daniel Deudney hat vor kurzem darauf hingewiesen, daß die Möglichkeiten dafür noch längst nicht ausgeschöpft sind.[41]

Schon die Bestätigung des ABM-Vertrages von 1972 würde ausreichen, um den Rüstungswettlauf, den SDI auslösen müßte, zu unterlaufen; um diese Risiken nicht entstehen zu lassen, wurde er entworfen und unterzeichnet. Er legt eindeutig fest, daß es verboten ist, neue Waffen außerhalb von Laboratorien zu testen.[42] Diese Beschränkung war das Verhandlungsziel der amerikanischen Unterhändler. Zwar hatten die Sowjets ihr zunächst widersprochen; schließlich aber hatten sie das Abkommen doch unterzeichnet. Bisher haben sie sich an diesen Teil des Abkommens gehalten

»Solange es nicht gelingt, Atomwaffen insgesamt überflüssig zu machen, sind Gleichgewicht und gütliche Einigung zwischen den Supermächten unabdingbar.«

Letzten Endes läßt sich ein Atomkrieg am besten vermeiden, wenn sich die Beziehungen zwischen den USA und der Sowjetunion grundlegend verändern. Die von Generalsekretär Gorbatschow angestrebte Liberalisierung der UdSSR kann dafür als Grundlage dienen, wenn die amerikanischen Politiker klug genug sind, diese Gelegenheit zu erkennen und zu nutzen. Die Stationierung von SDI ist jedenfalls kein Beitrag dazu.

Anmerkungen zu Kapitel 7

1 U.S. Congress, Office of Technology Assessment (OTA), The Effects of Nuclear War, Washington, D.C. 1979; Samuel Glasstone und Philip J. Dolan, The Effects of Nuclear Weapons. Washington, D.C., 1979.
2 Reagan zitiert nach *Weekly Compilation of Presidential Documents,* 28. März 1983.
3 Eine Zusammenfassung der Argumente pro und contra findet sich in American Physical Society (APS), Science and Technology of Directed Energy Weapons. New York 1987.
4 Caspar Weinberger, Memorandum for the President on »Responding to Soviet Violations Policy (RSVP) Study«. Zit. nach *Washington Post,* 18. November 1985.

5 Ein weltraumgestütztes Abfangsystem mit chemischen Raketen verursacht in einem Zeitraum von 10 Jahren jährliche Kosten von 66 Milliarden Dollar. Im Vergleich dazu haben die USA in letzter Zeit 62 Milliarden in die Produktion investiert. S. U.S. Department of Commerce, Abstracts of the United States, 1987. Washington D.C. 1987.
6 APS, Science and Technology of Directed Energy Weapons.
7 R. S. McNamara, The Essence of Security. New York 1968. Man nimmt an, daß diese Zahlen deswegen gewählt wurden, weil mit ihnen Ziele erfaßt sind, die relativ leicht zu zerstören sind, und weil es nur mit einem unverhältnismäßig großen Aufwand möglich wäre, größeren Schaden zu bewirken. Das heißt, man hielt das Schadensniveau für hoch genug, um die Sowjetunion von einem Angriff abzuschrecken, und meinte, daß ein größeres Ausmaß der Vergeltung relativ weniger Nutzen bringt.
8 Robert S. McNamara, Can Civilization Survive Defense in the Nuclear Age? *Challenger*, März/April 1987; Harold E. Feiveson et al., Reducing U.S. and Soviet Nuclear Arsenals. *Bulletin of the Atomic Scientists*, August 1985.
9 Richard Smoke, National Security and the Nuclear Dilemma. New York 1984.
10 Ashton B. Carter, Directed Energy Missile Defense in Space. OTA Background Paper, Washington D.C. 1984.
11 Herbert Lin, The Development of Software for Ballistic Missile Defense. *Scientific American*, Dezember 1985.
12 OTA, MX Missile Basing. Washington, D.C. 1982.
13 APS, Science and Technology of Directed Energy Weapons.
14 S. Richard L. Garwin, How Many Orbiting Lasers for Boost-phase Intercept? *Nature*, 23. Mai 1985.
15 Schriftliche Antwort auf eine Anfrage zu Abrahamsons Aussage vor dem Haushaltsausschuß vom 23. Mai 1984.
16 Die USA könnten mit einem Erstschlag gegen die Sowjetunion zwar mehr Sprengköpfe vernichten als umgekehrt; da aber die sowjetischen Raketen mit 6 oder 10 Sprengköpfen bestückt sind und die amerikanischen im Durchschnitt nur mit 2, blieben der Sowjetunion wesentlich mehr Sprengköpfe erhalten. Dietrich Schroeer, Science, Technology, and the Arms Race. New York 1984.
17 Caspar Weinberger, It's Time to Get SDI off the Ground. *New York Times*, 21. August 1987; McNamara, The Essence of Security.

18 200 Silos mal durchschnittlich zwei Trägerraketen pro Silo mal $0,335^{2/3}$ Megatonnen entspricht einer Sprengkraft von 193 Megatonnen.
19 Der Vergleich der Grenzkosten ist hier definiert als das Verhältnis der Grenzkosten eines Angriffs (zur Überwindung zusätzlicher Verteidigungseinrichtungen) zu den Grenzkosten der Verteidigung (für diese Einrichtungen). Bei der Verteidigung von Silos sind das die Kosten für die Stationierung eines zusätzlichen sowjetischen Sprengkopfes, als Reaktion auf das Raketenabwehrsystem, geteilt durch die Kosten, die den USA durch die Verteidigung gegen einen zusätzlichen Sprengkopf entstehen. Für ein weltraumgestütztes System läßt sich der Grenzkostenvergleich auch nach dem Verhältnis der Kosten für sowjetische Gegenmaßnahmen – etwa für Sprengköpfe oder Anti-Satelliten-Waffen – und den Kosten für amerikanische Abfangraketen bemessen.
20 Abfangraketen, die in den tieferen Schichten der Atmosphäre operieren, bieten keinen Schutz gegen Explosionen in mehr als 8 Kilometer Höhe. Schon aus einer Höhe von 10 Kilometern kann aber eine Explosion ungehärtete Abfangraketen oder Radaranlagen zerstören. S. dazu Glasstone und Dolan, Effects of Nuclear Weapons, und OTA, Strategic Defenses. Princeton, N. J. 1986.
21 OTA, Strategic Defenses.
22 Wegen der begrenzten Zuverlässigkeit der Raketen würden bei einem Angriff wahrscheinlich doppelt so viele Sprengköpfe eingesetzt werden müssen wie eigentlich erforderlich. Deshalb würden wahrscheinlich pro Bündel acht Sprengköpfe eingesetzt, um sicherzugehen, daß vier den amerikanischen Luftraum tatsächlich erreichen. Selbst wenn jedes Bündel Abfangraketen aus acht Geschossen bestünde, verliefe der Vergleich der Grenzkosten für die USA ungünstig, solange die Abfangraketen nicht sehr billig sind. Im allgemeinen geht man davon aus, daß die Bündel mindestens zehn Geschosse enthalten.
23 William U. Chandler, Early Deployment of Ballistic Missile Defenses. Worldwatch Institute, Washington, D.C., unveröffentlicht. 28. August 1987.
24 Weinberger, It's Time to Get SDI off the Ground; Bruce G. Blair, Strategic Command and Control: Redefining the Nuclear Threat. Washington, D.C. 1985.
25 Ashton B. Carter, Assessing Command System Vulnerability, in: Ashton B. Carter et al., Hrsg., Managing Nuclear Operations. Washington, D.C. 1987. Technische Voraus-

setzung für einen Befehl an die Unterseeflotte ist ein Kurzwellensystem, das auf (große) Lastwagen montiert werden kann.
26 Barry M. Blechman und Victor A. Utgoff, Fiscal and Economic Implications of Strategic Defenses. SAIS Papers, in: *International Affairs* No. 12. Boulder, Colorado, 1986.
27 Die Obergrenze für die Kosten eines weltraumgestützten Abfangsystems lassen sich abschätzen und vergleichen, indem man annimmt, daß den Sowjets für seegestützte Sprengköpfe dieselben Kosten entstehen wie den USA für ihre Trident C-4 Sprengköpfe. Da ein Trident-Unterseeboot 2 Milliarden Dollar kostet und 192 Sprengköpfe trägt, setzen wir die Grenzkosten pro sowjetischen Sprengkopf mit 10,5 Millionen Dollar an; s. Schroeer, Science Technology and the Arms Race. Eine Abfangrakete der USA darf nicht mehr kosten als ein zusätzlicher sowjetischer Sprengkopf, dessen Kosten noch durch die Anzahl der Raketen geteilt werden müssen, die wegen ihrer Position in der Erdumlaufbahn nicht einsatzfähig sind (d. i. die Abwesenheitsrate). 12 Millionen Dollar wären ein realistischer Rahmen für die Gestehungskosten. Wenn sich die Kosten in einer Großserie bei jeder Verdoppelung um 10 Prozent senken lassen und 375 000 Stück produziert werden, liegen die Stückkosten bei 1,7 Millionen Dollar; s. Blechman und Utgoff, Fiscal and Economis Implications. Zur Kostenschätzung der Regierung s. R. Jeffrey Smith, Offensive Taken for Partial SDI Deployment. *Washington Post*, 18. Januar 1987. Richard Ruquist vom Massachusetts Institute of Technology weist darauf hin, daß die Sowjets Anti-Satelliten-Waffen mit einem 1,5- bis 30-fachen Kostenvorteil installieren können; s. Richard Ruquist, Survivability and Cost-Effectiveness of the Early Deployment SDI System. *Arms Control Today,* Juli/August 1987.
28 Carter, Directed Energy Missile Defense in Space.
29 Der Vergleich zwischen den Auslandsschulden Brasiliens und der USA bezieht sich auf deren prozentualen Anteil am Bruttosozialprodukt; s. G. N. Hatsopoulos und P. R. Krugman, U.S. Industrial Competetiveness: A Statement of the Problem. American Business Conference, Thermoelectron Corporation, vervielfältigt 1. Dezember 1986.
30 S. William U. Chandler, The U.S. Trade Deficit: Macroeconomic or Technological Solutions. John F. Kennedy School of Government, Harvard University, Cambridge,

Mass., April 1987; U.S. Department of Commerce, Statistical Abstracts of the United States 1986. Washington, D.C. 1986.
31 Zu den Investitionen in Japan s. Hatsopoulos und Krugman, U.S. Industrial Competetiveness. Zur Produktivität in den USA s. U.S. Technological Leadership is Slipping. Erosion also Exists in Manufacturing Technology, Brooks Says. Presseveröffentlichung der National Academy of Engineering vom 21. März 1985. Zur Diskussion der Produktivitätsveränderungen und Technologien in Japan und den USA s. Robert U. Avres, The Next Industrial Revolution. Cambridge, Mass., 1984, und Rvuzo Sato und Gilbert S. Suzawa, Research and Productivity: Endogenous Technical Change. Boston, Mass., 1983.
32 Persönliche Mitteilung von Albert Carnsdale vom 8. Dezember 1986.
33 National Science Foundation, Science Indicators 1985. Washington, D.C. 1985.
34 Ebd.
35 John W. Kendrick, Sources of Growth in Real Product and Production in Eight Countries 1960–1978. New York 1981, zit. nach Wendy Schacht, Stevenson – Wydler Technology Innovation Act: A Federal Effort to Promote Industrial Innovation. Washington D.C. 1986. S. auch Erich Bloch, Basic Research and Economic Health: The Coming Challenge. *Science,* 2. Mai 1986.
36 Sato und Suzawa, Research and Productivity.
37 Genevieve J. Knezo, Science and Technology Policy and Funding: Reagan Administration. Congressional Research Service. Washington, D.C., vervielfältigt, 1. Dezember 1987.
38 United Nations, *Monthly Bulletin of Statistics.* Februar 1986.
39 OECD, Science and Technologie Indicators. Paris 1986.
40 Albert Teich et al., Congressional Action on Research and Development in the FY 1987 Budget. American Association for the Advancement of Science. Washington, D.C. Dezember 1986.
41 S. Daniel Deudney, Realism's Eclipse of Geopolitics and the Loss of Strategic Bearings. Princeton University, vervielfältigt Juni 1987. S. auch Hilary F. French, Of Nations and Nukes: The Failure of International Atomic Energy Control. 1944–1946. Dartmouth College, Hanover, N.H., 26. Mai 1986.

42 In Artikel V, Abschnitt I steht: »Beide Seiten verpflichten sich, ABM-Systeme oder Komponenten, die see-, luft-, weltraumgestützt oder an Land beweglich stationiert sind, nicht zu erproben.« (Vertrag zwischen den Vereinigten Staaten von Amerika und der Union der Sozialistischen Sowjetrepubliken über die Begrenzung von Raketenabwehrsystemen. Moskau, 26. Mai 1972.) Man hatte sich darauf geeinigt, daß die Definition von Raketenabwehrsystemen solche Systeme einschließt, die schon existieren, entwickelt werden und die »auf anderen physikalischen Prinzipien beruhen... und in Zukunft geschaffen werden«. S. Zusatzprotokolle zum Vertrag.

Lester R. Brown / Edward C. Wolf
8. Zukunft:
Das Überleben wird eingefordert

Zur Sicherung der Zukunft gehört, daß einige miteinander verknüpfte Probleme gleichzeitig in Angriff genommen werden. Solange die Armut nicht gemildert wird, bleibt die Stabilisierung der Bevölkerungszahl schwierig. Solange die Dritte Welt unter ihrer Schuldenlast zu leiden hat, scheint es unmöglich, der massenhaften Vernichtung von Tier- und Pflanzenarten zu begegnen. Und dies ist vielleicht der wichtigste Punkt – solange aus der internationalen Aufrüstung keine Abrüstung wird, stehen die Mittel, die man braucht, um den Zerstörungsprozeß unseres Planeten aufzuhalten, nicht zur Verfügung.

»**Wenn wir an der gegenwärtigen Entwicklung festhalten, werden Krisen entstehen und sich verschärfen, bis die Institutionen nicht mehr in der Lage sind zu reagieren.**«

Wenn wir an der gegenwärtigen Entwicklung festhalten, werden Krisen entstehen und sich verschärfen, bis die Institutionen nicht mehr in der Lage sind zu reagieren. Die Zeit ist knapp: Vernichtete Arten lassen sich nicht neu schaffen. Selbst bei sorgfältigster Pflege dauert es Jahrhunderte, wenn nicht Jahrtausende, bis weggespülter Boden durch neuen ersetzt ist; und wenn die Erde sich erst einmal erwärmt hat, kann man sie nicht mehr abkühlen.
Wissenschaftler, Politiker und die Öffentlichkeit beginnen zu erkennen, daß die Entwicklung des Bevöl-

kerungswachstums und des Energieverbrauchs die Grenzen der Systeme und Ressourcen, die die Menschheit zum Leben braucht, sprengen. Politische Konsequenzen dieser Erkenntnis sind aber bisher weitgehend ausgeblieben. In vielen Hauptstädten sieht man keinen Anlaß zum Handeln, und die Hauptbeschäftigung der Politiker besteht weiterhin im Management täglicher Krisen – auf Kosten langfristiger Perspektiven.

> »Es gibt zwar, wenn auch unabsichtlich, einige Fortschritte bei der Eindämmung der Kohlendioxidemissionen: bisher hat sich aber keine Regierung veranlaßt gesehen, das Problem der Klimaveränderung in ihre Energiepolitik einzubeziehen.«

Mit Ausnahme der Vereinigten Staaten geschieht nirgendwo etwas oder jedenfalls nicht genug, um die dünne Humusschicht zu beschützen. Außer Südkorea und China haben die Entwicklungsländer nur wenig unternommen, um die Tendenz zur Entwaldung umzukehren. Am bedrohlichsten ist dabei die Lage in den tropischen Ländern, die sich kaum um die Erhaltung ihrer Wälder kümmern.

In den industrialisierten Ländern häufen sich die Beweise dafür, daß saurer Regen und verschmutzte Luft Waldschäden verursachen: In neunzehn Ländern haben die Schäden schon unübersehbare Ausmaße angenommen. Obwohl ständig neue Schadensgebiete erkannt werden und die wissenschaftliche Forschung zu diesem Problem zunimmt, hat bisher kein einziges Industrieland einen überzeugenden Plan entworfen oder gar in die Tat umgesetzt, um die Waldverluste aufzuhalten.[1]

Es gibt zwar, wenn auch unabsichtlich, einige Fortschritte bei der Eindämmung der Kohlendioxidemissionen: bisher hat sich aber keine Regierung veranlaßt gesehen, das Problem der Klimaveränderung in ihre Energiepolitik einzubeziehen. Daß der Verbrauch fossiler Brennstoffe im Laufe der achtziger Jahre nicht weiter gestiegen ist, liegt nur daran, daß wegen ihrer hohen Preise mehr in die Energieeinsparung, die Kernenergie und in erneuerbare Energiequellen investiert wurde.

Das von 24 Nationen unterzeichnete Abkommen zum Schutz der Ozonschicht kann als Beispiel internationaler Zusammenarbeit bei der Abwehr weltweiter Gefahren dienen. Noch fehlt allerdings die massive öffentliche Unterstützung für diese Art Diplomatie; die meisten Kämpfe um die Erhaltung der Gesundheit der Erde werden heute verloren; einige haben noch nicht einmal begonnen.[2]

Eine unerträgliche Entwicklung

Eine Gesellschaft ist dann überlebensfähig, wenn sie ihren Bedarf decken kann, ohne die Chancen künftiger Generationen zu beeinträchtigen. Das Konzept der Überlebensfähigkeit stammt von Ökologen, die über die langfristigen Folgen der Überforderung natürlicher Lebensgrundlagen, wie zum Beispiel der Wälder und Böden, besorgt waren. Eine so definierte umweltverträgliche Entwicklung kann zwar von der Ökologie gefordert, aber nur mit wirtschaftlichen und politischen Mitteln durchgesetzt werden.

»**Die Trennungslinie zwischen verträglichen und schädlichen Tätigkeiten ist nicht immer sehr scharf.**«

Die Trennungslinie zwischen verträglichen und schädlichen Tätigkeiten ist nicht immer sehr scharf. In der peruanischen Anchovisfischerei haben wir eins der wenigen eindeutigen Beispiele dafür, daß übergroße Nachfrage die Zerstörung eines Ökosystems auslösen kann. Die Ausweitung ihrer Fänge von vier Millionen Tonnen im Jahre 1960 über acht Millionen Tonnen 1965 auf 13 Millionen Tonnen im Jahr 1970 wurde zunächst begeistert als wirtschaftlicher Fortschritt kommentiert. Die Ökologen jedoch, die errechnet hatten, daß die Grenze der Belastbarkeit bei 9 Millionen Tonnen liegen mußte, reagierten beunruhigt. Ihre Warnungen bestätigten sich in den frühen siebziger Jahren, als die Fangmenge auf weniger als 2 Millionen Tonnen sank. Seitdem ist sie nicht mehr gestiegen.[3]

»Auf dem Energiesektor sind die Zeichen zerstörerischer Entwicklungen unverkennbar.«

Anzeichen weniger verträglicher Entwicklungen weisen auch einige Sektoren der Weltwirtschaft auf. Berichte aus der Mitte der achtziger Jahre zeigen, daß die Nahrungsmittelproduktion die tatsächliche Nachfrage bei weitem übersteigt. Ernteüberschüsse und riesige, den Weltmarktpreis drückende Getreidevorräte sind die Folge. Aus ökologischer Sicht ist dazu festzustellen, daß die Produktion gestiegen ist, weil man äußerst erosionsanfällige Böden bearbeitet hat, die der Bewirtschaftung nicht über längere Zeit standhalten können. Diese ökologische Einsicht spiegelt sich in dem Programm der USA wider, mit dem 16 Millionen Hektar zerstörten Ackerlandes, rund 11 Prozent der Gesamtfläche, verträglicheren Nutzungen zugeführt werden sollen, z. B. der Gras- oder Holzproduktion.[4]

Auf dem Energiesektor sind die Zeichen zerstörerischer Entwicklungen unverkennbar. Der immer stärkere Verbrauch fossiler Brennstoffe stößt auf seine Grenzen. Möglicherweise muß er eingeschränkt werden, lange bevor die Vorräte aufgebraucht sind, denn durch deren Verbrennung werden Wälder und Gewässer übersäuert und zerstört und die Erdatmosphäre aufgeheizt.

8. Zukunft

Der jährliche Zuwachs von 17 Millionen Menschen und 5 Millionen Rindern, Schafen und Ziegen in Afrika zerstört die Vegetation und überfordert die Böden – ein besonders schmerzhafter Anschauungsunterricht dafür, daß ökologischer Verfall wirtschaftlichen Fortschritt ausschließt. Die ersten Anzeichen für die Schwierigkeiten Afrikas kamen mit dem Rückgang der Getreideproduktion nach 1967, der schließlich auch zu einem Rückgang der Einkommen führte. Diese Tendenz setzt sich fort, und Aufwärtstendenzen sind nicht in Sicht.[5]

Die wirtschaftliche Zukunft des indischen Subkontinents ist ähnlich gefährdet. Je mehr genaue Daten indische Wissenschaftler zur Entwaldung, zur Erosion und zum Verfall der Böden gesammelt haben, desto mehr verwandelten sich die Sorgen der amtlichen Stellen in Bestürzung. Indien hat zwar in den bewässerten Gebieten mit ertragreichen Weizensorten seine Ernten in einem bemerkenswerten Umfang vergrößern können, andererseits aber werden in anderen Gebieten Wasser, Futter und Brennholz knapp mit der Folge, daß sich der Lebensstandard dort in den nächsten zehn Jahren nach dem Muster Afrikas weiter verschlechtern wird.

Lateinamerika, obwohl wirtschaftlich besser entwickelt, folgt diesem Trend ebenfalls. Bevölkerungswachstum, ökologischer Verfall und hohe Auslandsschulden haben den Lebensstandard in den meisten lateinamerikanischen Ländern deutlich hinter den des Jahres 1980 zurückfallen lassen. Wie in Afrika werden die Lebensverhältnisse hier am Ende dieses Jahrzehnts schlechter sein als am Anfang.

Die unmittelbaren Auswirkungen des Bevölkerungswachstums und des Landverfalls wirken sich örtlich begrenzt aus; die Klimaveränderung, die durch die Verbrennung fossiler Brennstoffe verursacht ist, ist unbestreitbar ein globales Phänomen. Sie gefährdet den Fortschritt weltweit, weil die Anpassungsmaßnahmen an die veränderten Klimabedingungen – mit ihren Begleiterscheinungen wie einer veränderten Niederschlagsverteilung, höherer Verdunstungsrate und gestiegenem Meeresspiegel – dann möglicherweise das gesamte verfügbare Kapital binden.

Erhaltung des Bodens und Wiederaufforstung

Der Boden ist nicht nur Grundlage für die Landwirtschaft, sondern für die Zivilisation überhaupt. Als der Weltmarktpreis für Getreide in der Mitte der siebziger Jahre in die Höhe schoß, begann man, große Flächen sehr erosionsgefährdeten Landes intensiv zu bewirtschaften – mit Methoden, die die Erosion noch weiter förderten.
Seit dem Beginn der achtziger Jahre geben die amerikanischen Landwirte und das Landwirtschaftsministerium (USDA) jährlich über eine Milliarde Dollar für die Bekämpfung der Erosion aus. Wie eine detaillierte Untersuchung aus dem Jahr 1982 zeigt, gehen trotz dieses Aufwandes jedes Jahr 3,1 Milliarden Tonnen Mutterboden durch Wasser- und Winderosion verloren. Das sind 2 Milliarden Tonnen mehr als die Menge, die gerade noch als verträglich gilt. Mit jeder Tonne Getreide, die in den USA geerntet wird, gehen sechs Tonnen Mutterboden verloren.[6]
Der amerikanische Kongreß hat auf diese eindeutig belegte Gefahr und die immer höheren Kosten der Preisstützung, die nicht zuletzt auf die Überschußproduktion auf dem erosionsgefährdeten Land zurückgingen, mit einem wegweisenden Programm zur Erhaltung des Bodens reagiert: mit der Flächenstillegung. Zum ersten Mal ist damit eine Politik vorgezeichnet, mit der Überproduktion *und* Bodenerosion durch Flächenstillegungen begegnet werden soll.[7]

8. Zukunft

Eine zentrale Maßnahme dieses Programms ist die Umwandlung von 16 Millionen Hektar erosionsgefährdeten Ackerlandes in Gras- oder Waldland. 1985 und 1986 genehmigte das US-Landwirtschaftsministerium Umwandlungsanträge über 9,2 Millionen Hektar – mehr als ausreichend, um das Ziel von 16 Millionen Hektar in fünf Jahren zu erreichen. Das Ministerium zahlt den Landwirten pro Hektar und Jahr 120 Dollar als Ausgleich für ihre Einkommensverluste.[8]

Wenn man für die Stillegung der gesamten 16 Millionen Hektar einen Durchschnittspreis von 125 Dollar pro Hektar zugrundelegt, kostet das Programm von 1990 an pro Jahr zwei Milliarden Dollar. Aus dieser Summe und der einen Milliarde, die heute schon ausgegeben wird, dann aber gezielt für die verbliebenen, erosionsgefährdeten Ackerflächen eingesetzt werden kann, setzt sich die Kostenschätzung für ein umfassendes Programm zur Erhaltung der Böden in den USA zusammen *(Tab. 8.1)*.

Man schätzt, daß sich die Erosion auf den Flächen, die im ersten Jahr in das Programm aufgenommen

Tab. 8.1: Geschätzte Ausgaben der USA für die Erhaltung der landwirtschaftlichen Böden

Jahr	Umwandlung von Ackerland	Erhaltungsmaßnahmen in der Landwirtschaft	Gesamt
	in Milliarden US-Dollar		
1986	0,4	1,0	1,4
1987	0,8	1,0	1,8
1988	1,2	1,0	2,2
1989	1,6	1,0	2,6
1990	2,0	1,0	3,0
1995	2,0	1,0	3,0
2000	2,0	1,0	3,0

Quelle: Worldwatch Institute, auf der Grundlage von Daten des US-Landwirtschaftsministeriums.

worden sind, durchschnittlich von 72 Tonnen auf 5 Tonnen je Hektar verringert hat. Wenn sich diese Zahlen für die gesamte Fläche bestätigen, verringert sich der Erosionsüberschuß um mehr als eine Milliarde Tonnen; die restliche Menge von noch einmal einer Milliarde Tonnen muß dann auf den 30 Prozent Ackerland wettgemacht werden, die immer noch stark erosionsgefährdet sind. Zum großen Teil läßt sich das mit der gesetzlichen Vorschrift erreichen, die von den Landwirten verlangt, daß sie für erosionsgefährdetes Land bis 1990 ein Sanierungsprogramm vorlegen müssen, wenn sie weiterhin in den Genuß von Unterstützungszahlungen, der Ernteversicherung und anderer Vergünstigungen aus dem Landwirtschaftsprogramm kommen wollen.[9]

Alles in allem sind also jährliche Ausgaben von 3 Milliarden Dollar erforderlich, wenn das Programm ab 1990 seinen vollen Umfang erreicht hat.

»Der Anteil der Fläche, die mit wirtschaftlich vertretbaren Methoden der Bodenerhaltung nicht auf Dauer bebaut werden kann, liegt bei 10 Prozent, also ungefähr in der Größenordnung, die auch für die USA gilt.«

Der Anteil der Fläche, die mit wirtschaftlich vertretbaren Methoden der Bodenerhaltung nicht auf Dauer bebaut werden kann, liegt bei 10 Prozent, also ungefähr in der Größenordnung, die auch für die USA gilt. Weltweit sind das 128 Millionen Hektar. Wenn man in einer ersten Näherung die amerikanischen Verhältnisse darauf überträgt, belaufen sich die Kosten für die Umwandlung in Gras- und Waldland ab 1994 weltweit auf 16 Milliarden Dollar. *(Tab. 8.2)* Wenn weiterhin die Ausgaben für die Erhaltung der restlichen, erosionsgefährdeten Ackerböden mit denen in den USA vergleichbar sind (wobei der Einfachheit halber die Unterschiedlichkeit der Besitzverhältnisse und der landwirtschaftlichen

Tab. 8.2: Geschätzte Kosten für die weltweite Erhaltung der Ackerböden 1990–2000

Jahr	Umwandlung in Gras- oder Waldland	Erhaltung in der Landwirtschaft	Gesamt
	in Milliarden US-Dollar		
1990	3,2	1,3	4,5
1991	6,4	2,7	9,1
1992	9,6	4,0	13,6
1993	12,8	5,3	18,1
1994	16,0	8,0	24,0
1995	16,0	8,0	24,0
2000	16,0	8,0	24,0

Quelle: Worldwatch Institute.

Methoden in den verschiedenen Regionen unberücksichtigt bleiben), kostet die Sanierung der Böden von 1994 an weltweit jährlich noch einmal 8 Milliarden Dollar.
Sind das Umwandlungsprogramm und die Maßnahmen zur Erhaltung des Ackerlandes erst einmal in vollem Umfang in Kraft, liegen die Ausgaben weltweit bei 24 Milliarden Dollar jährlich. Auf den ersten Blick scheint das eine sehr große Summe zu sein; es ist aber weniger, als allein die Regierung der USA 1986 zur Stützung der Agrarpreise ausgegeben hat. Wenn man bedenkt, daß mit einer Zunahme der Weltbevölkerung um 3 bis 5 Milliarden Menschen zu rechnen ist, kann die Menschheit es sich kaum leisten, auf diese Investition zur Sicherung ihrer Ernährung zu verzichten.[10]
Schwieriger gestaltet sich die Kostenschätzung bei der Wiederaufforstung. Daß aufgeforstet werden muß, wird kaum bestritten. Die Vergrößerung des Waldbestandes ist eine sinnvolle Investition für unsere wirtschaftliche Zukunft, sei es, um die Brennholzversorgung in der Dritten Welt sicherzustellen,

oder sei es, um die Boden- und Wasserverhältnisse an den Wasserscheiden wieder in Ordnung zu bringen, wo Landverfall und Störungen des Wasserhaushalts die lokalen Wirtschaftsstrukturen gefährden.

»**Mehr als eine Milliarde Menschen leben heute schon in Ländern, die unter Brennholzmangel leiden.**«

Mehr als eine Milliarde Menschen leben heute schon in Ländern, die unter Brennholzmangel leiden. Wenn hier nicht eingegriffen wird, verdoppelt sich diese Zahl bis zum Jahr 2000. 55 Millionen Hektar Land müssen wiederaufgeforstet werden, wenn der am Ende dieses Jahrhunderts zu erwartende Brennholzbedarf gedeckt werden soll. Für die Sicherung der Böden und die Stabilisierung des Wasserhaushalts an Tausenden von Wasserscheiden in der Dritten Welt kommen weitere 100 Millionen Hektar dazu.[11]

Unter Berücksichtigung der Tatsache, daß einige ökologisch nützliche Baumarten auch als Brennholz Verwendung finden, dürfte der Flächenbedarf für die Aufforstung bei 120 Millionen Hektar liegen. Weitere 30 Millionen Hektar werden für Nutzholz und die Herstellung von Papier und anderen Holzprodukten gebraucht. Wenn diese Ziele bis zum Ende des Jahrhunderts tatsächlich erreicht werden sollen, muß die Entwicklung ungefähr so verlaufen, wie es in *Tab. 8.3* dargestellt ist – mit einer allmählichen Zunahme im Verlauf der nächsten Jahre.

Die Kosten für die Wiederherstellung des Baumbestandes variieren mit den angewandten Methoden. Zahlreiche Studien der Weltbank und anderer Entwicklungsinstitutionen weisen Kosten aus, die von 200 bis 500 Dollar pro Hektar im Rahmen land/forstwirtschaftlicher Programme, bis zu 2000 Dollar oder mehr für kommerzielle Plantagen reichen. In der

8. Zukunft

Tab. 8.3: Aufforstungsbedarf für die Gewinnung von Nutzholz, Brennholz und Grundstoffen für die Papierherstellung sowie für die Sicherung der Böden und Wasserhaushalte, 1990–2000

Jahr	Brennholz	Sicherung von Boden und Wasser	Nutzholz und Papier	Aufforstung insgesamt	Kosten
		Millionen Hektar			Mrd. Dollar
1990	2	3	1	6	2,4
1991	3	4	1	8	3,2
1992	4	5	2	11	4,4
1993	5	6	2	13	5,2
1994	5	6	3	14	5,6
1995	6	6	3	15	6,0
1996	6	7	3	16	6,4
1997	6	7	3	16	6,4
1998	6	7	4	17	6,8
1999	6	7	4	17	6,8
2000	6	7	4	17	6,8

Quelle: Worldwatch Institute.

Landwirtschaft sind die Kosten deshalb niedriger, weil dort die Familien der Bauern ihre Arbeitskraft zur Verfügung stellen.[12]

Setzlinge sind eine Anschaffung, die bei jeder Aufforstung anfällt; im allgemeinen rechnet man ihre Kosten mit 40 Dollar pro Tausend. Üblicherweise werden pro Hektar 2000 Setzlinge gepflanzt, so daß die Kosten allein dafür schon 80 Dollar pro Hektar ausmachen. Weiter kann man davon ausgehen, daß der größte Teil der 120 Millionen Hektar von Dorfbewohnern bepflanzt wird, so daß die durchschnittlichen Kosten bei 400 Dollar je Hektar liegen. Bei diesem Preis summieren sich die Gesamtkosten auf etwa 60 Milliarden Dollar; das sind 6 Milliarden jährlich für den Rest dieses Jahrhunderts.[13]

Das Wachstum der Bevölkerung verlangsamen

Die Weltbank schätzt, daß die Ausgaben für die Familienplanung und damit verbundene Dienstleistungen bis zum Ende des Jahrhunderts etwa 8 Milliarden Dollar jährlich betragen werden, wenn sie wirklich all denen zugute kommen sollen, die sie brauchen *(Tab. 8.4)*.[14]

Im Ergebnis sind diese Ausgaben ein Beitrag dazu, daß sich die Weltbevölkerung bei 8 Milliarden stabilisiert, anstatt sich weiter auf 10 Milliarden zuzubewegen. Dies ist erreichbar, wenn es bis zum Ende des Jahrhunderts 200 Millionen Geburten weniger gibt als erwartet.

Obwohl Bildung für Mädchen und Frauen auch ein Beitrag zum gesellschaftlichen und wirtschaftlichen Fortschritt ist, gibt es noch immer eine Reihe von Ländern, in denen nur knapp die Hälfte aller Mädchen im Schulalter tatsächlich die Schule besucht –

Tab. 8.4: Geschätzte Kosten der Familienplanung und damit zusammenhängender Maßnahmen in der Dritten Welt bei einem Bevölkerungsziel von 8 Milliarden bis zum Jahr 2050

Jahr	Dienst-leistungen	Soziale Maßnahmen	Finanzielle Anreize	Gesamt
	in Milliarden US-Dollar			
1990	3,0	6,0	4,0	13,0
1991	3,5	8,0	6,0	17,5
1992	4,0	10,0	8,0	22,0
1993	4,5	11,0	10,0	25,5
1994	5,0	11,0	12,0	28,0
1995	5,5	11,0	14,0	30,5
1996	6,0	11,0	14,0	31,0
1997	6,5	11,0	14,0	31,5
1998	7,0	11,0	14,0	32,0
1999	7,5	11,0	14,0	32,5
2000	8,0	11,0	14,0	33,0

Quelle: Worldwatch Institute, beruhend auf Daten der Weltbank.

zum Beispiel in Bangla Desh, Senegal und Uganda. Fast alle Länder haben zwar die allgemeine Schulpflicht als politisches Ziel übernommen, aber sehr häufig ist das Bildungswesen dieser Länder schon von der Zahl der Schulanfänger überfordert. In Indien, dem nach China bevölkerungsreichsten Land der Welt, besuchen gerade drei Viertel der schulpflichtigen Mädchen die Schule. Die Regierungen der Länder, in denen die Geburtenrate hoch ist, können nicht hoffen, das Bevölkerungswachstum in den Griff zu bekommen, ohne den Frauen den Zugang zur Bildung zu erleichtern und ihnen damit eine Perspektive jenseits des Gebärens von Kindern zu eröffnen.[15]

»**Um die gesellschaftlichen Voraussetzungen für eine schnellere Abnahme der Geburtenrate zu schaffen, sind massive Investitionen für den Schulbau und die Ausbildung von Lehrern erforderlich.**«

Um die gesellschaftlichen Voraussetzungen für eine schnellere Abnahme der Geburtenrate zu schaffen, sind massive Investitionen für den Schulbau und die Ausbildung von Lehrern erforderlich. Grundschulbildung für die 120 Millionen Kinder im Schulalter, die keine Schule besuchen, kostet für jedes Kind 50 Dollar, insgesamt also 6 Milliarden im Jahr. Alphabetisierungsprogramme für erwachsene Frauen kosten schätzungsweise noch einmal 2 Milliarden Dollar im Jahr.[16]

Die Kindersterblichkeit läßt sich schon mit relativ geringen Mitteln erheblich senken; für ungefähr zwei Milliarden Dollar zusätzlich können zum Beispiel alle Kinder gegen Diphtherie, Masern, Kinderlähmung und Tuberkulose geimpft werden. Eine weitere Milliarde würde es jedes Jahr kosten, die Mütter in die Grundlagen der Hygiene einzuweisen und ihnen die Vorteile des Stillens nahezubringen. Das alles wird zwar bei weitem nicht ausreichen, um die

Kindersterblichkeit auf das Niveau der Industrieländer zu bringen, aber es reicht aus, um sie soweit zu senken, daß das Interesse an einer geringeren Familiengröße geweckt wird.[17]
Selbst wenn die Familienplanung gefördert wird, der Bildungsstand einigermaßen hoch ist und die Kindersterblichkeit sinkt, kann es sein, daß die Geburtenrate noch nicht so schnell abnimmt wie zum Beispiel in Ostasien. In solchen Fällen bedienen Regierungen sich gerne finanzieller Anreize. Sie spielen in allen Ländern eine Rolle, in denen die Geburtenrate relativ schnell gesenkt werden konnte. So gewährt Südkorea allen Familien, die höchstens zwei Kinder haben und in denen ein Ehepartner sich sterilisieren läßt, freie Gesundheitsfürsorge und Erziehungsbeihilfen.[18]
In China, das auf diesem Gebiet über ein umfassendes System von Anreizen und Sanktionen verfügt, ist es Aufgabe der einzelnen Provinzregierungen, eigene, an den örtlichen Verhältnissen orientierte Programme aufzulegen: In Sichuan werden Paare, die nicht mehr als ein Kind haben wollen, monatlich mit einem bestimmten Betrag gefördert, der in den frühen achtziger Jahren bei 5 Yüan lag. Die 840 Yüan, die sie erhielten, bis ihr Kind vierzehn Jahre alt war, entsprechen mindestens dem Erlös, den ein Bauer aus einer Jahresernte erzielt. Auch finanzielle Anreize zur Alterssicherung sind Bestandteil von erfolgreichen Strategien zur Verringerung der Familiengröße.[19]

Das Klima der Erde stabilisieren

Die Erwärmung der Erde, die bis zum Jahr 2050 zwischen 1,5 und 4,5° Celsius ausmachen kann, ist eines der schwierigsten Probleme, mit denen es Politiker je zu tun hatten.

8. Zukunft

Die kostspieligste Anpassungsmaßnahme wird, soweit es sich heute schon absehen läßt, der Schutz der Küstenregionen sein. Ein Blick auf die Niederlande vermittelt eine Vorstellung von der Größenordnung der zu erwartenden Kosten. Die Niederländer wenden einen erheblichen Teil ihres Bruttosozialprodukts – ungefähr sechs Prozent – für den Küstenschutz auf.[20]

»Niemand weiß, wie viele Reisfelder in den überflutungsgefährdeten Gebieten Asiens oder wie viele Küstenstädte im Verlauf des nächsten Jahrhunderts überschwemmt werden.«

Welchen Preis die Länder zu zahlen haben, die sich keinen aufwendigen Küstenschutz leisten können, läßt sich am Beispiel Bangla Deshs ablesen. In diesem Land leben Millionen Menschen in Gebieten, die fast auf Meereshöhe liegen und von den Sturmfluten im Golf von Bengalen immer wieder überschwemmt werden. Bangla Desh kann sich, im Gegensatz zu den Niederlanden, keinen aufwendigen Küstenschutz erlauben. Die Zahl der Todesopfer ist dementsprechend hoch: 1970 wurden in einem einzigen Sturm 300 000 Menschen getötet; 1985 wurden bei einer Sturmflut 10 000 Menschen getötet und 1,3 Millionen obdachlos. Daß die Menschen sich trotzdem immer wieder in diesen außerordentlich gefährdeten Gebieten niederlassen, spiegelt den Bedarf an Siedlungsraum wider, der noch größer wird, wenn die Bevölkerungszahl – wie abzusehen ist – von 106 Millionen im Jahre 1988 auf 305 Millionen am Ende des nächsten Jahrhunderts steigt.[21]

Niemand weiß, wie viele Reisfelder in den überflutungsgefährdeten Gebieten Asiens oder wie viele Küstenstädte im Verlauf des nächsten Jahrhunderts überschwemmt werden. Der Gesamtumfang der Küstenschutzmaßnahmen, die in den nächsten Jahrzehnten erforderlich werden, kann sich durchaus auf einige tausend Kilometer belaufen. In den Niederlanden kostete ein 1986 errichtetes Sperrwerk 3,2 Milliarden Dollar. Auf dieser Grundlage muß der Kostenrahmen für die Eindeichungen, die durch das Ansteigen des Meeresspiegels notwendig werden, mit einigen Billionen Dollar ermittelt werden.[22]

Eines ist klar: Wenn der Grad der Erwärmung gering gehalten werden soll, muß die Zunahme von Kohlendioxid und Spurengasen gebremst werden – und zwar schnell. Ein kleiner Schritt in die richtige Richtung ist die in dem Abkommen von Montreal aus dem September 1987 bekundete Absicht, die Emission von Chlorfluorkohlenwasserstoffen zu halbieren. Weitere notwendige Schritte bilden der sparsamere Umgang mit Energie, die Umstellung von fossilen auf erneuerbare Energiequellen und die Intensivierung der Wiederaufforstung. Die Kohlenstoffemissionen aus der Verfeuerung fossiler Brennstoffe lagen 1987 bei 5,4 Milliarden Tonnen; durch die Abholzung der Wälder kamen noch einmal 1 bis 2,6 Milliarden Tonnen hinzu.[23]

Das Niveau der rationellen Energieverwendung ist in den einzelnen Ländern unterschiedlich hoch. Japan, die drittstärkste Wirtschaftsmacht der Welt, ist auf diesem Gebiet deshalb führend, weil Regierung und Industrie im Energiesparen einen Hauptfaktor für die Wettbewerbsfähigkeit ihres rohstoffarmen Landes sehen. Der Energieverbrauch für die Herstellung von Waren und Dienstleistungen ist, bezogen auf die gleiche Menge, in den USA doppelt so hoch wie in Japan; in einer der am wenigsten effizienten Volkswirtschaften, der sowjetischen, ist es sogar dreimal soviel. Dabei benutzt man in Japan noch längst nicht auf allen Gebieten die besten verfügbaren Technologien.[24]

Der Ersatz bestehender Technologien durch effizientere ist nur ein erster Schritt. Darüber hinaus können auch ganze Teilsysteme der Volkswirtschaft so umgestaltet werden, daß sie mit weniger Energie auskommen. Automobile, die Energie verschwenden, lassen sich zwar durch sparsamere ersetzen; der Qualitätssprung im Verkehrswesen kommt aber erst dann zustande, wenn die Städte so verändert werden, daß ihre Einwohner nicht mehr auf das Auto angewiesen sind.

Auf längere Sicht können viele Länder dadurch ihren Beitrag zur Minderung der Emissionen leisten, daß sie von den fossilen auf erneuerbare Energiequellen übergehen. Kernenergie kommt für die Entwicklungsländer nicht in Frage, weil sie die Investitionen nicht bezahlen können und außerdem nicht immer in der Lage sind, mit den Risiken dieser Technik umzugehen. Erneuerbare Energiequellen sind viel eher auf ihre Bedürfnisse zugeschnitten: Wasserkraft, Brennholz, landwirtschaftliche Abfälle, Windenergie, Warmwasserbereitung durch Sonnenenergie, Photovoltaik, landwirtschaftlich erzeugter Alkohol und die Nutzung der Erdwärme.

»Kernenergie kommt für die Entwicklungsländer nicht in Frage, weil sie die Investitionen nicht bezahlen können und außerdem nicht immer in der Lage sind, mit den Risiken dieser Technik umzugehen.«

Unter der Voraussetzung, daß die Brennholzgewinnung die Substanz der Wälder unangetastet läßt, verursacht die Nutzung dieser Energiequellen keinen Anstieg der Kohlendioxidkonzentration. Nicht alle Länder haben die gleichen Möglichkeiten, diese Energien zu nutzen. In den Industrieregionen Nordamerika und Europa wird die Wasserkraft schon ausgiebig genutzt, in Asien, Afrika und Lateinamerika dagegen erst zu weniger als zehn Prozent.[25]

Einige erneuerbare Energiequellen, wie etwa die Windenergie und die Photovoltaik, befinden sich weltweit noch in einem sehr frühen Entwicklungsstadium; örtlich gibt es dagegen einige erstaunliche

Fortschritte. Innerhalb von vier Jahren ist in Kalifornien eine Windenergiekapazität von 1000 Megawatt installiert worden, zum halben Preis der entsprechenden Kapazität in Atomanlagen. In Indien sollen es bis zum Ende dieses Jahrhunderts 5000 Megawatt sein. Wenn die Nutzung der Windenergie weltweit mit System betrieben würde, ließen sich damit ohne weiteres Tausende von Megawatt erzeugen.[26]
Selbst bei einer so einfachen Technologie wie der solaren Warmwasserbereitung gibt es von Land zu Land große Unterschiede, die sich durch den jeweiligen Aufwand ergeben, mit dem daran gearbeitet wird. In Israel, einem energiearmen Land, das den Versuch unternimmt, sich aus seiner Abhängigkeit von importierten fossilen Brennstoffen zu befreien, verfügen ungefähr 65 Prozent aller Haushalte über solare Warmwasserbereiter; in nicht allzu ferner Zeit sollen es 100 Prozent sein. In Japan, wo man ebenfalls den Import von Kohle und Öl senken will, sind 4 Millionen solcher Geräte im Gebrauch.[27]

»**Die Länder, die das Schwergewicht ihrer Energieversorgung auf erneuerbare Quellen legen, setzen im allgemeinen verschiedene Energieträger ein.**«

Die Länder, die das Schwergewicht ihrer Energieversorgung auf erneuerbare Quellen legen, setzen im allgemeinen verschiedene Energieträger ein. In Brasilien sind dies Wasserkraft zur Stromerzeugung, Methanol im Verkehr und Holzkohle in der Stahlproduktion. Zusammen machen sie ungefähr 60 Prozent des gesamten Energieverbrauchs aus. Damit ist Brasilien das erste Schwellenland, das seine Versorgung in erster Linie auf erneuerbare Energiequellen gründet. Auf den Philippinen beträgt deren Anteil heute 50 Prozent; dort sind in den letzten zehn Jahren wesentliche Fortschritte bei der Umstellung von Importöl auf heimische, erneuerbare Quellen dadurch erzielt worden, daß die Nutzung von Wasserkraft, Brennholz, geothermischer Energie und landwirtschaftlichen Abfällen verstärkt gefördert wurde.[28]

Die Wiederaufforstung ist ein weiterer Beitrag dazu, die klimatischen Veränderungen in Grenzen zu halten. Südkorea ist das einzige Entwicklungsland, dem es gelungen ist, den Trend zur Entwaldung umzukehren. In China scheint man mit dem neuen Anlauf der achtziger Jahre auch auf dem Wege dorthin zu sein. In Indien muß das Ziel, jedes Jahr 5 Millionen Hektar aufzuforsten, erreicht werden, wenn die Waldverluste aufgehalten werden sollen; zur Zeit ist man davon aber noch weit entfernt.[29]

Auf der nationalen Ebene kann einiges getan werden, um die Kohlenstoffemissionen zu verringern. Als Beispiel dafür können vor allem die Wirtschaftsreformen in der UdSSR dienen, die jetzt eingeleitet worden sind. Mit der Einführung marktwirtschaftlicher Elemente steigt auch in der Sowjetunion die Energieeffizienz.

Ein Beitrag der USA kann darin bestehen, daß sie die Entwicklung kraftstoffsparender Automobile erneut vorantreiben. Zwischen 1974 und 1987 hat sich der Benzinverbrauch neuer Wagen fast halbiert, von 17 Litern je hundert Kilometer auf 9,2 Liter. Dies geschah vorwiegend auf Grund eines Gesetzes aus dem Jahre 1976. Wenn sich der Kraftstoffverbrauch bis zum Ende des Jahrhunderts noch einmal halbieren läßt – das ist mit Modellen möglich, die sich schon auf dem Markt befinden –, nehmen die Kohlenstoffemissionen deutlich ab.[30]

Brasilien nimmt unter den Verursachern der Kohlenstoffemissionen den vierten Rang ein – nicht etwa, weil dort fossile Brennstoffe im Übermaß verbraucht werden, sondern weil man die riesigen Amazonaswälder verbrennt, um für Rinderfarmen und Landwirtschaft Platz zu schaffen. Es gibt immer mehr Hinweise aus der Wissenschaft, daß die Erhaltung dieser Wälder für Brasilien genauso wichtig ist wie für die übrige Welt. Zur Zeit sichern diese Wälder den Lebensunterhalt einiger Millionen Menschen noch auf umweltverträgliche Weise. Wenn die Bäume abgebrannt werden, verfällt der Boden sehr schnell und wird zu Ödland, das nicht einmal mehr die Rinder ernährt. Außerdem beeinflussen die Wälder das Klima des ganzen Kontinents, so daß zu befürchten ist, daß sich mit der Fortsetzung der Rodungen die Niederschläge und Temperaturen in den wichtigen, weiter im Süden gelegenen landwirtschaftlichen Gebieten negativ verändern.[31]

»Die Kosten des Energiesparens und der Umstellung auf erneuerbare Energiequellen lassen sich, im Gegensatz zu denen der Erhaltung der Böden oder der Beschränkung des Bevölkerungswachstums, nicht leicht abschätzen.«

Die Kosten des Energiesparens und der Umstellung auf erneuerbare Energiequellen lassen sich, im Gegensatz zu denen der Erhaltung der Böden oder der Beschränkung des Bevölkerungswachstums, nicht leicht abschätzen. Da wir nur ahnen können, wie hoch die Kosten der klimatischen Veränderungen sein werden, empfehlen wir für die neunziger Jahre eine Verdreifachung der jährlichen Investitionen für das Sparen von Energie und eine Verdoppelung der Mittel für die Umstellung auf erneuerbare Energiequellen. Investitionen in dieser Höhe bringen unmittelbare ökologische und wirtschaftliche Vorteile mit sich; sie sind allerdings nicht mehr als eine Minimalforderung.

Investitionen für den Umweltschutz

Die Dynamik des Bevölkerungswachstums, der Verfall der Bodenqualität und die chemischen Veränderungen in der Atmosphäre behindern die Verwirklichung der umweltverträglichen Entwicklungsalternativen; die Trägheit der politischen Institutionen erschwert sie noch mehr. *Tab. 8.5* enthält grobe Schätzwerte mit erheblichen Unsicherheiten. Obwohl die Zahlen, soweit möglich, auf Erfahrungen beruhen, erheben sie doch keinen Anspruch auf absolute Gültigkeit. Statt dessen sollen sie den Ausgangspunkt für weitere Überlegungen darstellen, mit welchem Aufwand eine umweltverträgliche Entwicklung doch noch zu erreichen ist.

Für die weitere Erörterung behandeln wir die Kosten nur als Ausgaben, ohne zu berücksichtigen, daß sie auf längere Sicht deutliche Nettoeinsparungen

Tab. 8.5: Grobe Schätzung der zusätzlichen Kosten von Maßnahmen zur Sicherung einer verträglichen Entwicklung, 1990–2000

Jahr	Erhaltung des Mutterbodens	Wiederaufforstung	Begrenzung des Bevölkerungswachstums	Energiesparen	Erneuerbare Energien	Ablösung von Schulden der 3. Welt	Gesamtkosten
				in Milliarden US-Dollar			
1990	4	2	13	5	2	20	46
1991	9	3	18	10	5	30	75
1992	14	4	22	15	8	40	103
1993	18	5	26	20	10	50	129
1994	24	6	28	25	12	50	145
1995	24	6	30	30	15	40	145
1996	24	6	31	35	18	30	144
1997	24	6	32	40	21	20	143
1998	24	7	32	45	24	10	142
1999	24	7	32	50	27	10	150
2000	24	7	33	55	30	0	149

Quelle: Worldwatch Institute.

nach sich ziehen. So bewirkt jeder Dollar, der in den USA für Einsparungen von Energie ausgegeben wird, eine Kürzung der Stromrechnungen um ungefähr 2 Dollar. Ähnliches gilt für die Ausgaben zur Förderung der Familienplanung. Die relativ bescheidene Summe, die dafür ausgegeben wird, zusätzliche Geburten zu vermeiden, macht sich nicht nur mehrfach bezahlt – sie kann die Grundlage dafür sein, daß sich die sinkende Tendenz des Lebensstandards umkehrt.

Dazu kommt, daß nicht alle in der *Tab. 8.5* aufgeführten Kosten »Investitionen« im strengen Sinne sind: Der Schutz des Mutterbodens und die Stabilisierung der Bevölkerung verlangen erhebliche laufende Kosten, während es beim Energiesparen und den erneuerbaren Energiequellen im allgemeinen um einmalige Ausgaben geht, die auf längere Sicht Gewinn versprechen. Diese Investitionen werden nicht etwa mit dem Ende dieses Jahrhunderts überflüssig; sie sind vielmehr ein erster Schritt zu einer Umstrukturierung der Weltwirtschaft, die den weiteren Fortschritt ermöglichen soll.

»Zwar ist nicht vorherzusehen, welche Faktoren den Energiebedarf und das Verhalten künftiger Generationen prägen werden, aber eine Investition von 150 Milliarden Dollar im Jahr dürfte eine vernünftige Anzahlung auf eine ökologisch verträgliche Weltwirtschaft sein.«

Den Handlungsfeldern in *Tab. 8.5* liegt als gemeinsames Ziel die Begrenzung der Kohlenstoffemissionen zugrunde: Erosionsanfälliges Land, das mit Gras oder Bäumen bepflanzt wird, und Aufforstungen, die angelegt werden, um das Holz zu nutzen und die Böden und Wasserhaushalte zu stabilisieren, binden Kohlenstoff; zusammen etwa 1 Milliarde Tonnen. Wenn dann die vorhandenen Wälder besser bewirtschaftet werden und die neu angepflanzten ihren Beitrag zur Deckung des Holzbedarfs leisten, kann die gesamte Waldfläche ca. 1,5 Milliarden Tonnen Kohlenstoff binden, ein Fünftel der Emissionen des Jahres 1986. In der Zwischenzeit sollten die erhöhten Investitionen für das Energiesparen und für erneuerbare Energie sich soweit auszahlen, daß die Einsparungen den bis zum Ende des Jahrhunderts vorhersehbaren Mehrbedarf wettmachen. Insgesamt würden sich mit der Umsetzung dieser Vorhaben bis zum Jahr 2000 die Kohlenstoffemissionen verringern; die Erwärmung der Erde wäre damit gebremst. Ob die Investitionen aber tatsächlich getätigt werden, hängt davon ab, daß die zerstörerischen Wirkungen des Klimawechsels von möglichst vielen Regierungen ernst genommen werden, und von deren Fähigkeit, zu einer gemeinsamen Strategie zu finden.

Zwar ist nicht vorherzusehen, welche Faktoren den Energiebedarf und das Verhalten künftiger Generationen prägen werden, aber eine Investition von 150 Milliarden Dollar im Jahr dürfte eine vernünftige Anzahlung auf eine ökologisch verträgliche Weltwirtschaft sein. Zwei Hemmnisse stehen der Mobilisierung von Kapital und politischem Willen noch entgegen: Das eine ist die völlig verfehlte Ausgabe von 900 Milliarden Dollar jährlich für die Rüstung, und das andere die außer Kontrolle geratene Schuldenlast der Dritten Welt. Solange diese Hindernisse nicht überwunden sind, stehen kaum Mittel für die Zukunftssicherung zur Verfügung.

»Die gesamte Welt würde profitieren, wenn der Würgegriff, in dem die Schulden die internationale Entwicklung und den Handel halten, gelockert würde.«

Die Auslandsschulden der Dritten Welt belaufen sich zur Zeit auf ungefähr 1 Billion Dollar; jedes Jahr kommen etwa 60 Milliarden dazu. Die Zinszahlungen von ungefähr 80 Milliarden Dollar im Jahr haben den traditionellen Kapitalfluß von den Industrie- zu den

Entwicklungsländern umgekehrt und dazu geführt,
daß inzwischen 30 Milliarden Dollar netto von den armen
auf die reichen Länder übertragen werden. Vor
mehr als fünf Jahren wurden die Schulden der Dritten
Welt als Problem zur Kenntnis genommen; alle Versuche,
es zu lösen, sind gescheitert.[32]
Die gesamte Welt würde profitieren, wenn der Würgegriff,
in dem die Schulden die internationale Entwicklung
und den Handel halten, gelockert würde.
Barber Conable, der Präsident der Weltbank, hat
darauf hingewiesen, daß die hochverschuldeten Entwicklungsländer
der mittleren Einkommenskategorie
den Umfang ihrer Importe zwischen 1980 und
1985 von 165 Milliarden Dollar auf 110 Milliarden
zurückgenommen haben – in einem Zeitraum, in
dem sie ihre Importe normalerweise auf 220 Milliarden
Dollar hätten erhöhen sollen.[33]

»Wenn sich an der bisherigen Entwicklung nichts ändert, werden die Rüstungsausgaben auch weiterhin ungefähr 900 Milliarden Dollar im Jahr betragen.«

Im Wissen, daß dies eine unhaltbare Situation ist,
haben zahlreiche Experten Modelle entwickelt, wie
mit einer Schuldensumme umzugehen ist, auf deren
Rückzahlung niemand mehr zu hoffen wagt. Eine
Möglichkeit ist die Gründung eines gemeinsamen
Fonds der Weltbank und des Internationalen Währungsfonds
mit dem Ziel, so viele Schulden der Dritten
Welt abzulösen, daß wirtschaftlicher Fortschritt
wieder möglich wird. Die 1987 erfolgte Neuorganisation
der Weltbank, die auch dazu führen soll, daß
Umweltfragen bei der Entwicklungsplanung stärker
berücksichtigt werden, kann der Bank zu einer führenden
Rolle bei der Formulierung verträglicher
Entwicklungsstrategien verhelfen.[34]
Mit seinem riesigen Handelsüberschuß könnte Japan
bei der Einrichtung dieses gemeinsamen Fonds eine

8. Zukunft

wesentliche Rolle spielen, indem es einen eigenen, umfangreichen Beitrag leistet, ähnlich wie es die USA mit dem Marshall-Plan beim Wiederaufbau der vom Krieg zerstörten europäischen Länder getan haben. Kanada hat schon einen mutigen Schritt in die richtige Richtung getan und seinen afrikanischen Schuldnerländern die Schulden in Höhe von 581 Millionen Dollar erlassen.[35]

In welcher Höhe die Schulden erlassen werden müssen, ist schwer zu schätzen, zumal sie ständig zunehmen. Zumindest aber muß der jährliche Kapitalabfluß von 30 Milliarden Dollar durch einen Zufluß in mindestens derselben Höhe ersetzt werden. Selbst wenn der Gesamtbetrag der Schulden – 1 Billion Dollar – nicht weiter steigt, müssen in den neunziger Jahren noch 800 Milliarden Dollar an Zinsen gezahlt werden, vorausgesetzt, sie halten sich bei acht Prozent. Die Summe, die zur Verfügung gestellt werden muß, um die Schulden der Dritten Welt innerhalb der nächsten zehn Jahre auf ein vertretbares Maß zu senken, kann bis zu 300 Milliarden Dollar betragen; das würde ausreichen, um Schulden im Nennwert von 600 Milliarden abzulösen.

Mit der Ablösung der Schulden haben wir die letzte Hauptkomponente der Gesamtausgaben für eine verträgliche Entwicklung erfaßt. Wie in *Tab. 8.5* angedeutet, liegt der jährlich benötigte Betrag für die Ablösung der Schulden, den Schutz der Umwelt und die Stabilisierung des Klimas im Jahre 1990 bei 46 Milliarden Dollar; im Verlauf der neunziger Jahre steigt er auf fast 150 Milliarden.

Wenn sich an der bisherigen Entwicklung nichts ändert, werden die Rüstungsausgaben auch weiterhin ungefähr 900 Milliarden Dollar im Jahr betragen; auf dieser Höhe scheinen sie sich jedenfalls in den späten achtziger Jahren eingependelt zu haben. Die Größenordnung der Umschichtungen vom militärischen Sektor auf die umweltverträgliche Entwicklung läßt

Tab. 8.6: Zwei mögliche Budgets für die weltweite Sicherheit, 1990–2000

Jahr	Sicherheit nach militärischen Kriterien (in Milliarden Dollar) Militärausgaben (bisher)	Sicherheit nach den Kriterien verträglicher Entwicklung (%)		
		Militärausgaben (neu)	Entwicklungsausgaben	Gesamtausgaben
1990	900	854	46	900
1991	900	825	75	900
1992	900	797	103	900
1993	900	771	129	900
1994	900	755	145	900
1995	900	755	145	900
1996	900	756	144	900
1997	900	757	143	900
1998	900	758	142	900
1999	900	750	150	900
2000	900	751	149	900

Quelle: Worldwatch Institute.

sich an *Tab. 8.6* ablesen. Eine Verringerung der Militärausgaben um nur ein Sechstel kann schon ein wirksamer Beitrag zur Belebung kranker Volkswirtschaften sein. Die Sowjetunion hat ihre Bereitschaft bereits angedeutet, Mittel von der Rüstung auf die Entwicklungshilfe zu verlagern.[36] Die Verschiebung der Prioritäten von der Rüstung zur Entwicklung steht nicht ohne Beispiel da. China ist in den vergangenen zehn Jahren genau diesen Weg gegangen.
Noch vor zehn Jahren machten die Rüstungsausgaben in China 15 Prozent des Bruttosozialprodukts aus und gehörten damit zu den höchsten überhaupt. Seitdem sind sie kontinuierlich um ein Zehntel verringert worden, so daß man für 1986 einen Anteil von 7 Prozent erreichen konnte. Zur gleichen Zeit haben sich die Ausgaben für die Familienplanung, Wiederaufforstung und die Nahrungsmittelproduktion dramatisch erhöht. Diese Umschichtung, aber auch die Wirtschaftsreformen, haben das Absinken

der Geburtenrate begünstigt und die Steigerung der Nahrungsmittelproduktion pro Kopf der Bevölkerung innerhalb eines Jahrzehnts um die Hälfte ermöglicht. In genau dieser Kombination liegt auch für die übrige Welt der Schlüssel zum Fortschritt der nächsten Jahre.[37]

Anmerkungen zu Kapitel 8

1 International Co-operative Programme on Assessment and Monitoring of Air Pollution Effects on Forests, Forest Damage and Air Pollution: Report on the 1986 Forest Damage Survey in Europe. Global Environmental Monitoring System. United Nations Environment Programme. Nairobi. Vervielfältigt 1987. Zu den Daten aus Belgien und der DDR s. *Allgemeine Forst Zeitschrift* Nr. 46, 1985 und 41, 1986.

2 Michael Weisskopf, Nations Sign Agreement to Guard Ozone Layer. *Washington Post,* 17. September 1987.

3 U.N. Food and Agriculture Organization (FAO), Yearbook of Fishery Statistics. Rom, verschiedene Jahrgänge; C.P. Idyll, The Anchovy Crisis. *Scientific American,* Juni 1973.

4 Eine Beschreibung dieses amerikanischen Programms findet sich in: Norman A. Berg, Making the Most of the New Soil Conservation Initiatives. *Journal of Soil and Water Conservation,* Januar/Februar 1987, und in: U.S. Departmen of Agriculture (USDA), Economic Research Service, Agricultural Resources: Cropland, Water, and Conservation Situation and Outlook Report. Washington D.C. 1987.

5 Zu den Bevölkerungsdaten aus Afrika s. Population Reference Bureau, World Population Data Sheet 1987. Washington, D.C. 1987. Zum Viehbestand s. FAO, Production Yearbook. Rom, verschiedene Jahrgänge.

6 Roger Strohbehn, Hrsg., An Economic Analysis of USDA Erosion Control Programs: A New Perspective. *Agricultural Economic Report* No. 560. Washington, D.C. 1986.

7 Berg, New Soil Conservation Initiatives.

8 USDA, Cropland, Water, and Conservation Report.

9 Berg, New Soil Conservation Initiatives.

10 Zu den Preisstützungen s. Economic Report of the President. Washington, D.C. 1986.
11 FAO, Fuelwood Supplies in the Developing Countries. Washington, D.C. 1987.
12 Zu den Kosten der Aufforstung bei unterschiedlichen Voraussetzungen s. John S. Spears, Replenishing the World's Forests – Tropical Reforestation: An Achievable Goal? *Commonwealth Forest Review* 62, Nr. 3, 1983.
13 Zu den Kosten der Setzlinge s. Dennis Anderson und Robert Fishwick, Fuelwood Consumption and Deforestation in African Countries. *Staff Working Paper* No. 704, World Bank. Washington, D.C.. 1984.
14 Die Angaben zu den Kosten der Familienplanung entsprechen denen der Weltbank in: World Development Report 1984. New York 1984. Sie sind etwas höher als die des Population Crisis Committee.
15 Zu den Daten s. World Bank, World Development Report 1987. New York 1987.
16 Zu den Kosten für die Grundschulbildung in Ländern mit niedrigen Einkommen s. J. C. Eicher, Educational Costing and Financing in Developing Countries: Focus on Sub-Saharan Africa. *Staff Working Paper* No. 655, World Bank, Washington D.C. 1984.
17 S. dazu William F. Chandler, Investing in Children. Worldwatch Paper No. 64. Washington D.C. 1985.
18 World Bank, World Development Report 1984.
19 Ebd.
20 Erik Eckholm, Significant Rise in Sea Level Now Seems Certain. *New York Times,* 18. Februar 1986.
21 Agency for International Development. Office of U.S. Foreign Disaster Assistance, Disaster History: Significant Data on Major Disasters Worldwide. 1900 – Present. Washington, D.C. 1987. Zur Zahl der stationären Bevölkerung s. den Bericht der Weltbank, World Development Report 1987.
22 Tom Goemans und Tjebbe Visser, The Delta Project: The Netherlands' Experience with a Megaproject for Flood Protection. *Technology in Society* 9, 1987.
23 Die Schätzung des Umfangs der Emissionen aus der Verbrennung beruhen auf einer persönlichen Mitteilung von Ralph Rotty, Universität New Orleans, vom 16. Juni 1987. Zu den Emissionen durch Entwaldung s. R. A. Houghton et al., The Flux of Carbon from Terrestrial Ecosystems to the Atmosphere in 1980 Due to Changes in Land Use: Geographic Distribution of the Gobal Flux. *Tellus*, Februar/April 1987.

8. Zukunft

24 S. William U. Chandler, Designing Sustainable Economies, in: Lester R. Brown et al., State of the World 1987, New York 1987.
25 World Energy Conference, Survey of Energy Resources. München 1980.
26 Persönliche Mitteilung durch Sam Rashkin, Energiekommission von Kalifornien, vom 6. Oktober 1987. Judith Perera, Indian Government Draws up Plans to Exploit Renewable Energy. *Solar Energy Intelligence Report,* 11. August 1987.
27 D. Groves und I. Segal, Solar Energy in Israel. Jerusalem 1984; International Energy Agency, Renewable Sources of Energy. Paris 1987.
28 Ministry of Energy and Mines, Energy Self-Sufficiency: A Scenario Developed as an Extension of the Brazilian Energy Model. Brasilia 1984; Renewable Energy Institute, The Philippines: Trade and Investment Laws Relating to Renewable Energy. Washington D.C. 1987.
29 Government of India, Strategies, Structures, Policies: National Wastelands Development Board. New Delhi, vervielfältigt 6. Februar 1986.
30 Motor Vehicle Manufacturer's Association, Motor Vehicle Facts and Figures '87. Detroit 1987.
31 Houghton et al., The Flux of Carbon; Mary Helena Allegretti und Stephan Schwarzman, Extractive Reserves: A Sustainable Development Alternative for Amazonia. Report to the World Wildlife Fund. Washington D.C. 1987.
32 Action, Not Just Talk on World Debt. (Kommentar) *New York Times,* 26. September 1987; Felix Rohatyn, On the Brink. *New York Review of Books,* 11. Juni 1987.
33 Barber B. Conable, Rede vor der Handels- und Entwicklungskonferenz der Vereinten Nationen, 10. Juli 1987.
34 Die Information über die Umstrukturierung stammt aus einer Rede Barber B. Conables vor dem World Resources Institute in Washington D.C. vom 5. Mai 1987.
35 S. dazu die Rede von Tom McMillan vor der 42. UNO-Vollversammlung vom 19. Oktober 1987: Canada's Perspective on Global Environment and Development.
36 Zu den Militärausgaben s. Ruth Leger Sivard, World Military and Social Expenditures 1986. Washington D.C. 1986; Clyde H. Farnsworth, Soviet Economists See a New Order. *New York Times,* 4. Dezember 1987.
37 Zu den Militärausgaben Chinas s. U.S. Arms Control and Disarmament Agency, World Military Expenditures and Arms Transfers 1986. Washington D.C. 1986. Die Schätzung für 1986 ist vom Worldwatch Institute.

Herausgeber und Autoren

Worldwatch Institute

Das Worldwatch Institute wurde 1975 mit Sitz in Washington, D.C./USA als unabhängige, gemeinnützige Institution gegründet. Es vermittelt Informationen für Entscheidungsträger und die interessierte Öffentlichkeit über die Zusammenhänge zwischen der Weltwirtschaft und den einzelnen ökologischen Systemen. Die Wissenschaftler dieses Institutes verfolgen und untersuchen diese Prozesse aus globaler Perspektive und in einem interdisziplinären Rahmen. In über 100 Einzelpublikationen wurden solche Themen abgehandelt. Diese Studien wurden in verschiedene Sprachen übersetzt. Der erste Bericht »Zur Lage der Welt« wurde 1984 in den USA veröffentlicht. Dieser Report wurde inzwischen zu einer der wichtigsten Informationsquellen zu diesem Thema.

Herausgeber und Autoren der amerikanischen Ausgabe

Lester R. Brown – Direktor des Institutes und Projektleiter
Edward C. Wolf – Stellvertretender Projektleiter
Linda Starke – Herausgeberin

Wissenschaftliche Mitarbeiter:
Lester R. Brown/William U. Chandler/Alan Durning/Christopher Flavin/Lori Heise/Jodi Jacobson/Cynthia Pollock Shea/Sandra Postel/Linda Starke/Edward C. Wolf

Herausgeber der deutschsprachigen Ausgabe

Gerd Michelsen, Dr. rer. pol., geboren 1948 in Flintbek (bei Kiel), Studium der Volkswirtschaftslehre in Kiel und Freiburg/Br. Wissenschaftlicher Mitarbeiter an der Universität Freiburg bis 1976; 1977–1979 Mitbegründer und Geschäftsführer des Öko-Instituts/Freiburg/Br. 1980 Leiter der Zentralen Einrichtung für Weiterbildung der Universität Hannover. 1987 Dr. phil. habil. an der Universität Hannover. 1987–1988 Vorstandssprecher des Öko-Instituts. Herausgeber von »Der Fischer Öko-Almanach«. Mitautor von »Ökologie lernen – Anleitungen zu einem veränderten Umgang mit Natur«, Fischer Taschenbuch Verlag, Band 4100, Frankfurt/M. 1985. Zahlreiche andere Publikationen.

Register

Das Register ist nach Kontinenten, Ländern, größeren Städten und Internationalen Organisationen geordnet. Die weiteren Sachbezüge ergeben sich aus dem Inhaltsverzeichnis

Kontinente

Afrika
Artenbestand 175
Bevölkerungszuwachs u.
  Brennholzmenge 142
Biologische Schädlingsbekämpfung 219
Bodenerosion 147
Brennholz u. Entwaldung 135
Brennholzbedarf 139 f.
Energieverbrauch 71
Entwaldung 182
  Ursachen 135, 139
  Verhältnis zur Aufforstung 133, 138
  Wasserspeicherung 144
Getreideproduktion 25
Kohlenstoffemissionen 152
Ökologischer Verfall 272
Subventionen für Pestizide 228
Urwälder 175
  Funktion 156
Viehbestand 23
Wanderlandwirtschaft 135, 156
Wasserkraft 285
  Potential 89
Wüstenausdehnung 24
Antarktis
Ozonloch 14, 20

Asien
Artenbestand 175
Brennholzbedarf 140
Energieverbrauch 71
Entwaldung 182
  Überschwemmungsgefahr 145
  Ursachen 135 f.
  Verhältnis zur Aufforstung 133
Geburtenrate 282
Kohlenstoffemissionen 152
Meeresspiegel, Folgen d. steigenden 37
Subventionen für Pestizide 228
Tropische Harthölzer, Export 136
Urwälder 175
Wanderlandwirtschaft 135
Wasserkraft 285
  Potential 89
Europa
Energienutzungsgrad von Kraftfahrzeugen 61
Energieverbrauch 52, 65
Kohlenstoffbilanz 157
Ökosysteme als Kohlenstoffspeicher 157
Saurer Regen, Folgen 29
Waldschäden 137
Vergiftung der Böden 19

Waldfläche 132, 137
Waldschäden 14, 30
Waldsterben 31, 154
Wasserkraft 285
  Potential 89
Lateinamerika
Artenbestand 175
Auslandsschulden 273
Bevölkerungswachstum 273
Bodenerosion 146
Energieverbrauch 71
Entwaldung, Ursachen 17, 136
Holzeinschlag 136
Kohlenstoffemissionen 152
Ökologischer Verfall 273
Rinderhaltung 136
Subventionen für Pestizide 228
Tropenwald, Renaturierung 186
Tropische Harthölzer, Export 136
Urwälder 175
Waldsterben 154
Wasserkraftpotential 89
Zuckerrohr u. Energiegewinnung 97 f.
Nordamerika
Erwärmung, Folgen 36
gedämmte Wohnhäuser 54
Renaturierung der Prärie 183
Saurer Regen, Folgen 29
Wasserkraft 285
  Potential 89

Register

301

Länder

Argentinien
  Ozonloch 20
Australien
  Energieintensität 49
  Windkraftanlagen 112
Bangla Desh
  Küstenschutz 283
  Schulpflicht 281
Belgien
  Windkraftanlagen 112
Bolivien
  Naturschutz u. Schuldenabbau 190
Brasilien
  Äthanol 286
  Äthanol-Projekt 101
  Brennholzproduktion 95
  Energie
    Einsparung 49
    erneuerbare 87, 113, 286
  Entwaldung 133, 182
  Klima 288
  Kohlenstoffemission durch 287
  Holzkohle 286
  Kohlenstoffemissionen 34, 152, 287
  Ökosysteme, Mindestgröße 180
  Pestizidvergiftungen 208
  Pflanzenschutz, integrierter 216
  Renaturierung v. Wäldern 183
  Tropenwald
    Rodung 137
    Schutz 186
  Umwandlung von Wald- in Weideland 182
  Umweltverschmutzung 19
  Urwälder, Nutzung 187
  Wasserkraft 88 ff., 286
Bulgarien
  Waldschäden 31
Bundesrepublik Deutschland
  Energie, erneuerbare 115, 117
  Energieintensität 49
  Kohlenstoffemissionen 33
  Kraftstoffverbrauch von neuen PKW 62
  Sondermüllbeseitigung 222
  Technologien, saubere 230
  Waldschäden 13, 17, 30 f.
  Windkraftanlagen 110, 112
Burundi
  Wasserkraft 93
Chile
  Ozonloch 20
China
  Bevölkerungspolitik 282
  Bodenerosion u. Aufforstung 147
  Brennholzproduktion 95
  Entwaldung u. Wirtschaftsreform 161
  Geburtenkontrolle 15
  Getreideproduktion 25
  Kohlenstoffemissionen 33
  Kohleverbrauch 27
  Nahrungsmittelproduktion 25
  Pflanzenschutz, integrierter 214
  Saurer Regen, Folgen 32
  Shanghai 37
  Sondermüllentsorgung 204
  Subventionen für Pestizide 228
  Turbinenherstellung 93
  Umschichtungen im Staatshaushalt 26
  Verringerung d. Rüstungsausgaben 294
  Wasserkraft 88 f., 90, 93
  Umsiedlung 91
  Wiederaufforstung 270, 287
  Windenergie 108
Costa Rica
  Gewässerverschlammung 146
  Tropenwald, Sanierung 185

Wasserkraft 93
ČSSR
  Lebenserwartung 20
  Umweltbedingte Krankheiten 20
  Umweltverschmutzung 20
  Waldsterben 31
Dänemark
  Altlasten, Sanierung 210
  Blockheizkraftwerke 69
  Energieverbrauch, industrieller 64
  Kraftstoffverbrauch v. neuen PKW 62
  Landwirtschaftliche Abfälle u. Energiegewinnung 97
  Pestizideinsatz, Reduzierung 229
  Sondermüllbeseitigung 222
  Technologien, saubere 230
  Windenergie 117
  Windkraftanlagen 110 f.
  Windmühlen 107
DDR
  Energieverbrauch 33
  Kohlenstoffemissionen 34
  Umweltverschmutzung 20
  Waldsterben 31
Dominikanische Republik
  Solarzellen 106
  Zuckerrohr und Energiegewinnung 97
Elfenbeinküste
  Kohlenstoffemissionen 34
Finnland
  Sondermüllbeseitigung 222
Frankreich
  Aufforstung, Fortschritte d. 137
  Waldfläche 131
Griechenland
  Energie, erneuerbare 116, 117
  Energieintensität 49

Griechenland (Forts.)
Landwirtschaftliche Abfälle u. Energiegewinnung 97
Solarzellen 106
Windkraftanlagen 112
Großbritannien
Aufforstung, Fortschritte d. 137
Energie, erneuerbare 115
Energieintensität 49
Kraftstoffverbrauch v. neuen PKW 62
Pestizide u. Trinkwasser 206
Windkraftanlagen 110
Guatemala
Wasserkraft 93
Zuckerrohr u. Energiegewinnung 97
Guinea
Wasserkraft 93
Guyana
Zuckerrohr u. Energiegewinnung 97
Honduras
Zuckerrohr u. Energiegewinnung 97
Indien
Aufforstung 142, 159, 187, 287
Behörden 19, 162
Organisationen, -nichtstaatliche 159
Bodenerosion u. Aufforstung 147
Brennholzbedarf 22
Brennholzproduktion 95
Chipko-Bewegung 143
DDT 205
Entwaldung 17
Entwicklung 133
Nähe v. Großstädten 136
Energie, erneuerbare 114, 117
Getreideproduktion 25
Grüne Revolution 26
Neu-Delhi 136
Ökologischer Verfall 273
Pestizideinsatz 203
Reis u. Energiegewinnung 100

Schulpflicht 281
Turbinenherstellung 93
Überschwemmungsgefährdete Gebiete 145
Verödung d. Landes 18
Viehbestand 23
Wasserkraft 90
Umsiedlung 92
Windenergie 112
Windkraftanlagen 113
Wüstenbildung 25
Indonesien
Brennholzproduktion 95
Bodenerosion, Bekämpfung d. 149
Kohlenstoffemissionen 34
Landwirtschaft u. Artenschutz 179
Pflanzenschutz, integrierter 228
Reis u. Energiegewinnung 100
Tropenwald, Schutz 186
Turbinenherstellung 93
Irland
Landwirtschaftliche Abfälle u. Energiegewinnung 97
Israel
Energie, erneuerbare 87
Solare Warmwasserbereitung 102
Solarteiche 103
Sonnenenergie 286
Windkraftanlagen 112
Italien
Energie
erneuerbare 118
geothermische 118
Energieintensität 49
Kraftstoffverbrauch v. neuen PKW 62
Seveso 19
Windkraftanlagen 112
Japan
Energie
Einsatz 15
erneuerbare 87, 115–118
geothermische 118
Intensität 49

Sonnen- 286
-sparen 284
-verbrauch 33
industrieller 64 ff.
Forschung u. Entwicklung 260
Forschungsfinanzierung 261
Kohlenstoffemissionen 33
Kraftstoff
Ausgaben für 49
Verbrauch v. neuen PKW 62
Ökosysteme als Kohlenstoffspeicher 157
Produktivität d. Wirtschaft 257
Solare Warmwasserbereitung 102
Solarzellenproduktion 107
Tropenwald, Wiederaufforstung 193
Jugoslawien
Waldschäden 31
Kanada
Energieintensität 49
Montreal 15, 20, 39, 284
Schuldenerlaß f. Länder d. Dritten Welt 293
Waldschäden 31
Wasserkraft 91, 93
Windkraftanlagen 110
Kenia
Aufforstung 134, 159
Energie
Einsparung 71
sparende Herde 143
Greenbelt Movement 159
Kolumbien
Aufforstung, Finanzierung 148
Kohlenstoffemissionen 34
Tropenwald, Schutz 186
Turbinenherstellung 93
Kuba
Zuckerrohr u. Energiegewinnung 97
Madagaskar
Wasserkraft 93

Register

Malawi
  Aufforstung 159
Malaysia
  Reis u. Energiegewinnung 100
Malediven
  Meeresspiegel, Folgen d. steigenden 38
Mexiko
  Energie, geothermische 118
  Tropenwald, Schutz 186
Nepal
  Sanierung d. Hochlandes 148
  Turbinenherstellung 93
  Wasserkraft 93
Nicaragua
  Entwaldung 136
  Pestizidresistenz bei Schädlingen 209
Niederlande
  Energieintensität 49
  Küstenschutz 38, 283
  Technologien, saubere 230
  Waldschäden 17, 31
  Windenergie 117
  Windkraftanlagen 110, 112
Niger
  Aufforstung u. Bodenerosion 149
  Neem-Baum 149
Nigeria
  Brennholzproduktion 95
  Brennholzverbrauch 138
Neuguinea
  Wasserkraft 93
Pakistan
  Turbinenherstellung 93
Peru
  Anchovisfischerei 271
  Wasserkraft 93
Philippinen
  Ambuklan-Projekt 146
  Energie
    erneuerbare 87, 286
    geothermische 118
  Entwaldung u. Flußverschlammung 145
  Manila 52

Reis u. Energiegewinnung 100
Polen
  Boden- u. Wasserverseuchung 20
  Lebenserwartung 20
  Schwermetalle im Gemüse 211
  Wasserkraft 93
Portugal
  Energie, erneuerbare 115
  Landwirtschaftliche Abfälle u. Energiegewinnung 97
Ruanda
  Aufforstung 134
Schweden
  Energie, erneuerbare 87, 115 f.
  Energiesparhäuser 53
  Fischsterben 28
  Pestizideinsatz, Reduzierung 228
  Saurer Regen, Folgen 28
  Sondermüllbeseitigung 222
  Therm. Speicherung 55
  Waldschäden 31
  Windkraftanlagen 110
Senegal
  Pestizide, Subventionen für 228
  Schulpflicht 281
Schweiz
  Energie, erneuerbare 115
  Ozonverluste 20
  Waldschäden 17, 31
Sowjetunion (UdSSR)
  Atomare Abschreckung 246
  Atomare Bedrohung 249
  Aufrüstung
    Kosten 250, 253
    Wirtschaftliche Folgen 242 f.
    Wirtschaftliche Lage 256
  Energie
    Effizienz 284
    Einsparung 48, 76
    Verbrauch, industrieller 51
    Erwärmung, Folgen 36

Forschungsschwerpunkte 261
Kohlenstoffemissionen 33, 287
Kohleverbrauch 27
Raketenabwehr
  Kosten 247
  Maßnahmen gegen 253
Tschernobyl 27, 117
Windkraftanlagen 112
Wirtschaftsreformen 258
Spanien
  Energie, erneuerbare 117
  Landwirtschaftliche Abfälle u. Energiegewinnung 97
  Waldschäden 31
  Windkraftanlagen 112
Südkorea
  Bevölkerungspolitik 282
  Energieeinsparung 49, 71
  Ökosysteme als Kohlenstoffspeicher 157
  Sondermüllbeseitigung 222, 231
  Wiederaufforstung 270, 287
Surinam
  Reis- u. Energiegewinnung 100
Taiwan
  Energieeinsparung 49
Tansania
  Tropenwald, Schutz 187
Thailand
  Aufforstung 159
  Reis u. Energiegewinnung 100
  Turbinenherstellung 93
  Zuckerrohr u. Energiegewinnung 97
Türkei
  Energie, erneuerbare 115
  Energieintensität 49
  Landwirtschaftliche Abfälle u. Energiegewinnung 97
Uganda
  Schulpflicht 281
Venezuela
  Guri-Staudamm 88
  Renaturierung v. Wäldern 183
  Tropenwald, Schutz 187

Vereinigte Staaten von Amerika (USA)
Abfallvermeidung 231
Altlasten, Sanierung 210
Artensterben in Nationalparks 175
Artenvielfalt
u. Außenpolitik 189
Botanische Gärten 194
Tierparks 194
Äthanol 101
Atomare Abschreckung 246
Atomare Bedrohung 249
Aufrüstung
Kosten 250, 253
Wirtschaftliche Folgen 243
Wirtschaftliche Lage 256
Blockheizkraftwerke 69 f.
Bodenerosion 18
Brennholznutzung 95
Brennholzproduktion 95
Brennholzreserven 96
Elektromechanische Antriebssysteme 67
Energie
Aufsichtsbehörden 50
Effizienz 284
Einsparkosten 57
Einsparpotential 53, 58
Einsparung 76
erneuerbare 114
Intensität 49, 65
Nutzungsgrad v. Kraftfahrzeugen 61
Verbrauch 33, 48
industrieller 64 f., 67
im Transportwesen 60
Wirtschaftlicher Nutzen v. Einsparung 290
Entwaldung 182
Erdölimporte 72
Erwärmung, Folgen d. 35 f.
Fenster, technische Verbesserung 55

Flächenstillegungen 188, 272, 274
Kosten 275
Nutzen 276
Forschungsfinanzierung 181
Forschungsschwerpunkte 261
Giftmüll 204
Grundwasserbelastung 211
Handelsbilanzdefizit 257
Handelsdefizit 260
Haushaltsdefizit 257
Herbizide u. Krebsrisiko 212
Kohlenstoffemissionen 33
Kohleverbrauch 27
Kohlenstoffeinspeicherung durch Aufforstung 158
Kraftstoffverbrauch v. Automobilen 287
Kraftstoff, Ausgaben f. Verbrauch v. neuen PKW 62
Kriegsführungsstrategien 244
Least-cost-planning 51
Love Canal 19
Militärische Einrichtungen, Angreifbarkeit 253
New Orleans 37
Ozonverluste 20
Pestizide
Einsatz 203
Krebsrisiko 206
Reduzierung d. Einsatzes 229
Trinkwasser 207
Pflanzenschutz, integrierter 216 f., 227
Produktivität d. Wirtschaft 259
Prozeßwärme 68
Raketen
Anfälligkeit d. Abwehr 248
chemische 254
konventionelle Abwehr 251

Kosten d. Abwehr 247, 255
Umfang d. Abwehr 252
Reis u. Energiegewinnung 100
Renaturierung d. Prärie 184
Reno 55
Rindfleischkonsum u. Entwaldung d. Tropen 136
Rüstung
Ausgaben u. Sozialausgaben 261
Kosten u. Volkswirtschaft 242
Ziviler Nutzen d. Forschung 259
Sondermüllbeseitigung 222
Sonnenkollektoren 102
Stromverbrauch 73
Technologien, saubere 230
Waldfläche 132, 137
Wasserkraft 91, 93
Windenergie 108 f., 286
Windkraftanlagen 109
Zuckerrohr u. Energiegewinnung 98
Zypern
Solare Warmwasserbereitung 102

Internationale Organisationen

AID 159
Club of Rome 71
FAO 132–135, 138, 160
Ford-Stiftung 48
IEA 47
IIASA (Internationales Institut für Systemanalyse) 76 f.
OECD, Staaten 64
UN 39
UN-Kommission für Umwelt und Entwicklung 40
Weltbank 24, 140, 159 f., 189 ff., 278, 280, 292
WRI 77, 160
WWF 192